21 世纪应用型本科规划教材

高等数学

（下册）

主　编　尧雪莉　胡艳梅　梁海峰

副主编　尚海涛　周　勇　王　剑

中国水利水电出版社
www.waterpub.com.cn
·北京·

内 容 提 要

本书按照全国最新工科类本科数学课程教学指导委员会提出的"数学课程教学基本要求"，根据面向 21 世纪工科数学教学内容和课程体系改革的基本精神编写。本教材吸收国内外优秀教材之优点，注重对抽象概念的通俗剖析，强调对常用方法的简洁概括，结构清晰、概念准确、深入浅出、言简意赅。本书着力于对空间直角坐标系与向量运算、多元函数、重积分、曲线与曲面积分、级数等抽象概念进行通俗的解释：从实例中引入这些抽象概念，将枯燥的概念具体化、通俗化，使学生更容易理解。

在应用技术型大学转型背景下，在教材中融入了数学建模思想，精选现实生活中的一些问题简化成例题，可以更好地培养学生的应用能力和创新能力。

本书可作为应用型本科院校各工科专业"高等数学"课程的教材，也可供工程技术人员自学参考。

图书在版编目（ＣＩＰ）数据

高等数学. 下册 / 尧雪莉，胡艳梅，梁海峰主编
. -- 北京：中国水利水电出版社，2017.8（2021.9重印）
21世纪应用型本科规划教材
ISBN 978-7-5170-5680-5

Ⅰ. ①高… Ⅱ. ①尧… ②胡… ③梁… Ⅲ. ①高等数
学－高等学校－教材 Ⅳ. ①013

中国版本图书馆CIP数据核字(2017)第173754号

书　　名	21世纪应用型本科规划教材 **高等数学（下册）** GAODENG SHUXUE
作　　者	主　编　尧雪莉　胡艳梅　梁海峰 副主编　尚海涛　周　勇　王　剑
出版发行	中国水利水电出版社 （北京市海淀区玉渊潭南路 1 号 D 座　100038） 网址：www.waterpub.com.cn E-mail：sales@waterpub.com.cn 电话：（010）68367658（营销中心）
经　　售	北京科水图书销售中心（零售） 电话：（010）88383994、63202643、68545874 全国各地新华书店和相关出版物销售网点
排　　版	中国水利水电出版社微机排版中心
印　　刷	清淞永业（天津）印刷有限公司
规　　格	184mm×260mm　16 开本　13.75 印张　326 千字
版　　次	2017 年 8 月第 1 版　2021 年 9 月第 5 次印刷
印　　数	10101—12300 册
定　　价	**46.00 元**

前言

高等数学自牛顿、莱布尼茨创立以来，经过三百多年的发展，理论体系已很完备。在信息化时代，地方院校向应用技术型大学转型的背景下，我们从当前高等数学教学改革的趋势和学生的需求出发，将数学与现实生活相结合，把教材编得更为通俗、清晰、实用。

本书借鉴美国微积分教学改革坚持的四项原则，即将微积分概念的四个侧面——图像、数值、符号、语言同时展现给学生，注重用自然语言描述概念，用图像形象地反映概念。这给了我们一个启示，将数学建模思想融入教材：精选生活实例，从中引入抽象的概念，将枯燥的概念具体化、通俗化，使学生真切地感受到这些定义来自于现实生活，便于培养学生的应用实践能力。

本书以变量为线索，以极限为核心，把高等数学的主要概念编织成一个清晰的体系。例如：连续是函数的极限等于函数值；导数是改变量之商的极限；定积分是一元函数特殊和式的极限；重积分是多元函数特殊和式的极限；无穷级数是部分和式的极限。着力于对极限、连续、微分、定积分、重积分、曲线积分、曲面积分、无穷级数等抽象概念进行通俗的解释，引入具体生活案例力图使这些抽象概念具体化、通俗化，使学生真切地感受到这些定义来源于生活，更容易理解。

本书最大的特点是将建模思想融入教材中，将数学和现实生活案例相结合。在导数与微分部分我们引入核弹头大小与爆炸距离模型、飞机的降落模型；在积分部分我们引入标尺的设计模型；在微分方程中引入马尔萨斯人口指数增长模型、放射性元素衰变的数学模型、阻滞增长模型（Logistic 模型）；在多元函数微分中融入最佳满意度模型；重积分中融入容器储水量模型；等等。在教材的附录中我们精选了几个典型的数学模型，使读者更多地了解数学与现实生活案例的关系，感受到数学的魅力，从而培养读者的数学应用意识。

书中标注"＊"的内容为选修内容，习题精选了部分考研试题，习题前括号中的数字是指考研年份。

　　非常感谢华东交通大学理工学院数学教研室全体教师的努力，特别是梁海峰、尧雪莉、尚海涛、赵岚、赖邦城等老师的倾情付出，本书才得以按时完成。由于时间仓促以及编者水平有限，书中错误和不足之处在所难免，恳请广大读者批评指正。

编者

2017 年 5 月

目录
MULU

第九章 空间解析几何与向量代数

平面解析几何通过建立平面直角坐标系把平面上的点 M 与实数对 (x,y) 对应起来，即使"形"与"数"对应起来，几何曲线与代数方程对应起来，从而将几何与代数统一起来.

空间解析几何则通过建立空间直角坐标系，把空间曲面、空间曲线与代数方程、代数方程组对应起来. 空间解析几何以向量代数作为工具，分别研究了空间曲面、空间曲线、空间平面和空间直线.

第一节 空间直角坐标系与向量

一、空间直角坐标系

在空间取定一点 O 作为原点，过 O 作三条互相垂直且有相同单位长度的数轴，分别称为 x 轴、y 轴和 z 轴. 通常将 x 轴和 y 轴置于水平面上，z 轴取铅直方向，三个坐标轴的次序按右手法则排序：用右手握住 z 轴，四个手指从 x 轴正向旋转 $90°$ 到 y 轴正向时拇指的指向就是 z 轴的正向. 这样建立的空间直角坐标系称为右手系（图 9-1）.

三条坐标轴中的任意两条可以确定一个平面，这样定出的三个平面统称为坐标面. 如 x 轴及 y 轴所确定的坐标面叫作 xOy 面，另外两个由 y 轴及 z 轴和由 z 轴及 x 轴所确定的坐标面，分别叫作 yOz 面及 zOx 面. 三个坐标面把空间分成八个部分，每一部分叫作卦限. 含有 x 轴、y 轴、z 轴正半轴的那个卦限叫作第一卦限，其他第二、第三、第四卦限，均在 xOy 面的上方，按逆时针方向确定. 第五至第八卦限，在 xOy 面的下方，由第一卦限之下的第五卦限，按逆时针方向确定，这八个卦限分别用字母Ⅰ、Ⅱ、Ⅲ、Ⅳ、Ⅴ、Ⅵ、Ⅶ、Ⅷ表示（图 9-2）.

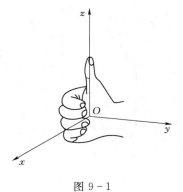

图 9-1

二、空间中点的坐标与两点间的距离

1. 空间中点的坐标

有了空间直角坐标系，就可以建立空间中的点 M 和有序数组 (x,y,z) 之间的对应关系. 设 M 为空间一已知点，我们过点 M 作三个平面分别垂直于 x 轴、y 轴、z 轴，它们与 x 轴、y 轴、z 轴的交点依次为 P、Q、R（图 9-3），这三点在 x 轴、y 轴、z 轴上的

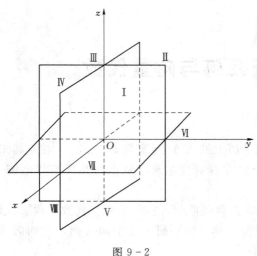

图 9-2

坐标依次为 x、y、z. 于是空间一点 M 就唯一确定了一个有序数组 (x,y,z)；反过来，已知一有序数组 (x,y,z)，我们可以在 x 轴上取坐标为 x 的点 P，在 y 轴上取坐标为 y 的点 Q，在 z 轴上取坐标为 z 的点 R，然后通过 P、Q 与 R 分别作 x 轴、y 轴和 z 轴的垂直平面. 这三个垂直平面的交点 M 便是由有序数组 (x,y,z) 所确定的唯一的点. 这样，就建立了空间的点 M 和有序数组 (x,y,z) 之间的一一对应关系. 这组数 (x,y,z) 就叫作点 M 的坐标，并依次称 x、y、z 为点 M 的横坐标、纵坐标和竖坐标. 坐标为 x、y、z 的点 M（图 9-3）通常记为 $M(x,y,z)$.

坐标面上和坐标轴上的点，其坐标各有一定的特征. 例如：如果点 M 在 yOz 面上，则 $x=0$；同样，在 zOx 面上的点，$y=0$；在 xOy 面上的点，$z=0$. 如果点 M 在 x 轴上，则 $y=z=0$；同样，在 y 轴上的点，有 $z=x=0$；在 z 轴上的点，有 $x=y=0$. 如点 M 为原点，则 $x=y=z=0$.

点 $M(x,y,z)$ 关于 $z=0$ 平面对称点为 $M'(x,y,-z)$，点 M 关于 x 轴（即 $y=0$ 平面与 $z=0$ 平面的交线）的对称点是 $M'(x,-y,-z)$，点 M 关于原点的对称点是 $M'''(-x,-y,-z)$.

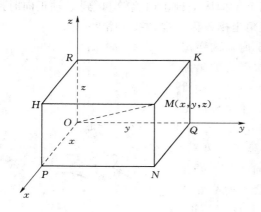

图 9-3

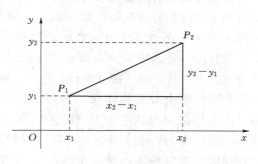

图 9-4

2. 空间中两点间的距离

平面上的两点 $P_1(x_1,y_1)$ 和 $P_2(x_2,y_2)$，根据勾股定理，其距离 $d=|P_1P_2|=\sqrt{(x_2-x_1)^2+(y_2-y_1)^2}$（图 9-4）.

空间中两点 $P_1(x_1,y_1,z_1)$ 和 $P_2(x_2,y_2,z_2)$，其距离为

$$d=|P_1P_2|=\sqrt{(x_2-x_1)^2+(y_2-y_1)^2+(z_2-z_1)^2}$$

（9-1）

特殊地，原点 $O(0,0,0)$ 到点 $M(x,y,z)$ 的距离为（图 9-3）

$$d=|OM|=\sqrt{x^2+y^2+z^2}$$

【例 9-1】 证明以 $A(4,3,1)$、$B(7,1,2)$、$C(5,2,3)$ 为顶点的 $\triangle ABC$ 是一等腰三角形.

证：
$$|AB|^2=(7-4)^2+(1-3)^2+(2-1)^2=14$$
$$|BC|^2=(5-7)^2+(2-1)^2+(3-2)^2=6$$
$$|CA|^2=(4-5)^2+(3-2)^2+(1-3)^2=6$$

由于 $|BC|=|CA|=\sqrt{6}$，所以 $\triangle ABC$ 是等腰三角形.

【例 9-2】 在 x 轴上求与 $A(-2,1,1)$ 和 $B(0,1,2)$ 等距离的点.

解： 因为所求的点 P 在 x 轴上，所以设该点为 $p(x,0,0)$，依题意有

$$|pA|=|pB|$$

即
$$\sqrt{(x+2)^2+(0-1)^2+(0-1)^2}=\sqrt{(x-0)^2+(0-1)^2+(0-2)^2}$$

两边去根号，解得

$$x=-\frac{1}{4}$$

所以，所求的点为 $M\left(-\dfrac{1}{4},\ 0,\ 0\right)$.

三、向量的概念

在研究力学、物理学以及其他应用科学时，常会遇到这样一类量，它们既有大小，又有方向，例如力、力矩、位移、速度、加速度等，这一类量叫作向量.

在数学上，往往用一条有方向的线段，即有向线段来表示向量. 有向线段的长度表示向量的大小，有向线段的方向表示向量的方向. 以 M_1 为起点、M_2 为终点的有向线段所表示的向量，记作 $\overrightarrow{M_1M_2}$. 有时也用一个黑体字母或用一个上面加箭头的字母表示向量. 例如 $\boldsymbol{a}$、$\boldsymbol{b}$、$\boldsymbol{c}$、$\boldsymbol{F}$ 或 $\vec{a}$、$\vec{b}$、$\vec{c}$、$\vec{F}$ 等.

现实中的向量有些与起点有关，有些与起点无关. 但数学中，只研究与起点无关的向量，称为自由向量. 自由向量具有平移不变性，可以平移，但不可旋转和伸缩. 因为平移不改变其方向和大小，但旋转改变方向，伸缩改变大小. 如遇与起点有关的向量，则在一般原则下作特殊处理.

以坐标原点 O 为起点，向一个点 M 引向量 $\overrightarrow{OM}$，这个向量叫作点 M 对于点 O 的向径，常用黑体字 $\boldsymbol{r}$ 表示. 由于我们只讨论自由向量，所以如果两个向量 $\boldsymbol{a}$ 和 $\boldsymbol{b}$ 的大小相等，且方向相同，我们就说向量 $\boldsymbol{a}$ 和 $\boldsymbol{b}$ 是相等的，记作 $\boldsymbol{a}=\boldsymbol{b}$. 这就是说，经过平行移动后能完全重合的向量是相等的.

向量的大小叫作向量的模. 向量 $\overrightarrow{M_1M_2}$、$\boldsymbol{a}$、$\boldsymbol{b}$ 的模依次记作 $|\overrightarrow{M_1M_2}|$、$|\boldsymbol{a}|$、$|\boldsymbol{b}|$. 模等于 1 的向量叫作单位向量. 模等于零的向量叫作零向量，记作 $\vec{0}$ 或 $\boldsymbol{0}$. 零向量的起点和终点重合，它的方向可以看作是任意的.

两个非零向量如果它们的方向相同或者相反，就称这两个向量平行．向量 $\boldsymbol{a}$ 和 $\boldsymbol{b}$ 平行，记作 $\boldsymbol{a} /\!/ \boldsymbol{b}$．由于零向量的方向可以看作是任意的，因此可以认为零向量与任何向量都平行．

四、向量的线性运算

1. 向量的加减

中学物理学过作为向量的力、速度及其合成．例如，力 $\vec{F_1}$ 与 $\vec{F_2}$ 相加，其合力 $\vec{F}$ 是以 $\vec{F_1}$ 与 $\vec{F_2}$ 为邻边的平行四边形的对角线向量［图 9-5（a）］．再如速度 $\vec{v_1}$ 与 $\vec{v_2}$ 相加，其合速度 $\vec{v}$ 是以 $\vec{v_1}$ 与 $\vec{v_2}$ 为邻边的平行四边形的对角线向量［图 9-5（b）］．

一般地，两个向量 $\vec{a}$ 与 $\vec{b}$ 相加，其和是以 $\vec{a}$ 与 $\vec{b}$ 为邻边的平行四边形的对角线向量 $\vec{c}$，即 $\vec{c} = \vec{a} + \vec{b}$ ［图 9-5（c）］．这种求和法则称为向量相加的平行四边形法则．

由于向量可以平移，若把 $\vec{b}$ 的起点平移到 $\vec{a}$ 的终点，则连线 $\vec{a}$ 的起点和 $\vec{b}$ 的终点的向量，也是平行四边形对角线向量 $\vec{c}$ ［图 9-5（d）］，即 $\vec{c} = \vec{a} + \vec{b}$，这种求向量和的法则称为向量相加的三角形法则．

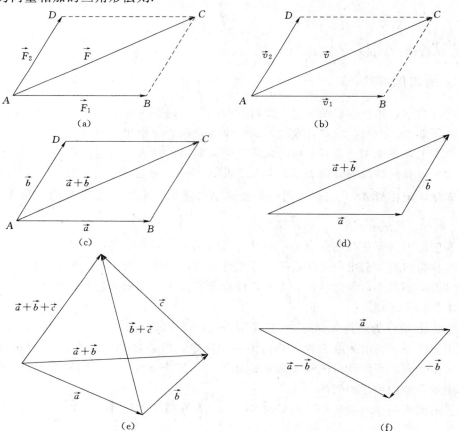

图 9-5

依据三角形法则，当三个向量 $\vec{a}$、$\vec{b}$、$\vec{c}$ 首尾相接时，连接 $\vec{a}$ 的起点和 $\vec{c}$ 的终点的向量即为 $\vec{a}+\vec{b}+\vec{c}$ [图 9-5（e）]. 一般地，当 n 个向量 $\vec{a}_1$，$\vec{a}_2$，…，$\vec{a}_n$ 首尾相接时，连接 $\vec{a}_1$ 的起点和 $\vec{a}_n$ 的终点的向量即为 $\vec{a}_1+\vec{a}_2+\cdots+\vec{a}_n$.

向量 $\vec{a}$ 与 $\vec{b}$ 的差规定为

$$\vec{a}-\vec{b}=\vec{a}+(-\vec{b})$$

若把 $\vec{a}$ 与 $-\vec{b}$ 首尾相接，则连接 $\vec{a}$ 的起点和 $-\vec{b}$ 的终点的向量为 $\vec{a}-\vec{b}$ [图 9-5（f）]. 向量加法满足：

（1）交换律：$\vec{a}+\vec{b}=\vec{b}+\vec{a}$ [图 9-5（c）].

（2）结合律：$(\vec{a}+\vec{b})+\vec{c}=\vec{a}+(\vec{b}+\vec{c})$ [图 9-5（e）].

2. 数乘向量

实数 λ 与向量 $\vec{a}$ 的乘积是一个向量，记为 $\lambda\vec{a}$，其模 $|\lambda\vec{a}|=|\lambda\|\vec{a}|$，其方向，当 $\lambda>0$ 时与 $\vec{a}$ 相同；当 $\lambda<0$ 时与 $\vec{a}$ 相反，也就是说，非零 λ 乘向量 $\vec{a}$，只是把向量 $\vec{a}$ 伸缩 λ 倍，伸缩前后的向量平行.

当 $\lambda=0$ 时，$\lambda\vec{a}$ 是零向量，即 $\lambda\vec{a}=\vec{0}$.

数乘向量满足：

（1）结合律：$\lambda(\mu\vec{a})=\mu(\lambda\vec{a})=(\lambda\mu)\vec{a}$.

（2）分配律：$(\lambda+\mu)\vec{a}=\lambda\vec{a}+\mu\vec{a}$，$\lambda(\vec{a}+\vec{b})=\lambda\vec{a}+\lambda\vec{b}$.

向量的加减运算和数乘运算统称为向量的线性运算.

【例 9-3】 在平行四边形 $ABCD$（图 9-6）中，设 $\overrightarrow{AB}=\boldsymbol{a}$，$\overrightarrow{AD}=\boldsymbol{b}$. 试用 $\boldsymbol{a}$ 和 $\boldsymbol{b}$ 表示向量 $\overrightarrow{MA}$、$\overrightarrow{MB}$、$\overrightarrow{MC}$、$\overrightarrow{MD}$，其中 M 是平行四边形对角线的交点.

解：由于平行四边形的对角线互相平分，所以 $\boldsymbol{a}+\boldsymbol{b}=\overrightarrow{AC}=2\overrightarrow{AM}$，即 $-(\boldsymbol{a}+\boldsymbol{b})=2\overrightarrow{MA}$，于是 $\overrightarrow{MA}=-\dfrac{1}{2}(\boldsymbol{a}+\boldsymbol{b})$.

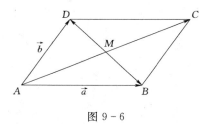

图 9-6

因为 $\overrightarrow{MC}=-\overrightarrow{MA}$，所以 $\overrightarrow{MC}=\dfrac{1}{2}(\boldsymbol{a}+\boldsymbol{b})$.

又因 $-\boldsymbol{a}+\boldsymbol{b}=\overrightarrow{BD}=2\overrightarrow{MD}$，所以 $\overrightarrow{MD}=\dfrac{1}{2}(\boldsymbol{b}-\boldsymbol{a})$.

由于 $\overrightarrow{MB}=-\overrightarrow{MD}$，所以 $\overrightarrow{MB}=\dfrac{1}{2}(\boldsymbol{a}-\boldsymbol{b})$.

按照数乘向量的运算，与非零向量 $\vec{a}$ 同方向的单位向量 $\vec{e}_a$ 为

$$\vec{e}_a=\frac{\vec{a}}{|\vec{a}|} \tag{9-2}$$

显然，$\dfrac{1}{|\vec{a}|}>0$，故 $\vec{e}_a$ 与 $\vec{a}$ 方向相同，又因 $|\vec{e}_a|=\left|\dfrac{\vec{a}}{|\vec{a}|}\right|=1$，故 $\vec{e}_a$ 是与 $\vec{a}$ 同方向的单位向量.

定理 9-1 两个非零向量 $\vec{a}$ 与 $\vec{b}$ 平行的充要条件是：存在唯一的实数 λ，使 $\vec{b}=\lambda\vec{a}$.

证：充分性：若 $\vec{b}=\lambda\vec{a}$，则 $\lambda>0$ 时，$\vec{b}$ 与 $\vec{a}$ 方向相同；$\lambda<0$ 时，$\vec{b}$ 与 $\vec{a}$ 方向相反，即 $\vec{b}/\!/\vec{a}$.

必要性：若 $\vec{b}/\!/\vec{a}$，当 $\vec{b}$ 与 $\vec{a}$ 同向时，取 $\lambda=\dfrac{|\vec{b}|}{|\vec{a}|}$，于是有 $\vec{b}=\lambda\vec{a}$；当 $\vec{b}$ 与 $\vec{a}$ 反向时，取 $\lambda=-\dfrac{|\vec{b}|}{|\vec{a}|}$，于是有 $\vec{b}=\lambda\vec{a}$.

唯一性：若 λ 不唯一，有 $\vec{b}=\lambda\vec{a}$ 且 $\vec{b}=\mu\vec{a}$，两式相减得 $(\lambda-\mu)\vec{a}=\vec{0}$，即 $|\lambda-\mu\|\vec{a}|=0$，因 $|\vec{a}|\neq0$，故 $|\lambda-\mu|=0$，即 $\lambda=\mu$，λ 唯一.

五、向量的坐标表示式

设 x 轴、y 轴、z 轴正向的单位向量分别为 $\vec{i}$、$\vec{j}$、$\vec{k}$，应用向量加法法则，由图 9-3 有

$$\overrightarrow{OM}=\overrightarrow{OP}+\overrightarrow{PN}+\overrightarrow{NM}=\overrightarrow{OP}+\overrightarrow{OQ}+\overrightarrow{OR}=x\vec{i}+y\vec{j}+z\vec{k}$$

该式称为向量 $\overrightarrow{OM}$ 的坐标分解式，$x\vec{i}$、$y\vec{j}$、$z\vec{k}$ 称为向量 $\overrightarrow{OM}$ 沿三个坐标轴方向的分向量，x、y、z 称为 $\overrightarrow{OM}$ 的坐标，记为 $\overrightarrow{OM}=(x,y,z)$. 不难看出，$(x,y,z)$ 既可以表示空间一点 M，又可以表示 M 点的位置向量 $\overrightarrow{OM}$（亦称向径）. 表示点时用 $M(x,y,z)$，表示位置向量时用 $\overrightarrow{OM}=(x,y,z)$.

有了向量的坐标表示式，就可以将向量的几何运算转化为向量坐标之间的代数运算.

设

$$\vec{a}=(a_x,a_y,a_z),\ \vec{b}=(b_x,b_y,b_z)$$

即

$$\vec{a}=a_x\vec{i}+a_y\vec{j}+a_z\vec{k},\ \vec{b}=b_x\vec{i}+b_y\vec{j}+b_z\vec{k}$$

利用向量加法的交换律与结合律及数乘向量的结合律与分配律，有

$$\vec{a}+\vec{b}=(a_x+b_x)\vec{i}+(a_y+b_y)\vec{j}+(a_z+b_z)\vec{k}$$
$$\vec{a}-\vec{b}=(a_x-b_x)\vec{i}+(a_y-b_y)\vec{j}+(a_z-b_z)\vec{k}$$
$$\lambda\vec{a}=(\lambda a_x)\vec{i}+(\lambda a_y)\vec{j}+(\lambda a_z)\vec{k}$$

即

$$\vec{a}+\vec{b}=(a_x+b_x,a_y+b_y,a_z+b_z)$$
$$\vec{a}-\vec{b}=(a_x-b_x,a_y-b_y,a_z-b_z)$$
$$\lambda a=(\lambda a_x,\lambda a_y,\lambda a_z)$$

由此可见，对向量进行加减与数乘，只需对向量各坐标进行相应运算即可. 根据定理 9-1，对两个非零向量 $\vec{a}$ 与 $\vec{b}$，$\vec{b}/\!/\vec{a}$ 相当于 $\vec{b}=\lambda\vec{a}$，即

$$(b_x,b_y,b_z)=\lambda(a_x,a_y,a_z)=(\lambda a_x,\lambda a_y,\lambda a_z)$$

上式相当于

$$\frac{b_x}{a_x}=\frac{b_y}{a_y}=\frac{b_z}{a_z}$$

即平行向量的对应坐标成比例. 当 $a_x=0$ 时，应理解为

$$b_x=0,\quad\frac{b_y}{a_y}=\frac{b_z}{a_z}$$

【例 9-4】 设 $\vec{a}=(4,3,0)$，$\vec{b}=(1,-2,2)$，求 $\vec{a}+2\vec{b}$.

解： $\vec{a}+2\vec{b}=(4,3,0)+2(1,-2,2)=(4,3,0)+(2,-4,4)=(6,-1,4)$

六、向量的模、方向角、投影

1. 向量的模与两点间的距离公式

设向量 $\vec{r}=(x,y,z)$，作 $\vec{r}=\overrightarrow{OM}$，如图 9-3 所示，有

$$\vec{r}=\overrightarrow{OM}=\overrightarrow{OP}+\overrightarrow{OQ}+\overrightarrow{OR}=x\,\vec{i}+y\,\vec{j}+z\,\vec{k}$$

$$|\vec{r}|=|\overrightarrow{OM}|=\sqrt{|OP|^2+|OQ|^2+|OR|^2}=\sqrt{x^2+y^2+z^2}$$

设有点 $A(x_1,y_1,z_1)$ 和点 $B(x_2,y_2,z_2)$，则

$$\overrightarrow{AB}=\overrightarrow{OB}-\overrightarrow{OA}=(x_2,y_2,z_2)-(x_1,y_1,z_1)=(x_2-x_1,y_2-y_1,z_2-z_1)$$

A、B 间的距离为

$$|AB|=|\overrightarrow{AB}|=\sqrt{(x_2-x_1)^2+(y_2-y_1)^2+(z_2-z_1)^2}$$

【例 9-5】 已知两点 $A(1,1,0)$ 和 $B(2,1,1)$，求与 $\overrightarrow{AB}$ 方向相同的单位向量 $\vec{e}$.

解：因

$$\overrightarrow{AB}=\overrightarrow{OB}-\overrightarrow{OA}=(2,1,1)-(1,1,0)=(1,0,1)$$

$$|\overrightarrow{AB}|=\sqrt{1^2+0^2+1^2}=\sqrt{2}$$

所以

$$\vec{e}=\frac{\overrightarrow{AB}}{|\overrightarrow{AB}|}=\frac{1}{\sqrt{2}}(1,0,1)$$

2. 方向角与方向余弦

非零向量 $\vec{a}$、$\vec{b}$ 的夹角是指不超过 π 的那个角 φ [图 9-7 (a)]，记为 $(\widehat{\vec{a},\vec{b}})$ 或 $(\widehat{\vec{b},\vec{a}})$，即 $(\widehat{\vec{a},\vec{b}})=\varphi$.

非零向量 $\vec{r}$ 与三条坐标轴正向的夹角 α、β、γ 称为向量 $\vec{r}$ 的方向角 [图 9-7 (b)]. $\cos\alpha$、$\cos\beta$、$\cos\gamma$ 称为向量 $\vec{r}$ 的方向余弦. 显然，

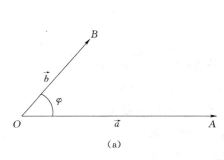

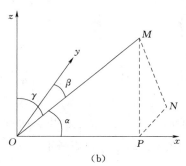

(a)   (b)

图 9-7

$$\cos\alpha=\frac{x}{|\vec{r}|},\quad \cos\beta=\frac{y}{|\vec{r}|},\quad \cos\gamma=\frac{z}{|\vec{r}|} \tag{9-3}$$

$$\cos^2\alpha+\cos^2\beta+\cos^2\gamma=1$$

因此，向量 $\vec{r}$ 的方向余弦就是与 $\vec{r}$ 同方向的单位向量，即

$$\vec{e}_r=(\cos\alpha,\cos\beta,\cos\gamma)$$

【例 9-6】 已知两点 $A(0,2,\sqrt{2})$ 和 $B(1,1,0)$，求向量 $\overrightarrow{AB}$ 的方向余弦、方向角及与

$\overrightarrow{AB}$ 同方向的单位向量.

解：因 $\overrightarrow{AB}=(1,-1,-\sqrt{2})$，$|\overrightarrow{AB}|=\sqrt{1^2+(-1)^2+(-\sqrt{2})^2}=2$

所以
$$\cos\alpha=\frac{1}{2},\quad \cos\beta=-\frac{1}{2},\quad \cos\gamma=-\frac{\sqrt{2}}{2}$$
$$\alpha=\frac{\pi}{3},\quad \beta=\frac{2\pi}{3},\quad \gamma=\frac{3\pi}{4}$$

与 $\overrightarrow{AB}$ 同方向的单位向量 $\vec{e}$ 为
$$\vec{e}=\frac{1}{|\overrightarrow{AB}|}\overrightarrow{AB}=\frac{1}{2}(1,-1,-\sqrt{2})=\left(\frac{1}{2},-\frac{1}{2},-\frac{\sqrt{2}}{2}\right)$$

3．点、向量在坐标轴上的投影

当光线垂直照射到直线或平面上时，几何体投向直线或平面形成的影子，称为几何体在直线或平面上的投影[1].

求投影可通过从几何体向直线或平面作垂线得到. 设 u 轴由点 O 和单位向量 $\vec{e_u}$ 确定. 过点 M 作 u 轴的垂线 MM'，则垂足 M' 称为点 M 在 u 轴上的投影，用点 M' 的坐标 u 表示〔图 9-8（a）〕.

对任给向量 $\vec{r}$，作 $\overrightarrow{OM}=\vec{r}$，在 $\vec{r}$ 与 u 轴决定的平面内过点 M 作 u 轴的垂线 MM'，设 $\overrightarrow{OM'}=u\vec{e_u}$，则向量 $\overrightarrow{OM'}$ 称为 $\vec{r}$ 在 u 轴上的投影，用 $\overrightarrow{OM'}$ 的坐标 u 表示〔图 9-8（b）〕.

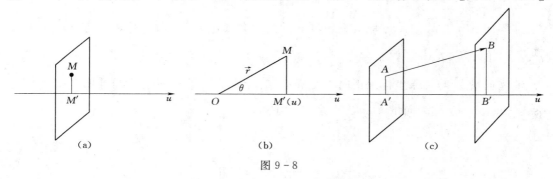

图 9-8

记为 $prj_u\vec{r}=u$ 或 $(\vec{r})_u=u$. 当 $u>0$ 时，$\vec{r}$ 的投影向量与 u 轴方向相同；当 $u<0$ 时，$\vec{r}$ 的投影向量与 u 轴方向相反. 设 $\vec{r}$ 与 u 轴正向的夹角为 θ，则 $u=|\vec{r}|\cos\theta$.

一般向量 $\overrightarrow{AB}$ 在 u 轴上的投影如图 9-8（c）所示. 由投影定义可知，向量 $\vec{a}=(a_x,a_y,a_z)$ 在三条坐标轴上的投影分别为 $a_x\vec{i}$、$a_y\vec{j}$、$a_z\vec{k}$，可分别用坐标 a_x、a_y、a_z 表示，即
$$prj_x\vec{a}=a_x,\quad prj_y\vec{a}=a_y,\quad prj_z\vec{a}=a_z$$
或
$$(\vec{a})_x=a_x,\quad (\vec{a})_y=a_y,\quad (\vec{a})_z=a_z$$

向量的投影具有与坐标相同的性质.

性质 1　$(\vec{a})_u=|\vec{a}|\cos\theta$（$\theta$ 为 $\vec{a}$ 与 u 轴正向的夹角）.

性质 2　$(\vec{a}+\vec{b})_u=(\vec{a})_u+(\vec{b})_u$.

---

[1]　本书仅讨论垂直投射形成的投影.

性质 3 $(\lambda \vec{a})_u = \lambda (\vec{a})_u$.

习 题 9-1

1. 在 z 轴上求一点 M，使它与点 $A(-4,1,7)$、$B(3,5,-2)$ 的距离相等.

2. 一边长为 a 的立方体放置在 xOy 面上，其底面中心在坐标原点，底面的顶点在 x 轴和 y 轴上，求其各顶点的坐标.

3. 求点 $M(4,-3,5)$ 到各坐标轴的距离.

4. 求平行于向量 $\vec{a} = (6,7,-6)$ 的单位向量.

5. 已知两点 $M_1(4,\sqrt{2},1)$ 和 $M_2(3,0,2)$，试计算 $\overrightarrow{M_1 M_2}$ 的模、方向余弦和方向角.

6. 一向量的终点在点 $B(2,-1,7)$，其在 x 轴、y 轴和 z 轴上的投影依次为 4、-4 和 7，求此向量起点 A 的坐标.

7. 设 $\vec{a} = (3,5,8)$，$\vec{b} = (2,-4,-7)$，$\vec{c} = (5,1,-4)$，求 $4\vec{a} + 3\vec{b} - \vec{c}$ 在 x 轴上的投影和在 y 轴上的分量.

第二节 点 积 与 向 量 积

一、点积 $\vec{a} \cdot \vec{b}$

点积常用于表示常力做功、证垂直、算夹角、算投影.

设一物体在常力 $\vec{F}$ 作用下沿直线从点 M_1 移动到点 M_2，以 $\vec{S}$ 表示位移 $\overrightarrow{M_1 M_2}$，则力 $\vec{F}$ 所做的功为

$$W = |\vec{F}|\,|\vec{S}|\cos\theta$$

式中 θ 为 $\vec{F}$ 与 $\vec{S}$ 的夹角 [图 9-9 (a)]，这样确定一个数量在许多实际问题中常常遇到，由此引入如下的点积定义.

定义 9-1 设 $\vec{a}$、$\vec{b}$ 为向量，θ 为其夹角，称 $|\vec{a}|\,|\vec{b}|\cos\theta$ 为向量 $\vec{a}$ 与 $\vec{b}$ 的点积，记为 $\vec{a} \cdot \vec{b}$ [图 9-9 (b)]，即

$$\vec{a} \cdot \vec{b} = |\vec{a}|\,|\vec{b}|\cos\theta \qquad\qquad (9-4)$$

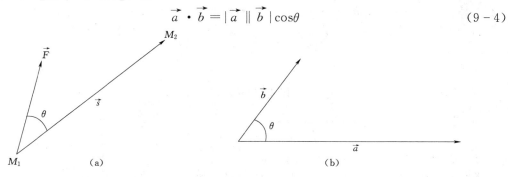

图 9-9

显然点积的结果是一个数，故点积又称为数量积，也称为内积.

据此定义，上述力所做功 W 是力 $\vec{F}$ 与位移 $\vec{S}$ 的点积，即 $W=\vec{F}\cdot\vec{S}$.

由点积定义可以推出：

(1) $\vec{a}\cdot\vec{a}=|\vec{a}\|\vec{a}|\cos\theta=|\vec{a}|^2$.

(2) 对于两个非零向量 $\vec{a}$、$\vec{b}$，其垂直的充要条件是点积为零，即

$$\vec{a}\perp\vec{b}\Leftrightarrow\vec{a}\cdot\vec{b}=0$$

(3) $\vec{a}$ 在 $\vec{b}$ 上的投影 $(\vec{a})_{\vec{b}}=|\vec{a}|\cos\theta=\dfrac{\vec{a}\cdot\vec{b}}{|\vec{b}|}$（$\theta$ 为 $\vec{a}$ 与 $\vec{b}$ 的夹角）.

点积满足如下运算规律：

(1) 交换律：$\vec{a}\cdot\vec{b}=\vec{b}\cdot\vec{a}$.

(2) 分配律：$(\vec{a}+\vec{b})\cdot\vec{c}=\vec{a}\cdot\vec{c}+\vec{b}\cdot\vec{c}$.

(3) 数乘结合律：$(\lambda\vec{a})\cdot\vec{b}=\vec{a}\cdot(\lambda\vec{b})=\lambda(\vec{a}\cdot\vec{b})$.

【例 9-7】　试用点积证明三角形的余弦定理.

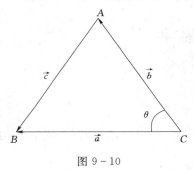

图 9-10

证：如图 9-10 所示，$\vec{c}=\vec{a}-\vec{b}$

$$|\vec{c}|^2=\vec{c}\cdot\vec{c}=(\vec{a}-\vec{b})\cdot(\vec{a}-\vec{b})$$
$$=\vec{a}\cdot\vec{a}+\vec{b}\cdot\vec{b}-2\vec{a}\cdot\vec{b}$$
$$=|\vec{a}|^2+|\vec{b}|^2-2|\vec{a}\|\vec{b}|\cos\theta$$

设 $|\vec{a}|=a$，$|\vec{b}|=b$，$|\vec{c}|=c$，则有
$$c^2=a^2+b^2-2ab\cos\theta$$

下面推导点积的坐标表示式.

设 $\vec{a}=a_x\vec{i}+a_y\vec{j}+a_z\vec{k}$，$\vec{b}=b_x\vec{i}+b_y\vec{j}+b_z\vec{k}$，由于 $\vec{i}$、$\vec{j}$、$\vec{k}$ 互相垂直，且模均为 1，所以有

$$\vec{i}\cdot\vec{j}=\vec{j}\cdot\vec{i}=\vec{j}\cdot\vec{k}=\vec{k}\cdot\vec{j}=\vec{k}\cdot\vec{i}=\vec{i}\cdot\vec{k}=0,\quad \vec{i}\cdot\vec{i}=\vec{j}\cdot\vec{j}=\vec{k}\cdot\vec{k}=1$$

$$\vec{a}\cdot\vec{b}=(a_x\vec{i}+a_y\vec{j}+a_z\vec{k})\cdot(b_x\vec{i}+b_y\vec{j}+b_z\vec{k})$$
$$=a_x\vec{i}\cdot(b_x\vec{i}+b_y\vec{j}+b_z\vec{k})+a_y\vec{j}\cdot(b_x\vec{i}+b_y\vec{j}+b_z\vec{k})+a_z\vec{k}\cdot(b_x\vec{i}+b_y\vec{j}+b_z\vec{k})$$
$$=a_xb_x\vec{i}\cdot\vec{i}+a_xb_y\vec{i}\cdot\vec{j}+a_xb_z\vec{i}\cdot\vec{k}+a_yb_x\vec{j}\cdot\vec{i}+a_yb_y\vec{j}\cdot\vec{j}+a_yb_z\vec{j}\cdot\vec{k}$$
$$+a_zb_x\vec{k}\cdot\vec{i}+a_zb_y\vec{k}\cdot\vec{j}+a_zb_z\vec{k}\cdot\vec{k}$$
$$=a_xb_x+a_yb_y+a_zb_z$$

这就是点积的坐标表示式.

由于 $\vec{a}\cdot\vec{b}=|\vec{a}\|\vec{b}|\cos\theta$，所以对非零向量 $\vec{a}$、$\vec{b}$，有

$$\cos\theta=\frac{\vec{a}\cdot\vec{b}}{|\vec{a}||\vec{b}|}=\frac{a_xb_x+a_yb_y+a_zb_z}{\sqrt{a_x^2+a_y^2+a_z^2}\sqrt{b_x^2+b_y^2+b_z^2}} \tag{9-5}$$

这就是两向量夹角余弦的坐标表示式.

【例 9-8】　已知三点 $C(1,1,1)$、$A(2,2,1)$ 和 $B(2,1,2)$，求 $\angle ACB$.

解：从 C 到 A 的向量记为 $\boldsymbol{a}$，从 C 到 B 的向量记为 $\boldsymbol{b}$，则 $\angle ACB$ 就是向量 $\boldsymbol{a}$ 与 $\boldsymbol{b}$ 的夹角.

因为
$$\vec{a}=(1,1,0), \quad \vec{b}=(1,0,1)$$

$$\vec{a} \cdot \vec{b}=1\times1+1\times0+0\times1=1$$
$$|\vec{a}|=\sqrt{1^2+1^2+0^2}=\sqrt{2}$$
$$|\vec{b}|=\sqrt{1^2+0^2+1^2}=\sqrt{2}$$

所以
$$\cos\angle ACB=\frac{\vec{a} \cdot \vec{b}}{|\vec{a}| |\vec{b}|}=\frac{1}{\sqrt{2} \cdot \sqrt{2}}=\frac{1}{2}$$

从而
$$\angle ACB=\frac{\pi}{3}$$

【例 9 - 9】 设流体流过平面 S 上一个面积为 A 的区域，流体在此区域上各点处的流速均为常向量 $\vec{v}$，设 $\vec{n}$ 为平面 S 的单位法向量 ［图 9 - 11（a）］，计算单位时间内流过此区域 $\vec{n}$ 所指一侧的流体体积.

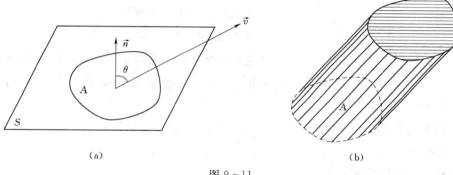

(a)   (b)

图 9 - 11

解： 单位时间内流过此区域的流体组成一个底面积为 A，斜高为 $|\vec{v}|$ 的斜柱体 ［图 9 - 11 (b)］，设 $\vec{v}$ 与 $\vec{n}$ 的夹角为 θ，则斜柱体体积 V 为

$$V=A|\vec{v}|\cos\theta=A\vec{v} \cdot \vec{n}$$

二、叉积 $\vec{a}\times\vec{b}$

叉积常用于表示力矩、证平行、算面积.

设 O 为一杠杆 L 的支点，有一力 $\vec{F}$ 作用于这杠杆上点 P 处，$\vec{F}$ 与 $\overrightarrow{OP}$ 的夹角为 θ（图 9 - 12），则力 $\vec{F}$ 对支点 O 的力矩是一向量 $\vec{M}$，其模

$$|\vec{M}|=|\overrightarrow{OQ}| \cdot |\vec{F}|=|\overrightarrow{OP}| |\vec{F}|\sin\theta$$

而 $\vec{M}$ 的方向垂直于 $\overrightarrow{OP}$ 与 $\vec{F}$ 所确定的平面，且 $\overrightarrow{OP}$、$\vec{F}$、$\vec{M}$ 符合右手规则，即右手的四个手指从 $\overrightarrow{OP}$ 以不超过 π 的角转向 $\vec{F}$ 时，大拇指的指向就是 $\vec{M}$ 的方向. 这样确定一个向量在许多问题中常常遇到，由此引入如下的叉积定义：

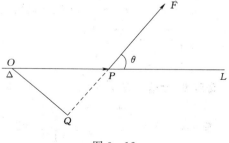

图 9 - 12

定义 9-2 两个向量 $\vec{a}$ 与 $\vec{b}$ 的叉积是一个向量，记为 $\vec{a} \times \vec{b}$. 其大小 $|\vec{a} \times \vec{b}| = |\vec{a}| \, |\vec{b}| \sin\theta \, [\theta = (\widehat{\vec{a}, \vec{b}})]$，其方向与 $\vec{a}$、$\vec{b}$ 都垂直，且 $\vec{a}$、$\vec{b}$、$\vec{a} \times \vec{b}$ 符合右手规则.

显然，叉积的结果是一个向量，故叉积又称为向量积，也称为外积.

由此定义，上面的力矩 $\vec{M}$ 等于 $\overrightarrow{OP}$ 与 $\vec{F}$ 的叉积，即 $\vec{M} = \overrightarrow{OP} \times \vec{F}$.

由叉积定义可以推出：

(1) $\vec{a} \times \vec{a} = \vec{0}$.

这是因为夹角 $\theta = 0$，所以 $|\vec{a} \times \vec{a}| = |\vec{a}|^2 \sin0 = 0$.

(2) 对于两个非零向量 $\vec{a}$、$\vec{b}$，其平行的充要条件是叉积为零向量，即

$$\vec{a} /\!/ \vec{b} \Leftrightarrow \vec{a} \times \vec{b} = \vec{0}$$

(3) $|\vec{a} \times \vec{b}| = |\vec{a}| \, |\vec{b}| \sin\theta$ 表示以 $\vec{a}$、$\vec{b}$ 为邻边的平行四边形的面积（图 9-13），即

$$|\vec{a} \times \vec{b}| = S_{\square ABCD}$$

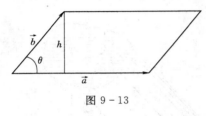

图 9-13

叉积满足如下运算规律：

(1) 反交换律：$\vec{b} \times \vec{a} = -\vec{a} \times \vec{b}$.

这是因为，按右手规则，右手的四指由 $\vec{a}$ 转到 $\vec{b}$ 时拇指的指向与四指从 $\vec{b}$ 转向 $\vec{a}$ 时拇指的指向相反.

这表明叉积不满足交换律.

(2) 数乘结合律：$(\lambda\vec{a}) \times \vec{b} = \vec{a} \times (\lambda\vec{b}) = \lambda(\vec{a} \times \vec{b})$（$\lambda$ 为数）.

(3) 分配律：$(\vec{a} + \vec{b}) \times \vec{c} = \vec{a} \times \vec{c} + \vec{b} \times \vec{c}$.

下面推导叉积的坐标表示式.

设 $\vec{a} = a_x \vec{i} + a_y \vec{j} + a_z \vec{k}$，$\vec{b} = b_x \vec{i} + b_y \vec{j} + b_z \vec{k}$，由于 $\vec{i}$、$\vec{j}$、$\vec{k}$ 互相垂直，成右手系，且模均为 1，所以有

$$\vec{i} \times \vec{i} = \vec{j} \times \vec{j} = \vec{k} \times \vec{k} = \vec{0}, \quad \vec{i} \times \vec{j} = \vec{k}, \quad \vec{j} \times \vec{k} = \vec{i}, \quad \vec{k} \times \vec{i} = \vec{j}$$

$$\vec{j} \times \vec{i} = -\vec{k}, \quad \vec{k} \times \vec{j} = -\vec{i}, \quad \vec{i} \times \vec{k} = -\vec{j}$$

$$\vec{a} \times \vec{b} = (a_x \vec{i} + a_y \vec{j} + a_z \vec{k}) \times (b_x \vec{i} + b_y \vec{j} + b_z \vec{k})$$

$$= a_x \vec{i} \times (b_x \vec{i} + b_y \vec{j} + b_z \vec{k}) + a_y \vec{j} \times (b_x \vec{i} + b_y \vec{j} + b_z \vec{k}) + a_z \vec{k} \times (b_x \vec{i} + b_y \vec{j} + b_z \vec{k})$$

$$= a_x b_x \vec{i} \times \vec{i} + a_x b_y \vec{i} \times \vec{j} + a_x b_z \vec{i} \times \vec{k} + a_y b_x \vec{j} \times \vec{i} + a_y b_y \vec{j} \times \vec{j} + a_y b_z \vec{j} \times \vec{k}$$

$$\quad + a_z b_x \vec{k} \times \vec{i} + a_z b_y \vec{k} \times \vec{j} + a_z b_z \vec{k} \times \vec{k}$$

$$= (a_y b_z - a_z b_y) \vec{i} + (a_z b_x - a_x b_z) \vec{j} + (a_x b_y - a_y b_x) \vec{k}$$

$$= \begin{vmatrix} \vec{i} & \vec{j} & \vec{k} \\ a_x & a_y & a_z \\ b_x & b_y & b_z \end{vmatrix}$$

【例 9-10】 设 $\vec{a} = (2, 1, -1)$，$\vec{b} = (1, -1, 2)$，计算 $\vec{a} \times \vec{b}$.

解： $\vec{a} \times \vec{b} = \begin{vmatrix} \vec{i} & \vec{j} & \vec{k} \\ 2 & 1 & -1 \\ 1 & -1 & 2 \end{vmatrix} = 2\vec{i} - \vec{j} - 2\vec{k} - \vec{k} - 4\vec{j} - \vec{i} = \vec{i} - 5\vec{j} - 3\vec{k}$

【例9-11】　设刚体以等角速度 $\vec{\omega}$ 绕 L 轴旋转，计算刚体上一点 M 的线速度.

解：刚体绕 L 轴旋转时，角速度向量 $\vec{\omega}$ 在 L 轴向，具体方向由右手法则定出：以右手握住 L 轴，四指指向旋转方向，大拇指的指向就是 $\vec{\omega}$ 的方向（图9-14）.

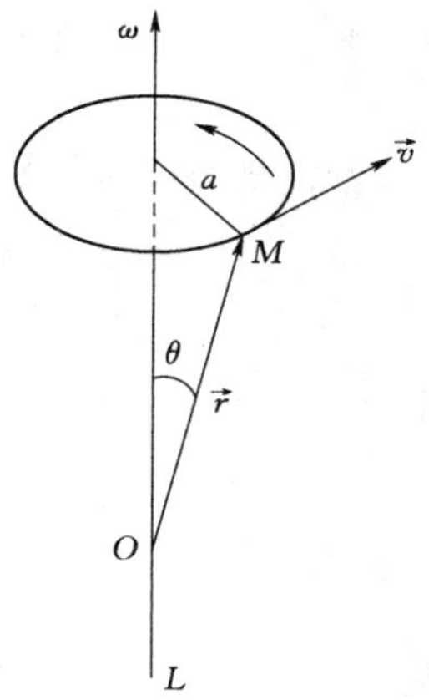

设刚体上一点 M 的线速度为 $\vec{v}$，M 到轴 L 的距离为 a，在 L 上任取一点 O，作向量 $\vec{r}=\overrightarrow{OM}$，$\vec{r}$ 与 $\vec{\omega}$ 的夹角为 θ，则 $\vec{v}$ 的大小 $|\vec{v}|=|\vec{\omega}|a=|\vec{\omega}\|\vec{r}|\sin\theta$，方向垂直于 $\vec{\omega}$ 与 $\vec{r}$，且 $\vec{\omega}$、$\vec{r}$、$\vec{v}$ 符合右手法则，因此有

$$\vec{v}=\vec{\omega}\times\vec{r}$$

【例9-12】　已知三角形 ABC 的顶点分别是 $A(1,2,3)$、$B(3,4,5)$、$C(2,4,7)$，求：

（1）$\triangle ABC$ 的面积；

（2）$\triangle ABC$ 的 AB 边上的高 h.

图 9-14

解：（1）根据向量积的定义，可知 $\triangle ABC$ 的面积

$$S_{\triangle ABC}=\frac{1}{2}|\overrightarrow{AB}\|\overrightarrow{AC}|\sin\angle A=\frac{1}{2}|\overrightarrow{AB}\times\overrightarrow{AC}|$$

由于 $\overrightarrow{AB}=(2,2,2)$，$\overrightarrow{AC}=(1,2,4)$，因此

$$\overrightarrow{AB}\times\overrightarrow{AC}=\begin{vmatrix} \vec{i} & \vec{j} & \vec{k} \\ 2 & 2 & 2 \\ 1 & 2 & 4 \end{vmatrix}=4\boldsymbol{i}-6\boldsymbol{j}+2\boldsymbol{k}$$

于是

$$S_{\triangle ABC}=\frac{1}{2}|4\vec{i}-6\vec{j}+2\vec{k}|=\frac{1}{2}\sqrt{4^2+(-6)^2+2^2}=\sqrt{14}$$

（2）设 $\triangle ABC$ 的 AB 边上的高为 h，则

$$h=\frac{|\overrightarrow{AB}\times\overrightarrow{AC}|}{|\overrightarrow{AB}|}=\frac{2\sqrt{14}}{\sqrt{12}}=\frac{\sqrt{42}}{3}$$

*三、混合积 $(\vec{a}\times\vec{b})\cdot\vec{c}$

混合积 $(\vec{a}\times\vec{b})\cdot\vec{c}$ 是一个数，其绝对值表示以向量 $\vec{a}$、$\vec{b}$、$\vec{c}$ 为棱的平行六面体的体积. 若 $\vec{a}$、$\vec{b}$、$\vec{c}$ 成右手系，则混合积符号为正；若 $\vec{a}$、$\vec{b}$、$\vec{c}$ 成左手系，则混合积符号为负.

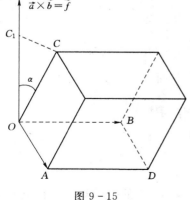

图 9-15

事实上，设 $\overrightarrow{OA}=\vec{a}$，$\overrightarrow{OB}=\vec{b}$，$\overrightarrow{OC}=\vec{c}$，则 $\vec{a}\times\vec{b}=\vec{f}$ 是一个向量，其模 $|\vec{a}\times\vec{b}|$ 等于以 $\vec{a}$、$\vec{b}$ 为邻边的平行四边形 $OADB$ 的面积. 其方向垂直于这平行四边形所在平面. 当 $\vec{a}$、$\vec{b}$、$\vec{c}$ 组成右手系时，向量 $\vec{f}$ 与 $\vec{c}$ 朝向与平面同侧（图9-15），$\vec{f}$ 与 $\vec{c}$ 的夹角 α 为锐角，$|\vec{c}|\cos\alpha$ 是平行六面体的高 h，于是平行六面体的体积 V 为

$$V=|\vec{a}\times\vec{b}\,\|\,\vec{c}\,|\cos\alpha=(\vec{a}\times\vec{b})\cdot\vec{c}$$

若 $\vec{a}$、$\vec{b}$、$\vec{c}$ 成左手系，则 $(\vec{a}\times\vec{b})\cdot\vec{c}<0$，为 V 的相反数，显然

$$(\vec{a}\times\vec{b})\cdot\vec{c}=(\vec{b}\times\vec{c})\cdot\vec{a}=(\vec{c}\times\vec{a})\cdot\vec{b}$$

下面推导混合积的坐标表示式.

设 $\qquad\vec{a}=(a_x,a_y,a_z),\quad \vec{b}=(b_x,b_y,b_z),\quad \vec{c}=(c_x,c_y,c_z)$

因

$$\vec{a}\times\vec{b}=\begin{vmatrix}\vec{i}&\vec{j}&\vec{k}\\a_x&a_y&a_z\\b_x&b_y&b_z\end{vmatrix}$$

$$=\begin{vmatrix}a_y&a_z\\b_y&b_z\end{vmatrix}\vec{i}-\begin{vmatrix}a_x&a_z\\b_x&b_z\end{vmatrix}\vec{j}+\begin{vmatrix}a_x&a_y\\b_x&b_y\end{vmatrix}\vec{k}$$

则

$$(\vec{a}\times\vec{b})\cdot\vec{c}=\begin{vmatrix}a_y&a_z\\b_y&b_z\end{vmatrix}c_x-\begin{vmatrix}a_x&a_z\\b_x&b_z\end{vmatrix}c_y+\begin{vmatrix}a_x&a_y\\b_x&b_y\end{vmatrix}c_z$$

$$=\begin{vmatrix}a_x&a_y&a_z\\b_x&b_y&b_z\\c_x&c_y&c_z\end{vmatrix}$$

若 $\vec{a}$、$\vec{b}$、$\vec{c}$ 共面，则

$$\begin{vmatrix}a_x&a_y&a_z\\b_x&b_y&b_z\\c_x&c_y&c_z\end{vmatrix}=0$$

习 题 9-2

1. 设 $\vec{a}=(3,-1,-2)$，$\vec{b}=(1,2,-1)$，求：

(1) $(-2\vec{a})\cdot 3\vec{b}$ 及 $\vec{a}\times 2\vec{b}$；　　　　(2) $\vec{a}\cdot\vec{b}$ 的夹角 θ 的余弦.

2. 设 $\vec{a}$、$\vec{b}$、$\vec{c}$ 为单位向量，且 $\vec{a}+\vec{b}+\vec{c}=\vec{0}$，求 $\vec{a}\cdot\vec{b}+\vec{b}\cdot\vec{c}+\vec{c}\cdot\vec{a}$.

3. 已知 $M_1(1,-1,2)$、$M_2(3,3,1)$ 和 $M_3(3,1,3)$，求与 $\overrightarrow{M_1M_2}$、$\overrightarrow{M_2M_3}$ 同时垂直的单位向量.

4. 向量 $\vec{a}=(1,-1,1)$，$\vec{b}=(2,1,1)$，求 $\vec{a}\cdot\vec{b}$.

5. 已知 $\overrightarrow{OA}=(1,0,3)$，$\overrightarrow{OB}=(0,1,3)$，求 $\triangle ABO$ 的面积.

*6. 设 $\vec{a}$ 非零，$|\vec{b}|=1$，$(\widehat{\vec{a},\vec{b}})=\dfrac{\pi}{4}$，求 $\lim\limits_{x\to 0}\dfrac{|\vec{a}+x\vec{b}|-|\vec{a}|}{x}$.

7. (1995) 设 $(\vec{a}\times\vec{b})\cdot\vec{c}=2$，求 $[(\vec{a}+\vec{b})\times(\vec{b}+\vec{c})]\cdot(\vec{c}+\vec{a})$.

*8. 若 $\vec{a}\times\vec{b}+\vec{b}\times\vec{c}+\vec{c}\times\vec{a}=\vec{0}$，试证 $\vec{a}$、$\vec{b}$、$\vec{c}$ 共面.

第三节　曲 面 及 其 方 程

一、曲面方程的概念

在平面解析几何中，把平面曲线 L 视为满足方程 $F(x,y)=0$ 的点的轨迹，在空间解

析几何中通常把空间曲面 S 视为满足方程 $F(x,y,z)=0$ 的点的轨迹.

如果空间曲面 S 与三元方程

$$F(x,y,z)=0 \tag{9-6}$$

有如下关系:

(1) S 上任一点的坐标都满足方程式 (9-6).

(2) 不在 S 上的点的坐标都不满足方程式 (9-6).

则称方程式 (9-6) 为曲面 S 的方程, 曲面 S 为方程式 (9-6) 的图形 (图 9-16).

下面建立几个常见曲面的方程.

【例 9-13】 求球心在点 $M_0(x_0, y_0, z_0)$、半径为 R 的球面方程.

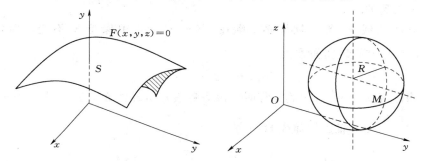

图 9-16　　　　　　　　图 9-17

解: 设 $M(x,y,z)$ 是球面上任意一点 (图 9-17), 则

$$|\overrightarrow{M_0 M}|=R$$

即

$$\sqrt{(x-x_0)^2+(y-y_0)^2+(z-z_0)^2}=R$$

$$(x-x_0)^2+(y-y_0)^2+(z-z_0)^2=R^2 \tag{9-7}$$

显然, 球面上的点满足方程式 (9-7), 不在球面上的点不满足方程式 (9-7). 所以式 (9-7) 是以 $M_0(x_0, y_0, z_0)$ 为球心、R 为半径的球面方程.

若球心在原点 $(0,0,0)$, 则球面方程为 $x^2+y^2+z^2=R^2$.

【例 9-14】 已知点 $A(1,1,0)$ 和点 $B(2,1,1)$, 求线段 AB 的垂直平分面的方程.

解: 设 $M(x,y,z)$ 是所求垂直平分面上任意一点, 则有 $|AM|=|BM|$, 即

$$\sqrt{(x-1)^2+(y-1)^2+(z-0)^2}=\sqrt{(x-2)^2+(y-1)^2+(z-1)^2}$$

两边平方后化解得 $x+z=2$

【例 9-15】 判断方程 $x^2+y^2+z^2-2x-4y-2z=3$ 对应的曲面形状.

解: 方程配方变形为

$$(x-1)^2+(y-2)^2+(z-1)^2=9$$

显然这是一个球面方程, 以点 $M_0(1,2,1)$ 为球心、3 为半径的球面.

三个例子揭示了空间解析几何中曲面研究的两个基本问题:

(1) 已知曲面, 建立其方程.

(2) 已知方程, 研究其所表示的曲面的形状.

二、旋转曲面

一平面曲线 C 绕同一平面内的一定直线 L 旋转一周所形成的曲面称为旋转曲面. 曲

线 C 称为旋转曲面的母线，直线 L 称为旋转曲面的轴.

设在 yOz 面有一曲线 C：$f(y,z)=0$，将 C 绕 z 轴旋转一周，就得到一个以 z 轴为轴的旋转曲面（图 9-18）. 下面求其方程.

设 $M_0(0,y_0,z_0)$ 是 C 上任意一点，则有 $f(y_0,z_0)=0$. 当 C 绕 z 轴旋转时，点 M_0 旋转到点 $M(x,y,z)$，在此旋转过程中，z 坐标不变，即 $z=z_0$；点到 z 轴的距离不变，即 $\sqrt{x^2+y^2}=|y_0|$，将 $z_0=z$、$y_0=\pm\sqrt{x^2+y^2}$ 代入 $f(y_0,z_0)=0$，得点 M 应满足的方程为

$$f(\pm\sqrt{x^2+y^2},z)=0$$

这就是所求的旋转曲面方程. 它是在曲线 C 的方程 $f(y,z)=0$ 中保持 z 不变，而将 y 改成 $\pm\sqrt{x^2+y^2}$ 得到的.

同理，若将曲线 C 绕 y 轴旋转，则在 $f(y,z)=0$ 中保持 y 不变，而将 z 改成 $\pm\sqrt{z^2+x^2}$，就得到旋转曲面方程

$$f(y,\pm\sqrt{z^2+x^2})=0$$

反之，当出现 x^2+y^2 与 z 的方程时，该方程表示旋转曲面，如 $x^2+y^2+2z^2=R^2$ 是曲线 $\begin{cases} x^2+2z^2=R^2 \\ y=0 \end{cases}$ 绕 z 轴旋转而成的.

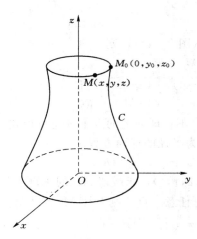

图 9-18

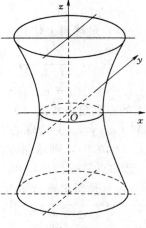

图 9-19

【例 9-16】 将 xOz 坐标面上的双曲线 $\dfrac{x^2}{a^2}-\dfrac{z^2}{c^2}=1$ 分别绕 z 轴和 x 轴旋转一周，求所生成的旋转曲面方程.

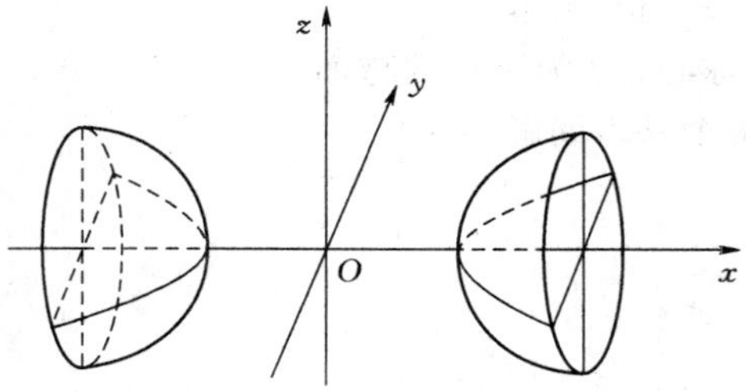

图 9-20

解：绕 z 轴旋转所成的旋转曲面称为旋转单叶双曲面（图 9-19），其方程为

$$\frac{x^2+y^2}{a^2}-\frac{z^2}{c^2}=1$$

绕 x 轴旋转所成的旋转曲面称为旋转双叶双曲面（图 9-20），其方程为

$$\frac{x^2}{a^2}-\frac{y^2+z^2}{c^2}=1$$

【例9-17】 求 xOz 平面上的椭圆 $\dfrac{x^2}{4}+\dfrac{z^2}{9}=1$ 绕 x 轴旋转一周形成的图形.

解： 保持 x 不变，而将 z 改成 $\pm\sqrt{z^2+y^2}$，就得到旋转曲面方程

$$\frac{x^2}{4}+\frac{y^2}{9}+\frac{z^2}{9}=1$$

三、柱面方程

一动直线 L 沿定曲线 C 移动而形成的曲面称为柱面，定曲线 C 称为柱面的准线，动直线 L 称为柱面的母线.

例如，方程 $x^2+y^2=R^2$ 在 xOy 面上表示以原点为圆心，R 为半径的圆 C. 在空间直角坐标系中，这方程不含竖坐标 z，即不论 z 怎样变，只要 x、y 满足方程，则点 (x,y,z) 就在方程表示的曲面上. 比如，若点 $M(x,y,0)$ 在 xOy 面内的圆 $x^2+y^2=R^2$ 上，过 M 作平行于 z 轴的直线 L，显然 L 上的点 (x,y,z) 都满足方程 $x^2+y^2=R^2$，都在方程表示的曲面上，也就是说，曲面 $x^2+y^2=R^2$ 是由平行于 z 轴的直线沿圆移动形成的，是以圆为准线的柱面［图9-21（a）］.

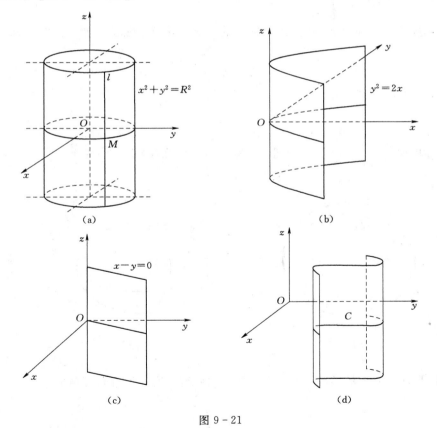

图9-21

类似地，$y^2=2x$ 表示母线平行于 z 轴的抛物柱面［图9-21（b）］，$x-y=0$ 表示母线平行于 z 轴的平面［图9-21（c）］.

一般地，只含 x、y 而缺 z 的方程 $F(x,y)=0$ 在空间表示母线平行于 z 轴的柱面如图 $9-21$（d）所示.

四、二次曲面

与平面解析几何中二次曲线类似，空间解析几何中把由三元二次方程 $F(x,y,z)=0$ 表示的曲面称为二次曲面，而把平面称为一次曲面.

对二次曲面，主要关心的是其形状，这可通过截痕法和旋转伸缩法来表述.

截痕法是用平行于坐标面的平面去截曲面，由截口的形状来了解曲面的形状.

旋转伸缩法是用来揭示曲面是由哪条曲线经旋转、伸缩形成的，并由此想象曲面的形状.

例如，有曲线 C：$F(x,y)=0$，设想把 C 沿 y 方向伸缩 λ 倍变成曲线 C'，试确定 C' 的方程.

设点 $M(x_1,y_1)\in C$，于是有 $F(x_1,y_1)=0$，将点 M 沿 y 方向伸缩 λ 倍变为 $M'(x_2,y_2)$，于是有 $x_2=x_1$，$y_2=\lambda y_1$，即 $x_1=x_2$，$y_1=\dfrac{1}{\lambda}y_2$. 故 $F\left(x_2,\dfrac{1}{\lambda}y_2\right)=0$，因此点 $M'(x_2,y_2)$ 的轨迹 C' 的方程为 $F\left(x,\dfrac{1}{\lambda}y\right)=0$.

例如，把圆 $x^2+y^2=a^2$ 沿 y 轴方向伸缩 $\dfrac{b}{a}$ 倍，就变为椭圆（图 $9-22$）. 其方程为

$$x^2+\left(\frac{y}{\dfrac{b}{a}}\right)^2=a^2$$

即

$$\frac{x^2}{a^2}+\frac{y^2}{b^2}=1$$

（1）椭球面 $\dfrac{x^2}{a^2}+\dfrac{y^2}{b^2}+\dfrac{z^2}{c^2}=1$ 如图 $9-23$ 所示，此椭球面可视为：

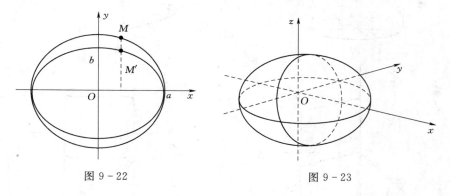

图 $9-22$　　　　　　　　　　图 $9-23$

1）先把 xOz 面上的椭圆 $\dfrac{x^2}{a^2}+\dfrac{z^2}{c^2}=1$ 绕 z 轴旋转，得如下旋转椭球面：

$$\frac{x^2+y^2}{a^2}+\frac{z^2}{c^2}=1$$

2）再把旋转椭球面沿 y 方向伸缩 $\dfrac{b}{a}$ 倍，得椭球面：

$$\cfrac{x^2 + \cfrac{1}{\left(\cfrac{b}{a}\right)^2} y^2}{a^2} + \frac{z^2}{c^2} = 1$$

即

$$\frac{x^2}{a^2} + \frac{y^2}{b^2} + \frac{z^2}{c^2} = 1$$

当 $a = b = c$ 时，椭球面成为球心在原点、半径为 a 的球面.

（2）单叶双曲面 $\dfrac{x^2}{a^2} + \dfrac{y^2}{b^2} - \dfrac{z^2}{c^2} = 1$，如图 9-19 所示. 可视为把 xOz 面上的双曲线 $\dfrac{x^2}{a^2} - \dfrac{z^2}{c^2} = 1$ 先绕 z 轴旋转，再沿 y 轴方向伸缩 $\dfrac{b}{a}$ 倍而得.

（3）双叶双曲面 $\dfrac{x^2}{a^2} - \dfrac{y^2}{b^2} - \dfrac{z^2}{c^2} = 1$，如图 9-20 所示. 可视为把 xOz 面上的双曲线 $\dfrac{x^2}{a^2} - \dfrac{z^2}{c^2} = 1$ 先绕 x 轴旋转，再沿 y 轴方向伸缩 $\dfrac{b}{c}$ 倍而得.

（4）椭圆抛物面 $\dfrac{x^2}{a^2} + \dfrac{y^2}{b^2} = z$，如图 9-24 所示. 可视为把 xOz 面上的抛物线 $\dfrac{x^2}{a^2} = z$ 先绕 z 轴旋转，再沿 y 轴方向伸缩 $\dfrac{b}{a}$ 倍而得. 亦可用平行于坐标面的平面去截曲面，观察其截痕，了解其形状.

例如，用 $z = k$ 平面去截曲面，显然截面 $\begin{cases} \dfrac{x^2}{a^2} + \dfrac{y^2}{b^2} = z \\ z = k \end{cases}$ 是椭圆；用 $y = k$ 平面去截曲面，

截面 $\begin{cases} \dfrac{x^2}{a^2} + \dfrac{y^2}{b^2} = z \\ y = k \end{cases}$ 是抛物线. 故曲面 $\dfrac{x^2}{a^2} + \dfrac{y^2}{b^2} = z$ 称为椭圆抛物面.

（5）椭圆锥面 $\dfrac{x^2}{a^2} + \dfrac{y^2}{b^2} = z^2$，如图 9-25 所示. 可视为把 xOz 面上的直线 $x = az$ 先绕

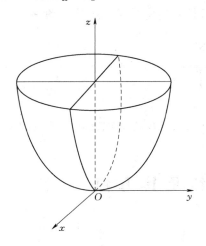

图 9-24

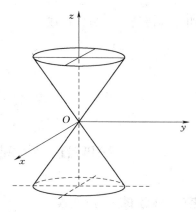

图 9-25

z 轴旋转，再沿 y 轴方向伸缩 $\dfrac{b}{a}$ 倍而得．亦可用平面 $z=k$ 去截曲面，其截面

$\begin{cases} \dfrac{x^2}{a^2}+\dfrac{y^2}{b^2}=z^2 \\ z=k \end{cases}$ 是 $z=k$ 平面上的椭圆 $\dfrac{x^2}{(ak)^2}+\dfrac{y^2}{(bk)^2}=1$，当 $|k|$ 从大到小再到 0 时，这簇椭圆

亦从大到小再缩为一点．

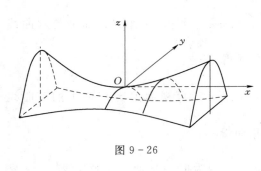

图 9-26

（6）双曲抛物面 $\dfrac{x^2}{a^2}-\dfrac{y^2}{b^2}=z$，如图 9-26 所示．用 $z=k$ 平面去截曲面，截面为 $z=k$ 平面上的双曲线 $\dfrac{x^2}{a^2k}-\dfrac{y^2}{b^2k}=1$；用 $x=k$ 平面去截曲面，截面为平面 $x=k$ 上的抛物线 $-\dfrac{y^2}{b^2}=z-\dfrac{k^2}{a^2}$，故此曲面称为双曲抛物面．由图不难看出，这曲面的形状像个马鞍，故又称为马鞍面．

还有三种二次曲面是以 xOy 面上如下三种二次曲线为准线的柱面：

$$\dfrac{x^2}{a^2}+\dfrac{y^2}{b^2}=1, \quad \dfrac{x^2}{a^2}-\dfrac{y^2}{b^2}=1, \quad x^2=ay$$

它们依次称为椭圆柱面、双曲柱面和抛物柱面．

习　题　9-3

1. 一动点 $M(x,y,z)$ 与两定点 $A(2,3,1)$ 和 $B(4,5,6)$ 等距，求其轨迹方程．

2. 球面以 $M_0=(1,3,-2)$ 为球心，且过原点，求其方程．

3. 将抛物线 $z^2=5x$ 绕 x 轴旋转一周，求此旋转曲面方程．

4. 将双曲线 $4x^2-9y^2=36$ 分别绕 x 轴和 y 轴旋转一周，求所生成的旋转曲面方程．

5. 指出下列方程在平面解析几何中和空间解析几何中分别表示什么图形：

（1）$x=2$；（2）$y=x+1$；（3）$x^2+y^2=4$；（4）$x^2-y^2=1$．

6. 说明下列旋转面是怎样形成的：

（1）$\dfrac{x^2}{4}+\dfrac{y^2}{9}+\dfrac{z^2}{9}=1$；　　　　　（2）$x^2-\dfrac{y^2}{4}+z^2=1$；

（3）$x^2-y^2-z^2=1$；　　　　　（4）$(z-a)^2=x^2+y^2$．

*7.（1994）已知 $A(1,0,0)$、$B(0,1,1)$，求线段 AB 绕 z 轴旋转所形成的旋转曲面 S 的方程．

第四节　空间曲线及其方程

一、空间曲线的一般方程

空间曲线 C 可以看作两个曲面的交线如图 9-27 所示，用如下方程组表示：

$$\begin{cases} F(x,y,z) = 0 \\ G(x,y,z) = 0 \end{cases} \tag{9-8}$$

显然，C 上的点同时在两个曲面上，满足方程组（9-8）；而不在 C 上的点，不可能同时在两个曲面上，不可能满足方程组（9-8）. 如方程组 $\begin{cases} x^2+y^2+z^2=25 \\ z=3 \end{cases}$ 表示以 O 为球心、半径为 5 的球面与 $z=3$ 平面的交线，如图 9-28 所示.

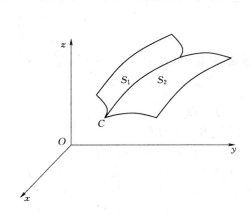

图 9-27

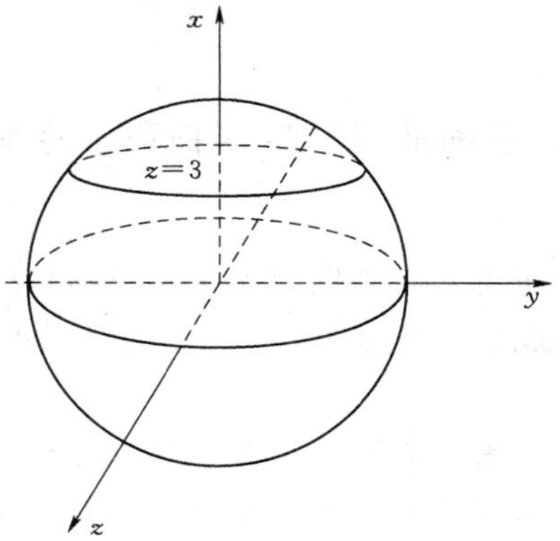

图 9-28

又如方程组 $\begin{cases} z=\sqrt{2^2-x^2-y^2} \\ (x-1)^2+y^2=1^2 \end{cases}$ 表示以原点 O 为球心、半径为 2 的上半球面与柱面的交线，柱面的母线平行于 z 轴，准线是 xOy 平面上的圆，圆心在 $(1,0)$，半径为 1，如图 9-29 所示.

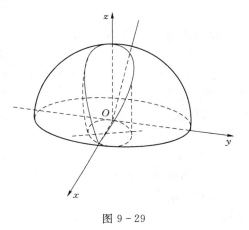

图 9-29

二、空间曲线的参数方程

空间曲线 C 的参数方程如下：

$$\begin{cases} x=x(t) \\ y=y(t) \quad (\alpha \leqslant t \leqslant \beta) \\ z=z(t) \end{cases}$$

显然 C 上动点的坐标 x、y、z 都表示为参数 t 的函数. $t=t_1$ 对应 C 上的一点 (x_1, y_1, z_1)，t 从 α 连续变到 β 时，可得到 C 上的全部点.

【例 9-18】 若空间一点 M 在圆柱面 $x^2+y^2=a^2$ 上以角速度 ω 绕 z 轴旋转，同时又以线速度 v 沿平行于 z 轴的正向上升（其中 ω、v 都是常数），则点 M 的轨迹构成螺旋线，试建立其参数方程.

解： 取时间 t 为参数，设 $t=0$ 时，动点位于 x 轴上的点 $A(a,0,0)$ 处，经过时间 t，动点由 A 移动到 $M(x,y,z)$（图 9-30），M 在 xOy 面上的投影 $M'(x,y,0)$，由于动点在圆柱上以角速度 ω 绕 z 轴旋转，经过时间 t，$\angle AOM'=\omega t$，从而

$$x=|OM'|\cos\angle AOM'=a\cos\omega t$$
$$y=|OM'|\sin\angle AOM'=a\sin\omega t$$

由于动点以线速度 v 沿平行于 z 轴的正方向上升，所以

$$z=M'M=vt$$

因此螺旋线的参数方程为

$$\begin{cases} x=a\cos\omega t \\ y=a\sin\omega t \\ z=vt \end{cases}$$

三、空间曲线、空间曲面、空间区域在坐标面上的投影

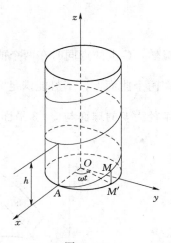

图 9-30

空间曲线 L 在坐标面 $\varPi$ 上的投影是指 L 上每一点在 $\varPi$ 上的投影构成的平面曲线 L^*，用 L^* 上点的坐标所满足的方程表示.

求 L 投影的方法是过 L 上每一点作 $\varPi$ 的垂线，这些垂线构成一个投影柱面，这投影柱面与平面 $\varPi$ 的交线就是 L 在平面 $\varPi$ 上的投影.

若 L 的方程为

$$\begin{cases} F(x,y,z)=0 \\ G(x,y,z)=0 \end{cases} \tag{9-9}$$

由方程组（9-9）消去 z 得

$$H(x,y)=0 \tag{9-10}$$

这是一个母线平行于 z 轴的柱面，显然，当 x、y、z 满足方程组（9-9）时，x、y 必定满足方程（9-10），故 L 上的所有点都在由方程（9-10）所表示的柱面上，式（9-10）所表示的柱面就是 L 关于 xOy 面的投影柱面. 而方程组

$$\begin{cases} H(x,y)=0 \\ z=0 \end{cases} \tag{9-11}$$

则表示空间曲线 L 在 xOy 面上的投影.

同理，消去方程组（9-9）中的 x 或 y，得投影柱面 $R(y,z)=0$ 和 $T(z,x)=0$，而方程组

$$\begin{cases} R(y,z)=0 \\ x=0 \end{cases}, \quad \begin{cases} T(z,x)=0 \\ y=0 \end{cases}$$

分别是 L 在 yOz 面和 zOx 面上的投影.

空间曲面 S 在坐标面 $\varPi$ 上的投影是指 S 上每一点在 $\varPi$ 上的投影构成的平面区域 D，用 D 上点的坐标所满足的不等式表示.

空间区域 V 在坐标面 $\varPi$ 上的投影是指 V 上每一点在 $\varPi$ 上的投影构成的平面区域 D，用 D 上点的坐标所满足的不等式表示.

【例 9-19】　求曲线 L：$\begin{cases} x^2+y^2+z^2=2 \\ z=1 \end{cases}$ 在 xOy 面上的投影.

解：从方程组中消去 z 得 $x^2+y^2=1$. 这是以 L 为准线的关于 xOy 面的投影柱面，它与 xOy 面的交线 $\begin{cases} x^2+y^2=1 \\ z=0 \end{cases}$ 就是曲线 L 在 xOy 面上的投影. 该投影是 xOy 面上的一个圆，球面 $x^2+y^2+z^2=2$ 在平面 $z=1$ 以上的部分在 xOy 平面上的投影就是该圆所围部分，满足 $x^2+y^2\leqslant1$，如图 9-31 所示.

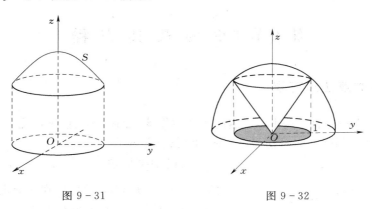

图 9-31   图 9-32

【例 9-20】 一立体 V 由上半球面 $z=\sqrt{4-x^2-y^2}$ 和锥面 $z=\sqrt{3(x^2+y^2)}$ 所围成（图 9-32），求立体 V 在 xOy 面上的投影.

解：半球面与锥面的交线为

$$C:\begin{cases} z=\sqrt{4-x^2-y^2} \\ z=\sqrt{3(x^2+y^2)} \end{cases}$$

由方程组消去 z 得 $x^2+y^2=1$，这是一个母线平行于 z 轴的圆柱面，容易看出，这恰好是半球面与锥面的交线 C 关于 xOy 面的投影柱面，因此交线 C 在 xOy 面上的投影曲线为

$$\begin{cases} x^2+y^2=1 \\ z=0 \end{cases}$$

这是 xOy 面上的一个圆，于是所求立体在 xOy 面上的投影，就是该圆在 xOy 面上所围的部分：

$$x^2+y^2\leqslant1$$

习 题 9-4

1. 指出下列方程组在平面解析几何和空间解析几何中分别表示什么图形：

(1) $\begin{cases} y=5x+1 \\ y=2x-3 \end{cases}$;   (2) $\begin{cases} \dfrac{x^2}{4}+\dfrac{y^2}{9}=1 \\ y=3 \end{cases}$.

2. 分别求母线平行于 x 轴及 y 轴且通过曲线 $\begin{cases} 2x^2+y^2+z^2=16 \\ x^2+z^2-y^2=0 \end{cases}$ 的柱面方程.

3. 求球面 $x^2+y^2+z^2=9$ 与平面 $x+z=1$ 的交线在 xOy 面上的投影的方程.

4. 将下列曲线的一般方程化为参数方程：

$$(1) \begin{cases} x^2+y^2+z^2=9 \\ y=x \end{cases} ; \qquad (2) \begin{cases} (x-1)^2+y^2+(z+1)^2=4 \\ z=0 \end{cases} .$$

5. 求上半球 $0 \leqslant z \leqslant \sqrt{a^2-x^2-y^2}$ 与圆柱体 $x^2+y^2 \leqslant ax(a>0)$ 的公共部分在 xOy 面和 xOz 面上的投影.

6. 求旋转抛物面 $z=x^2+y^2(0 \leqslant z \leqslant 4)$ 在三个坐标面上的投影.

第五节 平 面 及 其 方 程

一、平面的点法式方程

如果一非零向量垂直于一平面,这向量就叫作该平面的法线向量,记为 $\vec{n}=(A,B,C)$. 根据定义,平面上的任一向量均与该平面的法线向量垂直.

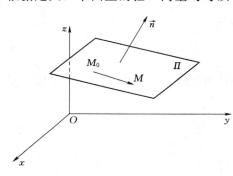

图 9-33

若已知平面 Π 上一点 $M_0(x_0,y_0,z_0)$ 和其法向量 $\vec{n}=(A,B,C)$,就可以唯一确定这个平面(图 9-33). 事实上,对平面 Π 上任意一点 $M(x,y,z)$,$\overrightarrow{M_0M}$ 与 $\vec{n}$ 垂直,于是

$$\vec{n} \cdot \overrightarrow{M_0M}=0$$

即 $\quad A(x-x_0)+B(y-y_0)+C(z-z_0)=0$

$$(9-12)$$

显然平面 Π 上任意一点 $M(x,y,z)$ 满足方程式(9-12);若 $M(x,y,z)$ 不在平面 Π 上,则 $\overrightarrow{M_0M}$ 与 $\vec{n}$ 不垂直,从而 $\vec{n} \cdot \overrightarrow{M_0M} \neq 0$,即点 M 不满足方程式(9-12). 这样方程式(9-12)就是平面 Π 的方程,而平面 Π 就是方程式(9-12)的图形. 由于方程式(9-12)由平面 Π 上的一点 M_0 及其法向量 $\vec{n}$ 确定,故方程式(9-12)称为平面的点法式方程.

【例 9-21】 设一平面过点 $M_0(2,1,1)$,且法向量 $\vec{n}=(1,2,-5)$,求此平面方程.

解:根据平面的点法式方程,有

$$1 \times (x-2)+2(y-1)-5(z-1)=0$$

即 $\qquad x+2y-5z+1=0$

【例 9-22】 求过三点 $O(0,0,0)$、$A(-1,-1,2)$ 和 $B(1,1,0)$ 的平面的方程.

解:先找出这平面的法线向量 $\vec{n}$,由于向量 $\vec{n}$ 与向量 $\overrightarrow{OA}$、$\overrightarrow{OB}$ 都垂直,而 $\overrightarrow{OA}=(-1,-1,2)$,$\overrightarrow{OB}=(1,1,0)$,所以可取它们的向量积为 $\vec{n}$:

$$\vec{n}=\overrightarrow{OA} \times \overrightarrow{OB}=\begin{vmatrix} \vec{i} & \vec{j} & \vec{k} \\ -1 & -1 & 2 \\ 1 & 1 & 0 \end{vmatrix}=2\vec{j}-2\vec{i}$$

根据平面的点法式方程式（9-12），将 B 点代入得所求平面的方程为

$$-2(x-1)+2(y-1)+0(z-0)=0$$

即

$$x-y=0$$

二、平面的一般方程

平面的点法式方程可以写成

$$Ax+By+Cz+D=0 \qquad\qquad (9-13)$$

其中 $D=-Ax_0-By_0-Cz_0$，而任一平面都可用点法式方程表示，从而任一平面都可用方程式（9-13）表示.

反之，方程式（9-13）一定表示平面，任取满足方程式（9-13）的一组数 x_0、y_0、z_0，即

$$Ax_0+By_0+Cz_0+D=0$$

用方程式（9-13）减上式，得

$$A(x-x_0)+B(y-y_0)+C(z-z_0)=0$$

此即为过点 $M_0(x_0,y_0,z_0)$、法向量 $\vec{n}=(A,B,C)$ 的平面点法式方程. 这说明方程式（9-13）表示一个平面.

由上可知，任一三元一次方程式（9-13）的图形总是一个平面，方程式（9-13）称为平面的一般方程. x、y、z 的系数是该平面法向量的坐标，即 $\vec{n}=(A,B,C)$.

例如，方程 $x-2y+3z-4=0$ 表示一个平面，$\vec{n}=(1,-2,3)$ 是这平面的一个法向量.

对于一些特殊三元一次方程，应熟悉其图形特点：

（1）当 $D=0$ 时，方程 $Ax+By+Cz=0$，它表示一通过原点的平面.

（2）当 $A=0$ 时，方程 $By+Cz+D=0$ 表示一个平行于 x 轴的平面，法线向量 $\vec{n}=(0,B,C)$ 垂直于 x 轴.

同理，方程 $Ax+Cz+D=0$ 和 $Ax+By+D=0$ 分别表示一个平行于 y 轴和 z 轴的平面.

（3）当 $A=B=0$ 时，方程 $Cz+D=0$ 或 $z=-\dfrac{D}{C}$ 表示一个平行于 xOy 面的平面，法线向量 $\vec{n}=(0,0,C)$ 同时垂直于 x 轴和 y 轴.

方程 $Ax+D=0$ 和 $By+D=0$ 分别表示一个平行于 yOz 面和 xOz 面的平面.

【例 9-23】 求通过 x 轴和点 $(2,1,-1)$ 的平面方程.

解： 由于平面通过 x 轴，从而它的法线向量垂直于 x 轴，即 $A=0$；又平面通过 x 轴，它必通过原点，于是 $D=0$. 因此可设这平面的方程为

$$By+Cz=0$$

又因这平面通过点 $(2,1,-1)$，所以有

$$B-C=0 \text{ 或 } C=B$$

以此代入所设方程并除以 $B(B\neq 0)$，便得所求的平面方程为

$$y+z=0$$

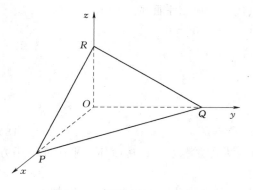

图 9 - 34

【例 9 - 24】 一平面 Π 与三轴交点为 $P(a, 0,0)$、$Q(0,b,0)$、$R(0,0,c)$，如图 9 - 34 所示，求此平面的方程（其中 $a \neq 0$，$b \neq 0$，$c \neq 0$）．

解：设平面 Π 的方程为
$$Ax + By + Cz + D = 0$$

因 P、Q、R 在平面 Π 上，故有
$$\begin{cases} aA + D = 0 \\ bB + D = 0 \\ cC + D = 0 \end{cases}$$

解之得 $\quad A = -\dfrac{D}{a}$，$B = -\dfrac{D}{b}$，$C = -\dfrac{D}{c}$

以此代入平面 Π 的方程并除以 $D(D \neq 0)$ 得
$$\frac{x}{a} + \frac{y}{b} + \frac{z}{c} = 1 \tag{9 - 14}$$

方程式（9 - 14）称为平面的截距式方程.

三、两平面的夹角

设有两平面
$$\Pi_1 : A_1 x + B_1 y + C_1 z + D_1 = 0$$
$$\Pi_2 : A_2 x + B_2 y + C_2 z + D_2 = 0$$

该两平面的法向量 $\vec{n_1} = (A_1, B_1, C_1)$ 与 $\vec{n_2} = (A_2, B_2, C_2)$ 间的夹角 θ（通常指锐角）称为两平面 Π_1 与 Π_2 的夹角（图 9 - 35）. 由点积定义有

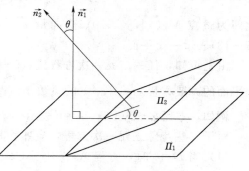

图 9 - 35

$$\cos\theta = \frac{|\vec{n_1} \cdot \vec{n_2}|}{|\vec{n_1}| \|\vec{n_2}|} = \frac{|A_1 A_2 + B_1 B_2 + C_1 C_2|}{\sqrt{A_1^2 + B_1^2 + C_1^2} \cdot \sqrt{A_2^2 + B_2^2 + C_2^2}} \tag{9 - 15}$$

Π_1、Π_2 垂直的充要条件是 $\quad A_1 A_2 + B_1 B_2 + C_1 C_2 = 0 \tag{9 - 16}$

Π_1、Π_2 平行的充要条件是 $\quad \dfrac{A_1}{A_2} = \dfrac{B_1}{B_2} = \dfrac{C_1}{C_2} \tag{9 - 17}$

【例 9 - 25】 求两平面 $2x + y + z - 1 = 0$ 与 $x + 2y - z - 2 = 0$ 的夹角.

解：
$$\vec{n_1} = (2, 1, 1), \quad \vec{n_2} = (1, 2, -1)$$
$$\cos\theta = \frac{|\vec{n_1} \cdot \vec{n_2}|}{|\vec{n_1}| \|\vec{n_2}|} = \frac{|1 \times 2 + 1 \times 2 + 1 \times (-1)|}{\sqrt{6} \times \sqrt{6}} = \frac{1}{2}$$

两平面夹角为
$$\theta = \frac{\pi}{3}$$

【例 9 - 26】 一平面通过点 $M_1(1,1,1)$ 和点 $M_2(0,1,-1)$，且垂直于平面 $x + y + z = 0$，求其方程.

解：

方法 1：设所求平面 Π 的法向量为 $\vec{n} = (A, B, C)$，因 $\overrightarrow{M_1 M_2} = (-1, 0, -2)$ 在平面 Π

上，必与 $\vec{n}$ 垂直，故有

$$-A-2C=0 \tag{9-18}$$

又平面 Π 与已知平面 $x+y+z=0$ 垂直，故有

$$A+B+C=0 \tag{9-19}$$

由式（9-18）、式（9-19）得 $A=-2C,\ B=C$

将之代入点法式方程 $A(x-1)+B(y-1)+C(z-1)=0$ 得

$$-2(x-1)+(y-1)+(z-1)=0$$

即

$$2x-y-z=0$$

这就是所求的平面方程.

方法 2：从点 M_1 到点 M_2 的向量为 $\vec{n_1}=(-1,0,-2)$，平面 $x+y+z=0$ 的法线向量为 $\vec{n_2}=(1,1,1)$.

设所求平面的法线向量 $\vec{n}$ 可取为 $\vec{n_1}\times\vec{n_2}$.

因为

$$n=\vec{n_1}\times\vec{n_2}=\begin{vmatrix} \vec{i} & \vec{j} & \vec{k} \\ -1 & 0 & -2 \\ 1 & 1 & 1 \end{vmatrix}=2\vec{i}-\vec{j}-\vec{k}$$

所以所求平面方程为

$$2x-y-z=0$$

四、点到平面的距离

设 $P_0(x_0,y_0,z_0)$ 是平面 $Ax+By+Cz+D=0$ 外的一点（图 9-36），求 P_0 到平面的距离 d.

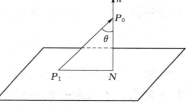

图 9-36

在平面上任取一点 $P_1(x_1,y_1,z_1)$，并作法向量 $\vec{n}$，显然，

$$d=\frac{|\vec{n}\cdot\vec{P_1P_0}|}{|\vec{n}|}=\frac{|A(x_0-x_1)+B(y_0-y_1)+C(z_0-z_1)|}{\sqrt{A^2+B^2+C^2}}$$

$$=\frac{|Ax_0+By_0+Cz_0+D|}{\sqrt{A^2+B^2+C^2}} \tag{9-20}$$

【**例 9-27**】 求点 $(2,1,-1)$ 到平面 $x+2y-2z=0$ 的距离 d.

解：
$$d=\frac{|1\times2+2\times1-2\times(-1)|}{\sqrt{1^2+2^2+(-2)^2}}=\frac{6}{3}=2$$

习 题 9-5

1. 求过点 $(3,0,-1)$ 且与平面 $x-2y+3z-8=0$ 平行的平面方程.

2. 求过三点 $M_1(2,-1,4)$、$M_2(-1,3,-2)$ 和 $M_3(0,2,3)$ 的平面的方程.

3. 一平面通过两点 $M_1(1,1,1)$ 和 $M_2(0,1,-1)$ 且垂直于平面 $x+y+z=0$，求它的方程.

4. 一平面过点 $(1,0,-1)$ 且平行于向量 $\vec{a}=(2,1,1)$ 和 $\vec{b}=(1,-1,0)$，试求该平

面方程.

5. 一平面平行于 x 轴且经过两点 $(4,0,-2)$ 和 $(5,1,7)$，试求其方程.

6. 求点 $(2,1,4)$ 到平面 $x-2y+2z-10=0$ 的距离.

7. (1990) 一平面 π 过点 $M(1,2,-1)$ 且垂直于 $L:\begin{cases} x=-1+t \\ y=3t-4 \\ z=t-1 \end{cases}$，求其方程.

8. (1996) 一平面 π 过原点 $O(0,0,0)$ 及 $P(6,-3,2)$，且垂直于 $\pi_1:4x-y+2z=8$，求其方程.

9. (1991) 一平面 π 过 $L_1:\dfrac{x-1}{1}=\dfrac{y-2}{0}=\dfrac{z-3}{-1}$，且平行于 $L_2:\dfrac{x+2}{2}=\dfrac{y-1}{1}=\dfrac{z}{1}$，求其方程.

第六节　空间直线及其方程

一、空间直线的一般方程

空间直线 L 可以看作两个平面 Π_1 和 Π_2 的交线（图 9-37），其一般方程为

$$\begin{cases} A_1x+B_1y+C_1z+D_1=0 \\ A_2x+B_2y+C_2z+D_2=0 \end{cases} \tag{9-21}$$

显然，L 上的点既在平面 Π_1 上，又在平面 Π_2 上，故满足方程组（9-21）；反之，不在 L 上的点，不可能既在平面 Π_1 上，又在平面 Π_2 上，故不满足方程组（9-21）.

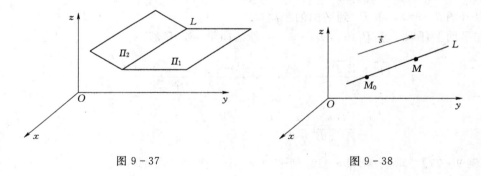

图 9-37　　　　　　　　　　　　　图 9-38

二、空间直线的点向式方程与参数方程

若一非零向量 $\vec{S}=(l,m,n)$ 平行于一已知直线 L，则称 $\vec{S}$ 为 L 的方向向量.

由于过空间一点只能作一条直线平行于已知直线，所以当 L 过点 $M_0(x_0,y_0,z_0)$ 又与 $\vec{S}=(l,m,n)$ 平行时，L 的位置就完全确定了（图 9-38）.

设点 $M(x,y,z)$ 是 L 上任一点，则 $\overrightarrow{M_0M}\,/\!/\,\vec{S}$，对应坐标成比例，即

$$\frac{x-x_0}{l}=\frac{y-y_0}{m}=\frac{z-z_0}{n} \tag{9-22}$$

显然 L 上任一点都满足该方程，不在 L 上的点不满足该方程. 该方程称为 L 的点向式方程（亦称对称式方程），$\vec{S}$ 称为 L 的方向向量.

设 $\dfrac{x-x_0}{l}=\dfrac{y-y_0}{m}=\dfrac{z-z_0}{n}=t$，则

$$\begin{cases} x=x_0+lt \\ y=y_0+mt \\ z=z_0+nt \end{cases} \qquad (9-23)$$

该方程称为 L 的参数方程，t 称为参数.

【例 9 - 28】 把直线 L 的一般方程 $L:\begin{cases} 2x-y+z+2=0 \\ x+y-z+1=0 \end{cases}$ 化为点向式方程和参数方程.

解：先找 L 上的一点 (x_0,y_0,z_0)，如取 $z_0=0$，则有

$$\begin{cases} 2x-y+2=0 \\ x+y+1=0 \end{cases}, \qquad \begin{matrix} y_0=0 \\ x_0=-1 \end{matrix}$$

即 $(-1,0,0)$ 是 L 上一点.

L 的方向向量 $\quad \vec{S}=\vec{n_1}\times\vec{n_2}=\begin{vmatrix} \vec{i} & \vec{j} & \vec{k} \\ 2 & -1 & 1 \\ 1 & 1 & -1 \end{vmatrix}=3\vec{j}+3\vec{k}$

故 L 的点向式方程为

$$x=-1, \qquad \frac{y-0}{3}=\frac{z-0}{3}$$

参数方程为

$$\begin{cases} x=-1 \\ y=3t \\ z=3t \end{cases}$$

三、两直线的夹角

两直线的夹角 θ 是指两直线的方向向量的夹角（通常指锐角），设直线 L_1 和 L_2 的方向向量分别为 $\vec{S_1}=(l_1,m_1,n_1)$ 和 $\vec{S_2}=(l_2,m_2,n_2)$，则

$$\cos\theta=\frac{|\vec{S_1}\cdot\vec{S_2}|}{|\vec{S_1}||\vec{S_2}|}=\frac{|l_1l_2+m_1m_2+n_1n_2|}{\sqrt{l_1^2+m_1^2+n_1^2}\cdot\sqrt{l_2^2+m_2^2+n_2^2}} \qquad (9-24)$$

L_1、L_2 垂直的充要条件是

$$l_1l_2+m_1m_2+n_1n_2=0 \qquad (9-25)$$

L_1、L_2 平行的充要条件是

$$\frac{l_1}{l_2}=\frac{m_1}{m_2}=\frac{n_1}{n_2} \qquad (9-26)$$

【例 9 - 29】 求两直线 $\dfrac{x-1}{1}=\dfrac{y-1}{2}=\dfrac{z-2}{-1}$ 和 $\dfrac{x-2}{-1}=\dfrac{y+1}{1}=\dfrac{z-1}{-2}$ 间的夹角.

解：
$$\vec{S_1}=(1,2,-1), \quad \vec{S_2}=(-1,1,-2)$$

$$\cos\theta=\frac{|\vec{S_1}\cdot\vec{S_2}|}{|\vec{S_1}\|\vec{S_2}|}=\frac{3}{\sqrt{6}\times\sqrt{6}}=\frac{1}{2}$$

两直线夹角
$$\theta=\frac{\pi}{3}$$

四、直线与平面的夹角

当直线与平面不垂直时，直线 L 与其在平面上的投影直线 L' 所夹的角 φ（通常指锐角）称为直线与平面的夹角（图 9-39），当直线与平面垂直时，规定 $\varphi=\frac{\pi}{2}$.

设直线 L 的方向向量为 $\vec{S}=(l,m,n)$，平面 Π 的法向量为 $\vec{n}=(A,B,C)$，直线 L 与法向量 $\vec{n}$ 的夹角为 θ，则

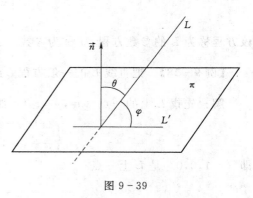

图 9-39

$$\sin\varphi=|\cos\theta|=\frac{|\vec{n}\cdot\vec{S}|}{|\vec{n}\|\vec{S}|}=\frac{|Al+Bm+Cn|}{\sqrt{A^2+B^2+C^2}\cdot\sqrt{l^2+m^2+n^2}} \tag{9-27}$$

直线与平面垂直的充要条件是

$$\frac{A}{l}=\frac{B}{m}=\frac{C}{n} \tag{9-28}$$

直线与平面平行的充要条件是

$$Al+Bm+Cn=0 \tag{9-29}$$

【例 9-30】 求直线 L：$\dfrac{x-2}{1}=\dfrac{y}{-1}=\dfrac{z-2}{2}$ 与平面 Π：$x+y+z-2=0$ 的交点.

解： 把 L 变为参数式：

$$x=2+t, \quad y=-t, \quad z=2+2t$$

代入平面 Π 的方程，得

$$(2+t)+(-t)+(2+2t)-2=0$$

$$t=-1$$

再把 $t=-1$ 代入 L 的参数式中，得交点坐标为

$$x=1, \quad y=1, \quad z=0$$

【例 9-31】 求与两平面 $x-4z=0$ 和 $2x-y-5z=1$ 的交线平行且过点 $(-3,5,2)$ 的直线的方程.

解： 因为所求直线与两平面的交线平行，也就是直线的方向向量一定同时与两平面的法线向量 $\vec{n_1}$、$\vec{n_2}$ 垂直，所以可以取

$$\vec{s} = \vec{n}_1 \times \vec{n}_2 = \begin{vmatrix} \vec{i} & \vec{j} & \vec{k} \\ 1 & 0 & -4 \\ 2 & -1 & -5 \end{vmatrix} = -4\vec{i} - 3\vec{j} - \vec{k}$$

因此所求直线的方程为

$$\frac{x+3}{4} = \frac{y-5}{3} = \frac{z-2}{1}$$

有时用平面束的方程解题更为简便，下面予以介绍.

设直线 L 由方程组

$$\begin{cases} A_1 x + B_1 y + C_1 z + D_1 = 0 & (9-30) \\ A_2 x + B_2 y + C_2 z + D_2 = 0 & (9-31) \end{cases}$$

确定，其中 A_1、B_1、C_1 与 A_2、B_2、C_2 不成比例，则三元一次方程

$$A_1 x + B_1 y + C_1 z + D_1 + \lambda(A_2 x + B_2 y + C_2 z + D_2) = 0 \qquad (9-32)$$

表示通过直线 L 的平面束.

若一点在直线 L 上，则该点的坐标必同时满足方程式（9-30）和方程式（9-31），因而也满足方程式（9-32），故方程式（9-32）表示通过 L 的平面. 对不同的 λ，方程式（9-32）表示通过 L 的不同平面.

反之，通过 L 的任何平面［平面方程式（9-31）除外］都包含在方程式（9-32）所表示的一簇平面内，这簇平面称为通过 L 的平面束.

【例 9-32】 求直线 L：$\begin{cases} x+y-z-1=0 \\ x-y+z+1=0 \end{cases}$ 在平面 Π：$x+y+z=0$ 上的投影直线的方程.

解： 过 L 的平面束的方程为

$$(x+y-z-1) + \lambda(x-y+z+1) = 0$$

即

$$(1+\lambda)x + (1-\lambda)y + (-1+\lambda)z + (-1+\lambda) = 0$$

其中与 Π 垂直的平面 Π_1 满足

$$(1+\lambda) \cdot 1 + (1-\lambda) \cdot 1 + (-1+\lambda) \cdot 1 = 0$$

$$\lambda = -1$$

即

$$\Pi_1 : 2y - 2z - 2 = 0$$

$$y - z - 1 = 0$$

所以投影直线的方程为

$$\begin{cases} y-z-1=0 \\ x+y+z=0 \end{cases}$$

习　题　9-6

1. 求过点 $(4,-1,3)$，且平行于直线 $\dfrac{x-3}{2} = \dfrac{y}{1} = \dfrac{z-1}{5}$ 的直线方程.

2. 求过两点 $M_1(3,-2,1)$ 和 $M_2(-1,0,2)$ 的直线方程.

3. 把直线 L 的一般方程化为点向式方程及参数方程.

$$L: \begin{cases} x-y+z=1 \\ 2x+y+z=4 \end{cases}$$

4. 求两直线 L_1: $\dfrac{x-1}{0}=\dfrac{y}{-1}=\dfrac{z}{-1}$ 与直线 L_2: $\dfrac{x}{6}=\dfrac{y}{-3}=\dfrac{z+2}{0}$ 的最短距离.

5. 求点 $(3,-1,2)$ 到直线 $\begin{cases} x+y-z+1=0 \\ 2x-y+z-4=0 \end{cases}$ 的距离.

6. 求直线 $\begin{cases} 2x-4y+z=0 \\ 3x-y-2z-9=0 \end{cases}$ 在平面 $4x-y+z=1$ 上的投影直线的方程.

7. (1993) 设有直线 L_1: $\dfrac{x-1}{1}=\dfrac{y-5}{-2}=\dfrac{z+8}{1}$ 与 L_2: $\begin{cases} x-y=6 \\ 2y+z=3 \end{cases}$, 求 L_1、L_2 的夹角 θ.

总 习 题 九

1. 设 $\vec{a}=(2,1,2)$, $\vec{b}=(4,-1,10)$, $\vec{c}=\vec{b}-\lambda\vec{a}$, 且 $\vec{c}\perp\vec{a}$, 求 λ.

2. 求与点 $A(1,-3,7)$ 和 $B(5,7,-5)$ 等距的 y 轴上的一点.

3. 试用向量证明三角形中两边中点的连线平行于第三边,且其长度等于第三边长度的一半.

4. 设 $\vec{a}+3\vec{b}\perp 7\vec{a}-5\vec{b}$, $\vec{a}-4\vec{b}\perp 7\vec{a}-2\vec{b}$, 求 $\vec{a}$、$\vec{b}$ 的夹角 θ.

5. 设一平面垂直于平面 $z=0$, 并通过从点 $(1,-1,1)$ 到直线 $\begin{cases} y-z+1=0 \\ x=0 \end{cases}$ 的垂线, 求此平面方程.

6. 求过点 $(-1,0,4)$, 且平行于平面 $3x-4y+z-10=0$, 又与直线 $\dfrac{x+1}{1}=\dfrac{y-3}{1}=\dfrac{z}{2}$ 相交的直线的方程.

第十章 多元函数及其微分

前面讨论的函数，都只有一个自变量，这种只含有一个自变量的函数称为一元函数．但通常我们所遇到的变量之间相依关系中，很多情况是一个变量依赖于多个变量，这就提出了多元函数以及多元函数的微分和积分问题．本章将在一元函数微分学的基础上，介绍多元函数的极限、连续等基本概念、多元函数的微分法．

第一节 多元函数的基本概念

一、平面点集与 n 维空间

讨论一元函数时，经常用到邻域和区间的概念．由于讨论多元函数的需要，我们首先把邻域和区间概念加以推广，同时还要涉及其他一些概念．

1. 平面点集

设 $P_0(x_0, y_0)$ 是 xOy 平面上的一个点，δ 是某一正数．与点 $P_0(x_0, y_0)$ 距离小于 δ 的点 $P(x, y)$ 的全体，称为点 P_0 的 δ 邻域，记作 $U(P_0, \delta)$，即

$$U(P_0, \delta) = \{P \mid |PP_0| < \delta\}$$

也就是

$$U(P_0, \delta) = \{(x, y) \mid \sqrt{(x-x_0)^2 + (y-y_0)^2} < \delta, \delta > 0\}$$

若在 $U(P_0, \delta)$ 中去掉点 P_0，就得到 P_0 的去心 δ 邻域，记作 $\mathring{U}(P_0, \delta)$，即

$$\mathring{U}(P_0, \delta) = \{(x, y) \mid 0 < \sqrt{(x-x_0)^2 + (y-y_0)^2} < \delta, \delta > 0\}$$

在几何上，$U(P_0, \delta)$ 就是 xOy 平面上以点 $P_0(x_0, y_0)$ 为中心、$\delta > 0$ 为半径的圆的内部的点 $P(x, y)$ 的全体．

下面利用邻域来描述点和点集之间的关系．

设 E 是平面上的一个点集，P 是平面上的一个点．它们之间必有以下三种关系之一：

（1）内点：如果存在点 P 的某个邻域 $U(P)$，使得 $U(P) \subset E$，则称 P 为 E 的内点（图 10-1 中的点 P_1）．

（2）外点：如果存在点 P 的某个邻域 $U(P)$，使得 $U(P) \cap E = \phi$，则称 P 为 E 的外点（图 10-1 中的点 P_2）．

（3）边界点：如果点 P 的任一邻域内既有属于 E 的点，也有不属于 E 的点，则称 P 为 E 的边界点，如图

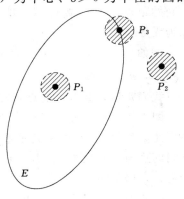

图 10-1

10—1中的点 P_3.

E 的全体边界点组成 E 的边界，记为 ∂E.

显然，E 的内点必属于 E，E 的外点必不属于 E，E 的边界点可能属于 E，也可能不属于 E.

任意一点 P 与一个点集 E 之间除了上述三种关系之外，还有另外一种关系，就是下面定义的聚点.

（4）聚点：如果对于任意给定的 $\delta>0$，点 P 的去心邻域 $\mathring{U}(P,\delta)$ 内总有 E 中的点，则称 P_0 是 E 的聚点.

由聚点的定义可知，点集 E 的聚点 P 本身，可以属于 E，也可能不属于 E.

例如，设平面点集

$$E=\{(x,y)\mid 1<x^2+y^2\leqslant 2\}$$

满足 $1<x^2+y^2<2$ 的一切点 (x,y) 都是 E 的内点；满足 $x^2+y^2=1$ 的一切点 (x,y) 都是 E 的边界点，它们都不属于 E；满足 $x^2+y^2=2$ 的一切点 (x,y) 也是 E 的边界点，它们都属于 E；点集 E 以及它的边界 ∂E 上的一切点都是 E 的聚点.

根据点集所属点的特征，再来定义一些重要的平面点集.

（5）开集：如果点集 E 的点都是内点，则称 E 为开集.

（6）闭集：如果点集 E 的边界 $\partial E\subset E$，则称 E 为闭集.

开集的例子：$E=\{(x,y)\mid 1<x^2+y^2<2\}$；

闭集的例子：$E=\{(x,y)\mid 1\leqslant x^2+y^2\leqslant 2\}$.

集合 $\{(x,y)\mid 1<x^2+y^2\leqslant 2\}$ 既非开集，也非闭集.

（7）连通集：如果对于 E 内任何两点，都可用折线连接起来，且该折线上的点都属于 E，则称 E 是连通的.

（8）区域（开区域）：连通的开集称为区域或开区域.

（9）闭区域：开区域连同它的边界一起，称为闭区域.

例如，集合 $\{(x,y)\mid x+y>0\}$ 及集合 $\{(x,y)\mid 1<x^2+y^2<2\}$ 都是区域；集合 $\{(x,y)\mid 1\leqslant x^2+y^2\leqslant 2\}$ 是闭区域.

（10）有界集与无界集：对于点集 E，如果存在正数 K，使一切点 $P\in E$ 与某一定点 A 间的距离 $|AP|$ 不超过 K，即 $|AP|\leqslant K$，对一切 $P\in E$ 成立，则称 E 为有界点集，否则称为无界点集.

例如，$\{(x,y)\mid 1\leqslant x^2+y^2\leqslant 2\}$ 是有界闭区域，$\{(x,y)\mid x+y>0\}$ 是无界开区域.

* 2. n 维空间

我们知道，数轴上的点与实数有一一对应关系，从而实数全体表示数轴上一切点的集合，即直线. 在平面上引入直角坐标系后，平面上的点与二元数组 (x,y) 一一对应，从而二元数组 (x,y) 全体表示平面上一切点的集合，即平面. 在空间引入直角坐标系后，空间的点与三元数组 (x,y,z) 一一对应，从而三元数组 (x,y,z) 全体表示空间一切点的集合，即空间.

一般地，设 n 为取定的一个正整数，我们用 $\boldsymbol{R}^n$ 表示 n 元有序数组 $(x_1,x_2,\cdots,x_n)$ 的

全体所构成的集合，即

$$R^n = R \times R \times \cdots \times R = \{(x_1, x_2, \cdots, x_n) \mid x_i \in R, i = 1, 2, \cdots, n\}$$

R^n 中的元素 $(x_1, x_2, \cdots, x_n)$ 有时也用单个字母 x 来表示，即 $x = (x_1, x_2, \cdots, x_n)$. 当所有的 $x_i(i = 1, 2, \cdots, n)$ 都为零时，称这样的元素为 R^n 中的零元，记为 $\mathbf{0}$ 或 O. 在解析几何中，通过直角坐标，R^2（或 R^3）中的元素分别与平面（或空间）中的点或向量建立一一对应，因而 R^n 中的元素 $x = (x_1, x_2, \cdots, x_n)$ 也称为 R^n 中的一个点或一个 n 维向量，数 x_i 称为点 x 的第 i 个坐标或 n 维向量 x 的第 i 个分量. 特别地，R^n 中的零元 $\mathbf{0}$ 称为 R^n 中的坐标原点或 n 维零向量.

为了在集合 R^n 中的元素之间建立联系，在 R^n 中定义线性运算如下：

设 $x = (x_1, x_2, \cdots, x_n)$，$y = (y_1, y_2, \cdots, y_n)$ 为 R^n 中任意两个元素，$\lambda \in R$，规定

$$x + y = (x_1 + y_1, x_2 + y_2, \cdots, x_n + y_n), \quad \lambda x = (\lambda x_1, \lambda x_2, \cdots, \lambda x_n)$$

这样定义了线性运算的集合 R^n 称为 n 维空间.

R^n 中点 $x = (x_1, x_2, \cdots, x_n)$ 和点 $y = (y_1, y_2, \cdots, y_n)$ 间的距离，记作 $\rho(x, y)$，规定

$$\rho(x, y) = \sqrt{(x_1 - y_1)^2 + (x_2 - y_2)^2 + \cdots + (x_n - y_n)^2}$$

容易验知，当 $n = 1$，2，3 时，上述规定与解析几何中关于直线（数轴），直角坐标系下平面及空间内两点间的距离一致.

R^n 中元素 $x = (x_1, x_2, \cdots, x_n)$ 与零元 $\mathbf{0}$ 之间的距离 $\rho(x, \mathbf{0})$ 记作 $\|x\|$（在 R^1、R^2、R^3 中，通常将 $\|x\|$ 记作 $|x|$），即 $\|x\| = \sqrt{x_1^2 + x_2^2 + \cdots x_n^2}$.

采用这一记号，结合向量的线性运算，便得

$$\|x - y\| = \sqrt{(x_1 - y_1)^2 + (x_2 - y_2)^2 + \cdots + (x_n - y_n)^2} = \rho(x, y)$$

在 n 维空间 R^n 中定义了距离以后，就可以定义 R^n 中变元的极限.

设　　　　　　　　$x = (x_1, x_2, \cdots, x_n)$，$a = (a_1, a_2, \cdots, a_n) \in R^n$

如果 $\|x - a\| \to 0$，则称变元 x 在 R^n 中趋于固定元 a，记作 $x \to a$.

显然，$x \to a \Leftrightarrow x_1 \to a_1$，$x_2 \to a_2$，$\cdots$，$x_n \in a_n$.

在 R^n 中线性运算和距离的引入，使得前面讨论过的有关平面点集的一系列概念，可以方便地引入到 $n(n \geqslant 3)$ 维空间中来，例如，设 $a = (a_1, a_2, \cdots, a_n) \in R^n$，$\delta$ 是某一正数，则 n 维空间内的点集

$$U(a, \delta) = \{x \mid x \in R^n, \rho(x, a) < \delta\}$$

就定义为 R^n 中点 a 的 δ 邻域. 以邻域为基础，可以定义点集的内点、外点、边界点和聚点，以及开集、闭集、区域等一系列概念.

二、多元函数的概念

在很多自然现象以及实际问题中，经常遇到多个变量之间的依赖关系，先看两个例子.

【引例 10-1】　三角形的面积 S 和它的底边长 a 以及底边上的高 h 之间有关系式

$$S = \frac{1}{2}ah$$

S、a、h 是三个变量，当变量 a、h 在一定范围（$a > 0$，$h > 0$）内取定一对数值 a_0、h_0

时，根据给定的关系，S 就有一个确定的值 $S_0 = \frac{1}{2}a_0h_0$ 与之对应.

【引例 10-2】 长方体的体积 V 和它的长度 x、宽度 y、高度 z 之间有关系式

$$V = xyz$$

V、x、y、z 是四个变量，当其中三个变量 x、y、z 在其变化范围（$x > 0$，$y > 0$，$z > 0$）内任意取定一组数值 x_0、y_0、z_0 时，根据给定的关系，V 就有一个确定的值 $V_0 = x_0y_0z_0$ 与之对应.

显然，撇开上述例子的具体意义，仅从数量关系来研究，它们具有共同的属性. 由此，我们可给出如下多元函数的定义.

1. 二元函数的定义

定义 10-1 设有三个变量 x、y 和 z，如果当变量 x、y 在一定范围内任意取定一对数值时，变量 z 按照一定的法则 f 总有唯一确定的数值与它们对应，则称 z 是 x、y 的二元函数，记为

$$z = f(x, y)$$

式中，x、y 称为自变量，z 称为因变量. 自变量 x、y 的取值范围称为二元函数的定义域. 二元函数在点 x_0、y_0 所取得的函数值记为

$$z\big|_{(x_0, y_0)} \quad \text{或} \quad f(x_0, y_0)$$

类似地，可以定义三元函数 $u = f(x, y, z)$ 以及 n 元函数 $u = f(x_1, x_2, \cdots, x_n)$. 一般地，具有两个或两个以上自变量的函数统称为多元函数. 例如，［引例 10-1］得到的是二元函数，［引例 10-2］得到的是三元函数.

因为数组 (x, y) 表示平面上的一点 P，所以二元函数 $z = f(x, y)$ 也可以表示为 $z = f(p)$. 而数组 (x, y, z) 表示空间一点 P，所以三元函数 $u = f(x, y, z)$ 也可以表示为 $u = f(p)$，同样，n 元函数 $u = f(x_1, x_2, \cdots, x_n)$ 也可以记为 $u = f(p)$. $(x_1, x_2, \cdots, x_n)$ 称为点 P 的坐标. 当 P 是数轴上的点 x 时，则 $u = f(p)$ 就表示一元函数. 当 P 是平面上的点 (x, y) 时，则 $u = f(p)$ 就表示二元函数，以点 P 表示自变量的函数称为点函数. 这样不论是一元函数还是多元函数都可统一地表示为点 P 的函数 $u = f(p)$.

2. 二元函数的定义域

同一元函数一样，函数的定义域和对应法则是二元函数的两要素. 对于以解析式 $z = f(x, y)$ 表示的二元函数，其定义域就是使函数有意义的自变量的变化范围.

二元函数的定义域比较复杂，可以是全部 xOy 坐标平面，也可以是一条曲线，还可以是由曲线所围成的部分平面，等等. 如同区间可以用不等式表示一样. 区域也可以用不等式或不等式组表示.

【例 10-1】 求下列函数的定义域 D，并画出 D 的图形：

(1) $z = \arcsin \frac{x}{2} + \arccos \frac{y}{3}$；

(2) $z = \sqrt{4 - x^2 - y^2} + \dfrac{1}{\sqrt{x^2 + y^2 - 1}}$.

解：(1) 要使函数有意义，应有

$$\left|\frac{x}{2}\right| \leqslant 1 \quad 且 \quad \left|\frac{y}{3}\right| \leqslant 1$$

即

$$\{(x,y) \mid -2 \leqslant x \leqslant 2, -3 \leqslant y \leqslant 3\}$$

所以函数的定义域 D 是以 $x=\pm 2$，且 $y=\pm 3$ 为边界的矩形闭区域（图 10-2）.

（2）要使函数有意义，应有

$$4-x^2-y^2 \geqslant 0 \text{ 且 } x^2+y^2-1 > 0$$

即

$$\{(x,y) \mid 1 < x^2+y^2 \leqslant 4\}$$

所以函数的定义域是以原点为圆心的环形区域，是有界区域（图 10-3）.

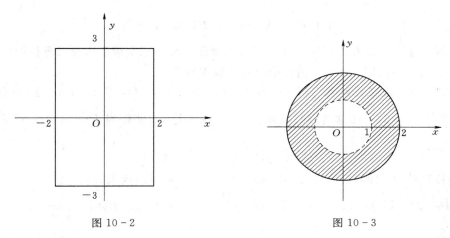

图 10-2 图 10-3

3. 二元函数的几何意义

我们知道，一元函数一般表示平面上一条曲线；对于二元函数，在空间直角坐标系中一般表示曲面. 设 $P(x,y)$ 是二元函数 $z=f(x,y)$ 的定义域 D 内的任意一点，与之对应的函数值是 $z=f(x,y)$. 于是，有序数组 x，y，z 确定了空间一点 $M(x,y,z)$. 当点 P 在 D 内变动时，对应的点 M 就在空间变动，一般地形成一张曲面 Σ. 我们称它为二元函数的图形（图 10-4），定义域 D 就是曲面 Σ 在 xOy 面上的投影区域.

例如，函数 $z=\sqrt{a^2-x^2-y^2}\,(a>0)$ 的图形是球心在原点、半径为 a 的上半球面（图 10-5）.

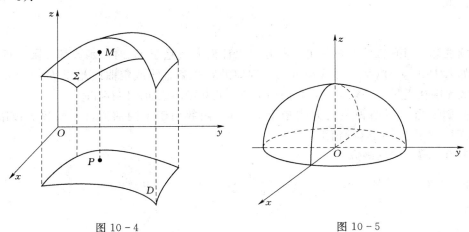

图 10-4 图 10-5

三、多元函数的极限

与一元函数的极限概念相同，我们有如下关于二元函数 $z = f(P) = f(x, y)$ 极限的定义：

定义 10-2 如果在 $P(x, y) \to P_0(x_0, y_0)$ 的过程中，对应的函数值 $f(x, y)$ 无限接近于一个确定的常数 A，则称 A 是函数 $f(x, y)$ 当 $P(x, y) \to P_0(x_0, y_0)$ 时的极限. 记为

$$\lim_{(x,y) \to (x_0, y_0)} f(x, y) = A \quad \text{或} \quad f(x, y) \to A[(x, y) \to (x_0, y_0)]$$

也记作

$$\lim_{P \to P_0} f(P) = A \quad \text{或} \quad f(P) \to A(P \to P_0)$$

为了区别于一元函数的极限，上面定义的极限也称为二重极限，是二重极限比较粗糙的描述性定义. 下面用"$\varepsilon - \delta$"语言描述这个极限概念.

定义 10-3 设二元函数 $f(P) = f(x, y)$ 的定义域为 D，$P_0(x_0, y_0)$ 是 D 的聚点. 如果存在常数 A，对于任意给定的正数 ε，总存在正数 δ，使得当 $P(x, y) \in D \bigcap \mathring{U}(P_0, \delta)$ 时，都有

$$|f(P) - A| = |f(x, y) - A| < \varepsilon$$

成立，则称常数 A 为函数 $f(x, y)$ 当 $(x, y) \to (x_0, y_0)$ 时的极限.

【例 10-2】 设 $f(x, y) = (x^2 + y^2) \sin \dfrac{1}{x^2 + y^2} (x^2 + y^2 \neq 0)$，求证：$\lim\limits_{(x,y) \to (0,0)} f(x, y) = 0$.

证： 因为

$$|f(x, y) - 0| = \left| (x^2 + y^2) \sin \frac{1}{x^2 + y^2} - 0 \right| = |x^2 + y^2| \cdot \left| \sin \frac{1}{x^2 + y^2} \right| \leqslant x^2 + y^2$$

可见 $\forall \varepsilon > 0$，取 $\delta = \sqrt{\varepsilon}$，则当

$$0 < \sqrt{(x-0)^2 + (y-0)^2} < \delta$$

即 $P(x, y) \in D \bigcap \mathring{U}(O, \delta)$ 时，总有

$$|f(x, y) - 0| < \varepsilon$$

成立，因此

$$\lim_{(x,y) \to (0,0)} f(x, y) = 0$$

必须注意：（1）二重极限存在，是指 P 以任何方式趋于 P_0 时，函数都无限接近于 A. 因此，如果 $P(x, y)$ 以某一种特殊方式，例如沿着一条直线或定曲线趋于 $P_0(x_0, y_0)$ 时，即使函数无限接近于某一确定值，我们还不能由此断定函数的极限存在.

（2）如果当 P 以两种不同方式趋于 P_0 时，函数趋于不同的值，则函数的极限不存在. 下面用例子来说明这种情形.

【例 10-3】 讨论函数

$$f(x, y) = \begin{cases} \dfrac{xy}{x^2 + y^2}, & x^2 + y^2 \neq 0 \\ 0, & x^2 + y^2 = 0 \end{cases}$$

在点（0,0）有无极限？

解：当点 $P(x,y)$ 沿 x 轴趋于点（0,0）时，

$$\lim_{(x,y)\to(0,0)}f(x,y)=\lim_{x\to0}f(x,0)=\lim_{x\to0}0=0$$

当点 $P(x,y)$ 沿 y 轴趋于点（0,0）时，

$$\lim_{(x,y)\to(0,0)}f(x,y)=\lim_{y\to0}f(0,y)=\lim_{y\to0}0=0$$

但当点 $P(x,y)$ 沿直线 $y=kx(k\neq0)$ 趋于点（0,0）时，有

$$\lim_{\substack{(x,y)\to(0,0)\\y=kx}}\frac{xy}{x^2+y^2}=\lim_{x\to0}\frac{kx^2}{x^2+k^2x^2}=\frac{k}{1+k^2}\neq0$$

因此，函数 $f(x,y)$ 在（0,0）处没有极限.

注意：（1）多元函数的极限与二元函数的极限类似.

（2）多元函数的极限运算法则与一元函数的情况也类似.

【**例 10-4**】 求 $\lim\limits_{(x,y)\to(0,2)}\dfrac{\sin(xy)}{x}$.

解：$\lim\limits_{(x,y)\to(0,2)}\dfrac{\sin(xy)}{x}=\lim\limits_{(x,y)\to(0,2)}\dfrac{\sin(xy)}{xy}\cdot y=\lim\limits_{(x,y)\to(0,2)}\dfrac{\sin(xy)}{xy}\cdot\lim\limits_{(x,y)\to(0,2)}y=1\times2=2$

四、多元函数的连续性

定义 10-4 设二元函数 $z=f(P)=f(x,y)$ 满足条件：

（1）在点 $P_0(x_0,y_0)$ 的某邻域内有定义.

（2）极限 $\lim\limits_{(x,y)\to(x_0,y_0)}f(x,y)$ 存在.

（3）$\lim\limits_{(x,y)\to(x_0,y_0)}f(x,y)=f(x_0,y_0)$.

则称函数 $f(x,y)$ 在点 $P_0(x_0,y_0)$ 连续，称点 $P_0(x_0,y_0)$ 是函数 $f(x,y)$ 的连续点，否则称点 $P_0(x_0,y_0)$ 是函数 $f(x,y)$ 的间断点.

如果函数 $f(x,y)$ 在 D 的每一点都连续，那么就称函数 $f(x,y)$ 在 D 上连续，或者称 $f(x,y)$ 是 D 上的连续函数.

二元函数的连续性概念可类似地推广到 n 元函数 $f(P)$ 的连续性概念.

例如，前面讨论过的函数

$$f(x,y)=\begin{cases}\dfrac{xy}{x^2+y^2}, & x^2+y^2\neq0\\0, & x^2+y^2=0\end{cases}$$

其定义域 $D=\boldsymbol{R}^2$，当 $(x,y)\to(0,0)$ 时的极限不存在，所以点（0,0）是该函数的一个间断点；又如函数

$$f(x,y)=\sin\frac{1}{x^2+y^2-1}$$

其定义域为

$$D=\{(x,y)\mid x^2+y^2\neq1\}$$

$f(x,y)$ 在圆周 $C=\{(x,y)\mid x^2+y^2=1\}$ 上没有定义，当然 $f(x,y)$ 在 C 上各点都不连续，所以圆周 C 上各点都是该函数的间断点.

可以证明，多元连续函数的和、差、积仍为连续函数；连续函数的商在分母不为零时仍是连续函数；多元连续函数的复合函数也是连续函数.

与一元初等函数类似，多元初等函数是指基本初等函数经有限次四则运算与有限次复合运算，并可用一个式子所表示的多元函数.

例如 $\dfrac{x+x^2-y^2}{1+y^2}$、$\sin(x+y)$、$e^{x^2+y^2+z^2}$ 都是多元初等函数.

一切多元初等函数在其定义区域内是连续的. 所谓定义区域是指包含在定义域内的区域或闭区域.

由多元连续函数的连续性可知，如果要求多元连续函数 $f(P)$ 在函数的定义区域内点 P_0 处的极限，可用求该点函数值的方法来求，即

$$\lim_{P \to P_0} f(P) = f(P_0)$$

【例 10 - 5】 求 $\displaystyle\lim_{(x,y)\to(1,2)} \dfrac{x+y}{xy}$.

解：因为函数 $f(x,y)=\dfrac{x+y}{xy}$ 是初等函数，它的定义域为

$$D=\{(x,y)\,|\,x\neq 0, y\neq 0\}$$

因此

$$\lim_{(x,y)\to(1,2)} f(x,y) = f(1,2) = \frac{3}{2}$$

一般地，如果 $f(P)$ 是初等函数，且 P_0 是 $f(P)$ 定义域的内点，则 $f(P)$ 在点 P_0 处连续，于是

$$\lim_{P \to P_0} f(P) = f(P_0)$$

【例 10 - 6】 求 $\displaystyle\lim_{(x,y)\to(0,0)} \dfrac{\sqrt{xy+1}-1}{xy}$.

解：
$$\lim_{(x,y)\to(0,0)} \frac{\sqrt{xy+1}-1}{xy} = \lim_{(x,y)\to(0,0)} \frac{(\sqrt{xy+1}-1)(\sqrt{xy+1}+1)}{xy(\sqrt{xy+1}+1)}$$
$$= \lim_{(x,y)\to(0,0)} \frac{1}{\sqrt{xy+1}+1} = \frac{1}{2}$$

与闭区域上一元连续函数的性质相类似，在有界闭区域上多元连续函数也有如下性质.

性质 1（有界性与最大值最小值定理） 在有界闭区域 D 上的多元连续函数，必定在 D 上有界，且能取得它的最大值和最小值.

性质 1 就是说，若 $f(P)$ 在有界闭区域 D 上连续，则必定存在常数 $M>0$，使得对一切 $P\in D$，有 $|f(P)|\leqslant M$；且存在 P_1、$P_2\in D$，使得

$$f(P_1)=\max\{f(P)\,|\,P\in D\}, \quad f(P_2)=\min\{f(P)\,|\,P\in D\}$$

性质 2（介值定理） 在有界闭区域 D 上的多元连续函数，如果在 D 上取得两个不同的函数值，则它在 D 上取得介于这两个值之间的任何值至少一次. 特殊地，如果 μ 是函数在 D 上的最小值 m 和最大值 M 之间的一个数，则在 D 上至少有一点 Q，使得 $f(Q)=\mu$.

1. 求下列函数的定义域 D，并作出 D 的图形.

(1) $z = \sqrt{1-x^2} + \sqrt{y^2-1}$；　　　　　　(2) $f(x,y) = \sqrt{1-x}\ln(x-y)$；

(3) $f(x,y) = \dfrac{\arcsin(3-x^2-y^2)}{\sqrt{x-y^2}}$.

2. 设 $f(x,y) = \dfrac{x^2-y^2}{2xy}$，求：

(1) $f(-2,3)$；　　　　　　(2) $\dfrac{f(x+\Delta x,y) - f(x,y)}{\Delta x}$.

3. 已知 $f(x-y,\sqrt{xy}) = x^2 + y^2$，求 $f(x,y)$.

4. 求下列极限：

(1) $\lim\limits_{(x,y)\to(0,1)} \arcsin\sqrt{x^2+y^2}$；　　　　　　(2) $\lim\limits_{(x,y)\to(0,3)} \dfrac{\sin(xy)}{x}$.

第二节　偏　导　数

一、偏导数的定义及其计算方法

在研究一元函数时，我们从研究函数的变化率引入了导数概念. 对于多元函数同样需要讨论它的变化率. 但多元函数的自变量不止一个，因变量与自变量的关系要比一元函数复杂得多. 在这一节里，我们首先考虑多元函数关于其中一个自变量的变化率. 以二元函数 $z=f(x,y)$ 为例，如果只有自变量 x 变化，而自变量 y 固定（即看作常量），这时它就是 x 的一元函数，这函数对 x 的导数，就称为二元函数 $z=f(x,y)$ 对于 x 的偏导数，具体定义如下.

定义 10 - 5　设函数 $z=f(x,y)$ 在点 (x_0,y_0) 的某一邻域内有定义，当 y 固定在 y_0 而 x 在 x_0 处有增量 Δx 时，相应地函数有增量

$$f(x_0+\Delta x,y_0) - f(x_0,y_0)$$

如果

$$\lim_{\Delta x\to 0}\frac{f(x_0+\Delta x,y_0) - f(x_0,y_0)}{\Delta x}$$

存在，则称此极限为函数 $z=f(x,y)$ 在点 (x_0,y_0) 处对 x 的偏导数，记作

$$\frac{\partial z}{\partial x}\bigg|_{\substack{x=x_0\\y=y_0}}, \quad \frac{\partial f}{\partial x}\bigg|_{\substack{x=x_0\\y=y_0}}, \quad z_x'\big|_{\substack{x=x_0\\y=y_0}} \text{ 或 } f_x'(x_0,y_0)$$

即

$$f_x'(x_0,y_0) = \lim_{\Delta x\to 0}\frac{f(x_0+\Delta x,y_0) - f(x_0,y_0)}{\Delta x}$$

类似地，函数 $z=f(x,y)$ 在点 (x_0,y_0) 处对 y 的偏导数定义为

$$\lim_{\Delta y\to 0}\frac{f(x_0,y_0+\Delta y) - f(x_0,y_0)}{\Delta y}$$

记作
$$\frac{\partial z}{\partial y}\Big|_{\substack{x=x_0\\y=y_0}}, \quad \frac{\partial f}{\partial y}\Big|_{\substack{x=x_0\\y=y_0}}, \quad z'_y\big|_{\substack{x=x_0\\y=y_0}} \text{ 或 } f'_y(x_0,y_0)$$

定义 10-6 如果函数 $z=f(x,y)$ 在区域 D 内每一点 (x,y) 处对 x 的偏导数都存在，那么这个偏导数就是关于 x、y 的函数，称之为函数 $z=f(x,y)$ 对自变量 x 的偏导函数，记作

$$\frac{\partial z}{\partial x}, \quad \frac{\partial f}{\partial x}, \quad z'_x \text{ 或 } f'_x(x,y)$$

即
$$f'_x(x,y)=\lim_{\Delta x\to 0}\frac{f(x+\Delta x,y)-f(x,y)}{\Delta x}$$

类似地，可定义函数 $z=f(x,y)$ 对 y 的偏导函数，记为

$$\frac{\partial z}{\partial y}, \quad \frac{\partial f}{\partial y}, \quad z'_y \text{ 或 } f'_y(x,y)$$

即
$$f'_y(x,y)=\lim_{\Delta y\to 0}\frac{f(x,y+\Delta y)-f(x,y)}{\Delta y}$$

注：$f(x+\Delta x,y)-f(x,y)$ 称为函数 z 对 x 的偏增量，而 $f(x,y+\Delta y)-f(x,y)$ 称为 z 对 y 的偏增量.

由偏导数的概念可知，$f(x,y)$ 在点 (x_0,y_0) 处对 x 的偏导数 $f_x(x_0,y_0)$ 显然就是偏导函数 $f_x(x,y)$ 在点 (x_0,y_0) 处的函数值；$f_y(x_0,y_0)$ 就是偏导函数 $f_y(x,y)$ 在点 (x_0,y_0) 处的函数值. 就像一元函数的导函数一样，以后在不至于混淆的地方也把偏导函数简称为偏导数.

至于实际求 $z=f(x,y)$ 的偏导数，并不需要用新的方法，因为这里只有一个自变量在变动，另一个自变量是看作固定的，所以仍旧是一元函数的微分法问题. 求 $\frac{\partial f}{\partial x}$ 时，只要把 y 暂时看作常量而对 x 求导数；求 $\frac{\partial f}{\partial y}$ 时，则只要把 x 暂时看作常量而对 y 求导数.

例如，对于函数 $z=x^2y+xy^3$，我们有

$$\frac{\partial f}{\partial x}=2xy+y^3$$

$$\frac{\partial f}{\partial y}=x^2+3xy^2$$

讨论：下列求偏导数的方法是否正确？
$$f_x(x_0,y_0)=f_x(x,y)\big|_{\substack{x=x_0\\y=y_0}}, \quad f_y(x_0,y_0)=f_y(x,y)\big|_{\substack{x=x_0\\y=y_0}}.$$

$$f_x(x_0,y_0)=\left[\frac{\mathrm{d}}{\mathrm{d}x}f(x,y_0)\right]\Big|_{x=x_0}, \quad f_y(x_0,y_0)=\left[\frac{\mathrm{d}}{\mathrm{d}y}f(x_0,y)\right]\Big|_{y=y_0}.$$

偏导数的概念还可以推广到二元以上的函数.

例如，三元函数 $u=f(x,y,z)$ 在点 (x,y,z) 处对 x 的偏导数定义为
$$f'_x(x,y,z)=\lim_{\Delta x\to 0}\frac{f(x+\Delta x,y,z)-f(x,y,z)}{\Delta x}$$

其中 (x,y,z) 是函数 $u=f(x,y,z)$ 的定义域的内点.

偏导数的定义方式与一元函数的导数本质上是一样的. 因而，求偏导数的方法与一元

函数的求导方法也是一致的.

【例 10 - 7】 求 $z=x^2+3xy+y^2$ 在点 $(1,2)$ 处的偏导数.

解：
$$\frac{\partial z}{\partial x}=2x+3y, \quad \frac{\partial z}{\partial y}=3x+2y$$

$$\frac{\partial z}{\partial x}\Big|_{\substack{x=1\\y=2}}=2\cdot1+3\cdot2=8, \quad \frac{\partial z}{\partial y}\Big|_{\substack{x=1\\y=2}}=3\cdot1+2\cdot2=7$$

【例 10 - 8】 求 $z=x^2\sin2y$ 的偏导数.

解：
$$\frac{\partial z}{\partial x}=2x\sin2y, \quad \frac{\partial z}{\partial y}=2x^2\cos2y$$

【例 10 - 9】 设 $z=x^y(x>0,\ x\neq1)$，求证：$\dfrac{x}{y}\dfrac{\partial z}{\partial x}+\dfrac{1}{\ln x}\dfrac{\partial z}{\partial y}=2z$.

证：因为
$$\frac{\partial z}{\partial x}=yx^{y-1}, \quad \frac{\partial z}{\partial y}=x^y\ln x$$

所以
$$\frac{x}{y}\frac{\partial z}{\partial x}+\frac{1}{\ln x}\frac{\partial z}{\partial y}=\frac{x}{y}yx^{y-1}+\frac{1}{\ln x}x^y\ln x=x^y+x^y=2z$$

【例 10 - 10】 求 $r=\sqrt{x^2+y^2+z^2}$ 的所有偏导数.

解：$\dfrac{\partial r}{\partial x}=\dfrac{x}{\sqrt{x^2+y^2+z^2}}=\dfrac{x}{r}$；$\dfrac{\partial r}{\partial y}=\dfrac{y}{\sqrt{x^2+y^2+z^2}}=\dfrac{y}{r}$；$\dfrac{\partial r}{\partial z}=\dfrac{z}{\sqrt{x^2+y^2+z^2}}=\dfrac{z}{r}$.

【例 10 - 11】 已知理想气体的状态方程为 $pV=RT$（R 为常数），证明：$\dfrac{\partial p}{\partial V}\cdot\dfrac{\partial V}{\partial T}\cdot\dfrac{\partial T}{\partial p}=-1$.

证：因为 $p=\dfrac{RT}{V}$，$\dfrac{\partial p}{\partial V}=-\dfrac{RT}{V^2}$；$V=\dfrac{RT}{p}$，$\dfrac{\partial V}{\partial T}=\dfrac{R}{p}$；$T=\dfrac{pV}{R}$，$\dfrac{\partial T}{\partial p}=\dfrac{V}{R}$

所以
$$\frac{\partial p}{\partial V}\frac{\partial V}{\partial T}\frac{\partial T}{\partial p}=-\frac{RT}{V^2}\frac{R}{p}\frac{V}{R}=-\frac{RT}{pV}=-1$$

由［例 10 - 11］可知，偏导数的记号是一个整体记号，不能看作分子分母之商.

二、偏导数的几何意义

二元函数 $f(x,y)$ 在点 (x_0,y_0) 的两个偏导数有下述的几何意义：

设 $M_0(x_0,y_0,f(x_0,y_0))$ 为曲面 $z=f(x,y)$ 上的一点，过 M_0 作平面 $y=y_0$，截此曲面得一曲线，此曲线在平面 $y=y_0$ 上的方程为 $z=f(x,y_0)$，则导数 $\dfrac{\mathrm{d}}{\mathrm{d}x}f(x,y_0)|_{x=x_0}$，即偏导数 $f_x(x_0,y_0)$，就是这曲线在点 M_0 处的切线 M_0T_x 对 x 轴的斜率（图 10 - 6）. 同样，偏导数 $f_y(x_0,y_0)$ 的几何意义是曲面被平面 $x=x_0$ 所截得的曲线在点 M_0 处的切线 M_0T_y 对 y 轴

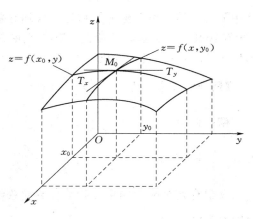

图 10 - 6

的斜率.

三、偏导数与连续性的关系

我们已经知道,如果一元函数在某点具有导数,则它在该点必定连续. 但对于多元函数来说,即使各偏导数在某点都存在,也不能保证函数在该点连续. 这是因为各偏导数存在只能保证点 P 沿着平行于坐标轴的方向趋于 P_0 时,函数值 $f(P)$ 趋于 $f(P_0)$,但不能保证点 P 按任何方式趋于 P_0 时,函数值 $f(P)$ 都趋于 $f(P_0)$.

例如
$$f(x,y)=\begin{cases}\dfrac{xy}{x^2+y^2}, & x^2+y^2\neq 0\\[2mm] 0, & x^2+y^2=0\end{cases}$$

在 $(0,0)$ 有 $f_x(0,0)=0$,$f_y(0,0)=0$,这是因为
$$f(x,0)=0,\quad f(0,y)=0$$
$$f_x(0,0)=\frac{\mathrm{d}}{\mathrm{d}x}[f(x,0)]=0,\quad f_y(0,0)=\frac{\mathrm{d}}{\mathrm{d}y}[f(0,y)]=0$$

但函数在 $(0,0)$ 并不连续,因为由 [例 10-3], $\lim\limits_{(x,y)\to(0,0)}f(x,y)$ 不存在,故函数 $f(x,y)$ 在 $(0,0)$ 处不连续.

四、高阶偏导数

设函数 $z=f(x,y)$ 在区域 D 内具有偏导数
$$\frac{\partial z}{\partial x}=f'_x(x,y),\quad \frac{\partial z}{\partial y}=f'_y(x,y)$$

那么在 D 内 $f'_x(x,y)$、$f'_y(x,y)$ 都是 x、y 的函数. 如果这两个函数的偏导数也存在,则称它们是函数的二阶偏导数.

按照对变量求导次序的不同,函数 $z=f(x,y)$ 在区域 D 内有下列四个二阶偏导数:
$$\frac{\partial^2 z}{\partial x^2}=\frac{\partial}{\partial x}\left(\frac{\partial z}{\partial x}\right)=f_{xx}(x,y),\quad \frac{\partial^2 z}{\partial x\partial y}=\frac{\partial}{\partial y}\left(\frac{\partial z}{\partial x}\right)=f_{xy}(x,y),$$
$$\frac{\partial^2 z}{\partial y\partial x}=\frac{\partial}{\partial x}\left(\frac{\partial z}{\partial y}\right)=f_{yx}(x,y),\quad \frac{\partial^2 z}{\partial y^2}=\frac{\partial}{\partial y}\left(\frac{\partial z}{\partial y}\right)=f_{yy}(x,y)$$

其中第二、第三两个偏导数称为混合偏导数. 同样,我们可以定义函数的三阶、四阶以及 n 阶偏导数. 一般地,二阶及二阶以上的偏导数统称为高阶偏导数. 相对于高阶偏导数,函数 $z=f(x,y)$ 的偏导数 $f'_x(x,y)$、$f'_y(x,y)$ 称为函数 $f(x,y)$ 的一阶偏导数.

【例 10-12】 设 $z=x^3 y^2-3xy^3-xy+1$,求 $\dfrac{\partial^2 z}{\partial x^2}$、$\dfrac{\partial^3 z}{\partial x^3}$、$\dfrac{\partial^2 z}{\partial y\partial x}$ 和 $\dfrac{\partial^2 z}{\partial x\partial y}$.

解:因为
$$\frac{\partial z}{\partial x}=3x^2 y^2-3y^3-y,\quad \frac{\partial z}{\partial y}=2x^3 y-9xy^2-x$$

所以 $\dfrac{\partial^2 z}{\partial x^2}=6xy^2$, $\dfrac{\partial^3 z}{\partial x^3}=6y^2$, $\dfrac{\partial^2 z}{\partial x\partial y}=6x^2 y-9y^2-1$, $\dfrac{\partial^2 z}{\partial y\partial x}=6x^2 y-9y^2-1$

我们看到上例中两个二阶混合偏导数相等,即 $\dfrac{\partial^2 z}{\partial x\partial y}=\dfrac{\partial^2 z}{\partial y\partial x}$. 这不是偶然的,事实上,我们有下述定理.

定理 10-1 如果函数 $z=f(x,y)$ 的两个二阶混合偏导数 $\dfrac{\partial^2 z}{\partial y \partial x}$ 及 $\dfrac{\partial^2 z}{\partial x \partial y}$ 在区域 D 内连续，那么在该区域内这两个二阶混合偏导数必相等.

换句话说，二阶混合偏导数在连续的条件下与求导的次序无关. 定理的证明从略.

【例 10-13】 验证函数 $z=\ln\sqrt{x^2+y^2}$ 满足方程 $\dfrac{\partial^2 z}{\partial x^2}+\dfrac{\partial^2 z}{\partial y^2}=0$.

证: 因为 $z=\ln\sqrt{x^2+y^2}=\dfrac{1}{2}\ln(x^2+y^2)$，所以

$$\frac{\partial z}{\partial x}=\frac{x}{x^2+y^2},\quad \frac{\partial z}{\partial y}=\frac{y}{x^2+y^2}$$

$$\frac{\partial^2 z}{\partial x^2}=\frac{(x^2+y^2)-x\cdot 2x}{(x^2+y^2)^2}=\frac{y^2-x^2}{(x^2+y^2)^2}$$

$$\frac{\partial^2 z}{\partial y^2}=\frac{(x^2+y^2)-y\cdot 2y}{(x^2+y^2)^2}=\frac{x^2-y^2}{(x^2+y^2)^2}$$

因此
$$\frac{\partial^2 z}{\partial x^2}+\frac{\partial^2 z}{\partial y^2}=\frac{y^2-x^2}{(x^2+y^2)^2}+\frac{x^2-y^2}{(x^2+y^2)^2}=0$$

类似地，我们还可以定义二元以上函数的高阶偏导数. 而且高阶混合偏导数在偏导数连续的条件下也与求导的次序无关.

【例 10-14】 证明函数 $u=\dfrac{1}{r}$ 满足方程 $\dfrac{\partial^2 u}{\partial x^2}+\dfrac{\partial^2 u}{\partial y^2}+\dfrac{\partial^2 u}{\partial z^2}=0$，其中 $r=\sqrt{x^2+y^2+z^2}$.

证: 因为
$$\frac{\partial u}{\partial x}=-\frac{1}{r^2}\frac{\partial r}{\partial x}=-\frac{1}{r^2}\frac{x}{r}=-\frac{x}{r^3}$$

所以
$$\frac{\partial^2 u}{\partial x^2}=\frac{\partial}{\partial x}\left(-\frac{x}{r^3}\right)=-\frac{r^3-x\dfrac{\partial}{\partial x}(r^3)}{r^6}=-\frac{r^3-x\cdot 3r^2\dfrac{\partial r}{\partial x}}{r^6}$$

于是
$$\frac{\partial^2 u}{\partial x^2}=-\frac{1}{r^3}+\frac{3x}{r^4}\frac{\partial r}{\partial x}=-\frac{1}{r^3}+\frac{3x^2}{r^5}$$

同理
$$\frac{\partial^2 u}{\partial y^2}=-\frac{1}{r^3}+\frac{3y^2}{r^5},\quad \frac{\partial^2 u}{\partial z^2}=-\frac{1}{r^3}+\frac{3z^2}{r^5}$$

因此
$$\frac{\partial^2 u}{\partial x^2}+\frac{\partial^2 u}{\partial y^2}+\frac{\partial^2 u}{\partial z^2}=\left(-\frac{1}{r^3}+\frac{3x^2}{r^5}\right)+\left(-\frac{1}{r^3}+\frac{3y^2}{r^5}\right)+\left(-\frac{1}{r^3}+\frac{3z^2}{r^5}\right)$$

$$=-\frac{3}{r^3}+\frac{3(x^2+y^2+z^2)}{r^5}=-\frac{3}{r^3}+\frac{3r^2}{r^5}=0$$

习 题 10-2

1. 求下列函数的一阶偏导数：

(1) $z=x^3+3xy+y^3$；

(2) $z=\dfrac{\sin y^2}{x}$；

(3) $z=\ln(x-3y)$；

(4) $z=x^y+\ln xy\,(x>0,y>0,x\neq 1)$；

(5) $u=\cos(x^2-y^2+\mathrm{e}^{-z})$.

2. 求下列函数的二阶偏导数：

(1) $z=4x^3+3x^2y-3xy^2-x+y$；

(2) $z=\cos^2(x+2y)$；

（3）$z = x\ln(xy)$.

3. 设 $u = e^{xyz}$，求 $\dfrac{\partial^3 u}{\partial x^2 \partial y}$，$\dfrac{\partial^3 u}{\partial x \partial y \partial z}$.

第三节　全　微　分

一、全微分的定义

由偏导数的定义知道，二元函数对某个自变量的偏导数表示当另一个自变量固定时，因变量相对于该自变量的变化率．根据一元函数微分学中增量与微分的关系，可得

$$f(x + \Delta x, y) - f(x, y) \approx f_x(x, y)\Delta x$$
$$f(x, y + \Delta y) - f(x, y) \approx f_y(x, y)\Delta y$$

上面两式的左端分别叫作二元函数对 x 和对 y 的偏增量，而右端分别叫作二元函数对 x 和对 y 的偏微分．

函数 $z = f(x, y)$ 对变量 x、y 的全增量为

$$\Delta z = f(x + \Delta x, y + \Delta y) - f(x, y)$$

由于全增量的计算比较复杂，我们希望用 Δx、Δy 的线性函数来近似代替之，为此，我们有下述定义：

定义 10-7　如果函数 $z = f(x, y)$ 在点 (x, y) 的全增量

$$\Delta z = f(x + \Delta x, y + \Delta y) - f(x, y) \tag{10-1}$$

可表示为

$$\Delta z = A\Delta x + B\Delta y + o(\rho) \quad [\rho = \sqrt{(\Delta x)^2 + (\Delta y)^2}] \tag{10-2}$$

其中 A、B 不依赖于 Δx、Δy，而仅与 x、y 有关，$o(\rho)$ 表示一个比 ρ 较高阶的无穷小量，则称函数 $z = f(x, y)$ 在点 (x, y) 可微，而称 $A\Delta x + B\Delta y$ 为函数 $z = f(x, y)$ 在点 (x, y) 的全微分，记作 $\mathrm{d}z$ 或 $\mathrm{d}f(x, y)$，即

$$\mathrm{d}z = \mathrm{d}f(x, y) = A\Delta x + B\Delta y$$

如果函数在区域 D 内各点处都可微，那么称这函数在 D 内可微．

二、可微与连续的关系

在第二节中曾指出，多元函数在某点的各个偏导数即使都存在，并不能保证函数在该点连续．但是，由上述定义可知，如果函数 $z = f(x, y)$ 在点 (x, y) 可微分，那么函数在该点必定连续．事实上，这时由式（10-2）可得 $\lim\limits_{\rho \to 0}\Delta z = 0$，从而

$$\lim_{(\Delta x, \Delta y) \to (0, 0)} f(x + \Delta x, y + \Delta y) = \lim_{\rho \to 0} [f(x, y) + \Delta z] = f(x, y)$$

因此函数 $z = f(x, y)$ 在点 (x, y) 处连续．

下面讨论函数 $z = f(x, y)$ 在点 (x, y) 可微分的条件．

三、可微的条件

定理 10-2（必要条件）　如果函数 $z = f(x, y)$ 在点 (x, y) 可微分，则函数在该点

的偏导数$\dfrac{\partial z}{\partial x}$、$\dfrac{\partial z}{\partial y}$必定存在，且函数 $z=f(x,y)$ 在点 (x,y) 的全微分为

$$\mathrm{d}z=\frac{\partial z}{\partial x}\mathrm{d}x+\frac{\partial z}{\partial y}\mathrm{d}y \tag{10-3}$$

　　证：设函数 $z=f(x,y)$ 在点 $P(x,y)$ 可微分．则对于点 P 的某个邻域内的任意一点 $p'(x+\Delta x,\ y+\Delta y)$ 有

$$\Delta z=A\Delta x+B\Delta y+o(\rho)$$

当 $\Delta y=0$ 时（$\rho=|\Delta x|$），有

$$f(x+\Delta x,y)-f(x,y)=A\Delta x+o(|\Delta x|)$$

　　上式两边同除以 Δx，再令 $\Delta x\to 0$ 而取极限，可得

$$\lim_{\Delta x\to 0}\frac{f(x+\Delta x,y)-f(x,y)}{\Delta x}=\lim_{\Delta x\to 0}\left[A+\frac{o(|\Delta x|)}{\Delta x}\right]=A=\frac{\partial z}{\partial x}$$

即

$$\frac{\partial z}{\partial x}=A$$

同理可得

$$\frac{\partial z}{\partial y}=B$$

于是

$$\mathrm{d}z=\frac{\partial z}{\partial x}\Delta x+\frac{\partial z}{\partial y}\Delta y$$

　　而习惯上，我们将自变量的增量 Δx、Δy 分别记作 $\mathrm{d}x$、$\mathrm{d}y$，并分别称为自变量 x、y 的微分，即

$$\mathrm{d}x=\Delta x,\quad \mathrm{d}y=\Delta y$$

这样，函数 $z=f(x,y)$ 的全微分就可以写为

$$\mathrm{d}z=\frac{\partial z}{\partial x}\mathrm{d}x+\frac{\partial z}{\partial y}\mathrm{d}y$$

　　定理的结论还可以推广到二元以上的多元函数．例如函数 $u=f(x,y,z)$ 的全微分为

$$\mathrm{d}u=\frac{\partial u}{\partial x}\mathrm{d}x+\frac{\partial u}{\partial y}\mathrm{d}y+\frac{\partial u}{\partial z}\mathrm{d}z$$

　　我们知道，一元函数在某点的导数存在是微分存在的充分必要条件．但对于多元函数来说，情形就不同了．当函数的各偏导数都存在时，虽然能形式地写出$\dfrac{\partial z}{\partial x}\Delta x+\dfrac{\partial z}{\partial y}\Delta y$，但它与 Δz 之差并不一定是较 ρ 高阶的无穷小，因此它不一定是函数的全微分．换句话说，各偏导数的存在只是全微分存在的必要条件而不是充分条件．例如，函数

$$f(x,y)=\begin{cases}\dfrac{xy}{\sqrt{x^2+y^2}}, & x^2+y^2\neq 0\\[2mm] 0, & x^2+y^2=0\end{cases}$$

在点 $(0,0)$ 处有 $f_x(0,0)=0$，$f_y(0,0)=0$，所以

$$\Delta z-[f_x(0,0)\Delta x+f_y(0,0)\Delta y]=\frac{\Delta x\cdot \Delta y}{\sqrt{(\Delta x)^2+(\Delta y)^2}}$$

当点 $P'(\Delta x,\ \Delta y)$ 沿 $y=x$ 趋于点 $(0,0)$ 时，

$$\frac{\dfrac{\Delta x \cdot \Delta y}{\sqrt{(\Delta x)^2 + (\Delta y)^2}}}{\rho} = \frac{\Delta x \cdot \Delta y}{(\Delta x)^2 + (\Delta y)^2} = \frac{\Delta x \cdot \Delta x}{(\Delta x)^2 + (\Delta x)^2} = \frac{1}{2}$$

它不能随 $\rho \to 0$ 而趋于 0，这表明当 $\rho \to 0$ 时，$\Delta z - [f_x(0,0)\Delta x + f_y(0,0)\Delta y]$ 并不是较 ρ 高阶的无穷小，因此函数在点（0，0）处的全微分并不存在，即函数在点（0，0）处是不可微分的.

由定理 10-2 及上例可知，偏导数存在是可微分的必要条件而不是充分条件. 但是，如果再假定函数的各个偏导数连续，则可以证明函数是可微分的，即有下面定理.

定理 10-3（充分条件） 如果函数 $z = f(x,y)$ 的偏导数 $\dfrac{\partial z}{\partial x}$、$\dfrac{\partial z}{\partial y}$ 在点（x,y）连续，则函数在该点可微分.

证：假定偏导数 $\dfrac{\partial z}{\partial x}$、$\dfrac{\partial z}{\partial y}$ 在点（x,y）连续，这意味偏导数在该点的某邻域必然存在，否则就谈不上偏导数在点（x,y）连续. 设点（$x+\Delta x, y+\Delta y$）为这邻域内任意一点，考察函数的全增量

$$\Delta z = f(x+\Delta x, y+\Delta y) - f(x,y)$$
$$= [f(x+\Delta x, y+\Delta y) - f(x, y+\Delta y)] + [f(x, y+\Delta y) - f(x,y)]$$

在第一个方括号内的表达式，由于 $y+\Delta y$ 不变，因而可以看作是 x 的一元函数 $f(x, y+\Delta y)$ 的增量. 于是，应用拉格朗日中值定理得到

$$f(x+\Delta x, y+\Delta y) - f(x, y+\Delta y)$$
$$= f_x(x+\theta_1\Delta x, y+\Delta y)\Delta x \quad (0 < \theta_1 < 1)$$

又依假设，$f_x(x,y)$ 在点（x,y）连续，所以上式可写为

$$f(x+\Delta x, y+\Delta y) - f(x, y+\Delta y)$$
$$= f_x(x,y)\Delta x + \varepsilon_1\Delta x \tag{10-4}$$

其中 ε_1 为 Δx、Δy 的函数，且当 $\Delta x \to 0$，$\Delta y \to 0$ 时，$\varepsilon_1 \to 0$.

同理可证第二个方括号内的表达式可写为

$$f(x, y+\Delta y) - f(x,y) = f_y(x,y)\Delta y + \varepsilon_2\Delta y \tag{10-5}$$

其中 ε_2 为 Δy 的函数，且当 $\Delta y \to 0$ 时，$\varepsilon_2 \to 0$.

由式（10-4）、式（10-5）可见，在偏导数连续的假定下，全增量 Δz 可以表示为

$$\Delta z = f_x(x,y)\Delta x + f_y(x,y)\Delta y + \varepsilon_1\Delta x + \varepsilon_2\Delta y \tag{10-6}$$

容易看出

$$\left|\frac{\varepsilon_1\Delta x + \varepsilon_2\Delta y}{\rho}\right| \leqslant |\varepsilon_1| + |\varepsilon_2|$$

它是随着 $(\Delta x, \Delta y) \to (0, 0)$ 即 $\rho \to 0$ 而趋于零.

这就证明了 $z = f(x,y)$ 在点（x,y）是可微分的.

*四、全微分在近似计算中的应用

当二元函数 $z = f(x,y)$ 在点 $P(x,y)$ 的两个偏导数 $f_x(x,y)$、$f_y(x,y)$ 连续，并且 $|\Delta x|$、$|\Delta y|$ 都较小时，有近似等式

$$\Delta z \approx \mathrm{d}z = f_x(x,y)\Delta x + f_y(x,y)\Delta y$$

即
$$f(x+\Delta x, y+\Delta y) \approx f(x,y) + f_x(x,y)\Delta x + f_y(x,y)\Delta y$$

我们可以利用上述近似等式对二元函数作近似计算.

【例 10 – 15】 计算函数 $z = x^2 y + y^2$ 的全微分.

解： 因为
$$\frac{\partial z}{\partial x} = 2xy, \qquad \frac{\partial z}{\partial y} = x^2 + 2y$$

所以
$$\mathrm{d}z = 2xy\,\mathrm{d}x + (x^2 + 2y)\,\mathrm{d}y$$

【例 10 – 16】 计算函数 $z = \mathrm{e}^{xy}$ 在点 （2，1） 处的全微分.

解： 因为
$$\frac{\partial z}{\partial x} = y\mathrm{e}^{xy}, \quad \frac{\partial z}{\partial y} = x\mathrm{e}^{xy}, \quad \frac{\partial z}{\partial x}\bigg|_{\substack{x=2\\y=1}} = \mathrm{e}^2, \quad \frac{\partial z}{\partial y}\bigg|_{\substack{x=2\\y=1}} = 2\mathrm{e}^2$$

所以
$$\mathrm{d}z = \mathrm{e}^2\,\mathrm{d}x + 2\mathrm{e}^2\,\mathrm{d}y$$

【例 10 – 17】 计算函数 $u = x + \sin \dfrac{y}{2} + \mathrm{e}^{yz}$ 的全微分.

解： 因为
$$\frac{\partial u}{\partial x} = 1, \quad \frac{\partial u}{\partial y} = \frac{1}{2}\cos\frac{y}{2} + z\mathrm{e}^{yz}, \quad \frac{\partial u}{\partial z} = y\mathrm{e}^{yz}$$

所以
$$\mathrm{d}u = \mathrm{d}x + \left(\frac{1}{2}\cos\frac{y}{2} + z\mathrm{e}^{yz}\right)\mathrm{d}y + y\mathrm{e}^{yz}\,\mathrm{d}z$$

【例 10 – 18】 有一圆柱体，受压后发生形变，它的半径由 20cm 增大到 20.05cm，高度由 100cm 减少到 99cm. 求此圆柱体体积变化的近似值.

解： 设圆柱体的半径、高和体积依次为 r、h 和 V，则有
$$V = \pi r^2 h$$

已知 $r = 20$，$h = 100$，$\Delta r = 0.05$，$\Delta h = -1$. 根据近似公式，有
$$\Delta V \approx \mathrm{d}V = V_r \Delta r + V_h \Delta h = 2\pi r h \Delta r + \pi r^2 \Delta h$$
$$= 2\pi \times 20 \times 100 \times 0.05 + \pi \times 20^2 \times (-1) = -200\pi\,(\mathrm{cm}^3)$$

即此圆柱体在受压后体积约减少了 $200\pi\mathrm{cm}^3$.

【例 10 – 19】 计算 $(1.04)^{2.02}$ 的近似值.

解： 设函数 $f(x,y) = x^y$. 显然，要计算的值就是函数在 $x = 1.04$、$y = 2.02$ 时的函数值 $f(1.04, 2.02)$.

取 $x = 1$，$y = 2$，$\Delta x = 0.04$，$\Delta y = 0.02$. 由于
$$f(x+\Delta x, y+\Delta y) \approx f(x,y) + f_x(x,y)\Delta x + f_y(x,y)\Delta y$$
$$= x^y + yx^{y-1}\Delta x + x^y \ln x \Delta y$$

所以
$$(1.04)^{2.02} \approx 1^2 + 2\times 1^{2-1}\times 0.04 + 1^2\times \ln 1 \times 0.02 = 1.08$$

习 题 10 – 3

1. 求下列函数的全微分：

(1) $z = \ln\sqrt{x^2 + y^2}$； (2) $z = \arctan\dfrac{x-y}{1-xy}$；

(3) $z = y^{\sin x}$，$y > 0$； (4) $u = \mathrm{e}^{x(x^2+y^2+z^2)}$.

2. 求函数 $z = \dfrac{y}{x}$，当 $x = 2$、$y = 1$、$\Delta x = 0.1$、$\Delta y = -0.2$ 时的全增量与全微分.

第四节 多元复合函数的求导法则

多元复合函数与隐函数的求导是多元函数微分学中的一个重要内容. 本节就是要把一元函数微分学中的求导法则推广到多元函数中去. 比如：

设 $z=f(u,v)$，而 $u=\varphi(t)$，$v=\psi(t)$，如何求 $\dfrac{\mathrm{d}z}{\mathrm{d}t}$？

设 $z=f(u,v)$，而 $u=\varphi(x,y)$，$v=\psi(x,y)$，如何求 $\dfrac{\partial z}{\partial x}$ 和 $\dfrac{\partial z}{\partial y}$？

下面按照多元复合函数不同的复合情形，分为几下几种情况讨论.

一、复合函数的中间变量均为一元函数的情形

定理 10 - 4 如果函数 $u=\varphi(t)$、$v=\psi(t)$ 都在点 t 可导，函数 $z=f(u,v)$ 在对应点 (u,v) 具有连续偏导数，则复合函数 $z=f[\varphi(t),\psi(t)]$ 在点 t 可导，且其导数可用下列公式计算：

$$\frac{\mathrm{d}z}{\mathrm{d}t}=\frac{\partial z}{\partial u}\frac{\mathrm{d}u}{\mathrm{d}t}+\frac{\partial z}{\partial v}\frac{\mathrm{d}v}{\mathrm{d}t} \tag{10-7}$$

证： 设 t 获得增量 Δt，这时 $u=\varphi(t)$，$v=\psi(t)$ 的对应增量为 Δu、Δv，由此，函数 $z=f(u,v)$ 对应地获得增量 Δz. 根据假定，函数 $z=f(u,v)$ 在点 (u,v) 具有连续偏导数，于是由式（10-6）有

$$\Delta z=\frac{\partial z}{\partial u}\Delta u+\frac{\partial z}{\partial v}\Delta v+\varepsilon_1\Delta u+\varepsilon_2\Delta v$$

这里，当 $\Delta u\to 0$，$\Delta v\to 0$ 时，$\varepsilon_1\to 0$，$\varepsilon_2\to 0$.

将上式两边各除以 Δt，得

$$\frac{\Delta z}{\Delta t}=\frac{\partial z}{\partial u}\frac{\Delta u}{\Delta t}+\frac{\partial z}{\partial v}\frac{\Delta v}{\Delta t}+\varepsilon_1\frac{\Delta u}{\Delta t}+\varepsilon_2\frac{\Delta v}{\Delta t}$$

因为当 $\Delta t\to 0$ 时，$\Delta u\to 0$，$\Delta v\to 0$，$\dfrac{\Delta u}{\Delta t}\to\dfrac{\mathrm{d}u}{\mathrm{d}t}$，$\dfrac{\Delta v}{\Delta t}\to\dfrac{\mathrm{d}v}{\mathrm{d}t}$，所以

$$\lim_{\Delta t\to 0}\frac{\Delta z}{\Delta t}=\frac{\partial z}{\partial u}\frac{\mathrm{d}u}{\mathrm{d}t}+\frac{\partial z}{\partial v}\frac{\mathrm{d}v}{\mathrm{d}t}$$

这就证明了复合函数 $z=f[\varphi(t),\psi(t)]$ 在点 t 可导，且其导数可用式（10-7）计算.
证毕.

用同样的方法，可把定理推广到复合函数的中间变量多于两个的情形. 例如 $z=f(u,v,w)$，$u=\varphi(t)$，$v=\psi(t)$，$w=\omega(t)$ 复合而得复合函数

$$z=f[\varphi(t),\psi(t),\omega(t)]$$

则在与定理相类似的条件下，这复合函数在点 t 可导，且其导数可用下列公式计算：

$$\frac{\mathrm{d}z}{\mathrm{d}t}=\frac{\partial z}{\partial u}\frac{\mathrm{d}u}{\mathrm{d}t}+\frac{\partial z}{\partial v}\frac{\mathrm{d}v}{\mathrm{d}t}+\frac{\partial z}{\partial w}\frac{\mathrm{d}w}{\mathrm{d}t} \tag{10-8}$$

在式（10-7）及式（10-8）中的导数 $\dfrac{\mathrm{d}z}{\mathrm{d}t}$ 称为全导数.

上述定理还可推广到中间变量不是一元函数而是多元函数的情形.

二、复合函数的中间变量均为多元函数的情形

设 $z=f(u,v)$，而 $u=\varphi(x,y)$，$v=\psi(x,y)$，因而 $z=f[\varphi(x,y),\psi(x,y)]$ 是关于 x、y 的复合函数.

定理 10-5　如果函数 $u=\varphi(x,y)$，$v=\psi(x,y)$ 都在点 (x,y) 具有对 x 及对 y 的偏导数，且 $z=f(u,v)$ 在对应点 (u,v) 具有连续偏导数，则复合函数 $z=f[\varphi(x,y),\psi(x,y)]$ 在点 (x,y) 的两个偏导数存在，且

$$\frac{\partial z}{\partial x}=\frac{\partial z}{\partial u}\frac{\partial u}{\partial x}+\frac{\partial z}{\partial v}\frac{\partial v}{\partial x} \tag{10-9}$$

$$\frac{\partial z}{\partial y}=\frac{\partial z}{\partial u}\frac{\partial u}{\partial y}+\frac{\partial z}{\partial v}\frac{\partial v}{\partial y} \tag{10-10}$$

类似地，设 $u=\varphi(x,y)$，$v=\psi(x,y)$，$w=\omega(x,y)$，都在点 (x,y) 具有对 x 及对 y 的偏导数，函数 $z=f(u,v,w)$ 在对应点 (u,v,w) 具有连续偏导数，则复合函数

$$z=f[\varphi(x,y),\psi(x,y),\omega(x,y)]$$

在点 (x,y) 的两个偏导数都存在，且可用下列公式计算：

$$\frac{\partial z}{\partial x}=\frac{\partial z}{\partial u}\frac{\partial u}{\partial x}+\frac{\partial z}{\partial v}\frac{\partial v}{\partial x}+\frac{\partial z}{\partial w}\frac{\partial w}{\partial x} \tag{10-11}$$

$$\frac{\partial z}{\partial y}=\frac{\partial z}{\partial u}\frac{\partial u}{\partial y}+\frac{\partial z}{\partial v}\frac{\partial v}{\partial y}+\frac{\partial z}{\partial w}\frac{\partial w}{\partial y} \tag{10-12}$$

讨论：(1) 设 $z=f(u,v)$，$u=\varphi(x,y)$，$v=\psi(y)$，则 $\dfrac{\partial z}{\partial x}=$？ $\dfrac{\partial z}{\partial y}=$？

(2) 设 $z=f(u,x,y)$，且 $u=\varphi(x,y)$，则 $\dfrac{\partial z}{\partial x}=$？ $\dfrac{\partial z}{\partial y}=$？

三、其他情形：复合函数的中间变量既有一元函数又有多元函数

定理 10-6　如果函数 $u=\varphi(x,y)$ 在点 (x,y) 具有对 x 及对 y 的偏导数，函数 $v=\psi(y)$ 在点 y 可导，函数 $z=f(u,v)$ 在对应点 (u,v) 具有连续偏导数，则复合函数 $z=f[\varphi(x,y),\psi(y)]$ 在点 (x,y) 的两个偏导数存在，且有

$$\frac{\partial z}{\partial x}=\frac{\partial z}{\partial u}\frac{\partial u}{\partial x}, \quad \frac{\partial z}{\partial y}=\frac{\partial z}{\partial u}\frac{\partial u}{\partial y}+\frac{\partial z}{\partial v}\frac{\mathrm{d}v}{\mathrm{d}y} \tag{10-13}$$

定理 10-7　如果 $z=f(u,x,y)$ 具有连续偏导数，而 $u=\varphi(x,y)$ 具有偏导数，则复合函数 $z=f[\varphi(x,y),x,y]$ 在点 (x,y) 的两个偏导数存在，且有

$$\frac{\partial z}{\partial x}=\frac{\partial f}{\partial u}\frac{\partial u}{\partial x}+\frac{\partial f}{\partial x} \tag{10-14}$$

$$\frac{\partial z}{\partial y}=\frac{\partial f}{\partial u}\frac{\partial u}{\partial y}+\frac{\partial f}{\partial y} \tag{10-15}$$

注意：这里 $\dfrac{\partial z}{\partial x}$ 与 $\dfrac{\partial f}{\partial x}$ 是不同的，$\dfrac{\partial z}{\partial x}$ 是把复合函数 $z=f[\varphi(x,y),x,y]$ 中的 y 看作不变而对 x 的偏导数，$\dfrac{\partial f}{\partial x}$ 是把 $f(u,x,y)$ 中的 u 及 y 看作不变而对 x 的偏导数. $\dfrac{\partial z}{\partial y}$ 与 $\dfrac{\partial f}{\partial y}$ 也有

类似的区别.

四、全微分形式不变性

设函数 $z=f(u,v)$ 具有连续偏导数，则有全微分 $\mathrm{d}z=\dfrac{\partial z}{\partial u}\mathrm{d}u+\dfrac{\partial z}{\partial v}\mathrm{d}v$. 如果 u、v 又是中间变量，即 $u=\varphi(x,y)$、$v=\psi(x,y)$，且这两个函数也具有连续偏导数，则复合函数 $z=f[\varphi(x,y),\psi(x,y)]$ 的全微分为

$$\mathrm{d}z=\frac{\partial z}{\partial x}\mathrm{d}x+\frac{\partial z}{\partial y}\mathrm{d}y$$

其中 $\dfrac{\partial z}{\partial x}$ 及 $\dfrac{\partial z}{\partial y}$ 分别由式（10-9）和式（10-10）给出，把式（10-9）及式（10-10）中的 $\dfrac{\partial z}{\partial x}$ 及 $\dfrac{\partial z}{\partial y}$ 代入上式得

$$\begin{aligned}
\mathrm{d}z &= \left(\frac{\partial z}{\partial u}\frac{\partial u}{\partial x}+\frac{\partial z}{\partial v}\frac{\partial v}{\partial x}\right)\mathrm{d}x+\left(\frac{\partial z}{\partial u}\frac{\partial u}{\partial y}+\frac{\partial z}{\partial v}\frac{\partial v}{\partial y}\right)\mathrm{d}y \\
&= \frac{\partial z}{\partial u}\left(\frac{\partial u}{\partial x}\mathrm{d}x+\frac{\partial u}{\partial y}\mathrm{d}y\right)+\frac{\partial z}{\partial v}\left(\frac{\partial v}{\partial x}\mathrm{d}x+\frac{\partial v}{\partial y}\mathrm{d}y\right) \\
&= \frac{\partial z}{\partial u}\mathrm{d}u+\frac{\partial z}{\partial v}\mathrm{d}v
\end{aligned}$$

由此可见，无论 u、v 是自变量还是中间变量，$z=f(u,v)$ 的全微分形式是一样的. 这个性质叫作全微分形式不变性.

【**例 10-20**】 设 $z=\mathrm{e}^u\sin v$，$u=xy$，$v=x+y$，求 $\dfrac{\partial z}{\partial x}$ 和 $\dfrac{\partial z}{\partial y}$.

解：

$$\begin{aligned}
\frac{\partial z}{\partial x} &= \frac{\partial z}{\partial u}\frac{\partial u}{\partial x}+\frac{\partial z}{\partial v}\frac{\partial v}{\partial x} \\
&= \mathrm{e}^u\sin v\cdot y+\mathrm{e}^u\cos v\cdot 1 \\
&= \mathrm{e}^{xy}[y\sin(x+y)+\cos(x+y)] \\
\frac{\partial z}{\partial y} &= \frac{\partial z}{\partial u}\frac{\partial u}{\partial y}+\frac{\partial z}{\partial v}\frac{\partial v}{\partial y} \\
&= \mathrm{e}^u\sin v\cdot x+\mathrm{e}^u\cos v\cdot 1 \\
&= \mathrm{e}^{xy}[x\sin(x+y)+\cos(x+y)]
\end{aligned}$$

【**例 10-21**】 设 $u=f(x,y,z)=\mathrm{e}^{x^2+y^2+z^2}$，$z=x^2\sin y$，求 $\dfrac{\partial u}{\partial x}$ 和 $\dfrac{\partial u}{\partial y}$.

解：

$$\begin{aligned}
\frac{\partial u}{\partial x} &= \frac{\partial f}{\partial x}+\frac{\partial f}{\partial z}\frac{\partial z}{\partial x} \\
&= 2x\mathrm{e}^{x^2+y^2+z^2}+2z\mathrm{e}^{x^2+y^2+z^2}\cdot 2x\sin y \\
&= 2x(1+2x^2\sin^2 y)\mathrm{e}^{x^2+y^2+x^4\sin^2 y} \\
\frac{\partial u}{\partial y} &= \frac{\partial f}{\partial y}+\frac{\partial f}{\partial z}\frac{\partial z}{\partial y} \\
&= 2y\mathrm{e}^{x^2+y^2+z^2}+2z\mathrm{e}^{x^2+y^2+z^2}\cdot x^2\cos y \\
&= 2(y+x^4\sin y\cos y)\mathrm{e}^{x^2+y^2+x^4\sin^2 y}
\end{aligned}$$

【例 10-22】 设 $z = uv + \sin t$，$u = e^t$，$v = \cos t$，求全导数 $\dfrac{dz}{dt}$.

解：
$$\frac{dz}{dt} = \frac{\partial z}{\partial u}\frac{du}{dt} + \frac{\partial z}{\partial v}\frac{dv}{dt} + \frac{\partial z}{\partial t}$$
$$= ve^t + u(-\sin t) + \cos t$$
$$= e^t \cos t - e^t \sin t + \cos t$$
$$= e^t(\cos t - \sin t) + \cos t$$

【例 10-23】 设 $w = f(x+y+z,\ xyz)$，f 具有二阶连续偏导数，求 $\dfrac{\partial w}{\partial x}$ 及 $\dfrac{\partial^2 w}{\partial x \partial z}$.

解： 令 $u = x + y + z$，$v = xyz$，则 $w = f(u, v)$.

引入记号：$f_1' = \dfrac{\partial f(u,v)}{\partial u}$，$f_{12}'' = \dfrac{\partial^2 f(u,v)}{\partial u \partial v}$；同理有 f_2'、f_{11}''、f_{22}'' 等.

$$\frac{\partial w}{\partial x} = \frac{\partial f}{\partial u}\frac{\partial u}{\partial x} + \frac{\partial f}{\partial v}\frac{\partial v}{\partial x} = f_1' + yz f_2'$$

$$\frac{\partial^2 w}{\partial x \partial z} = \frac{\partial}{\partial z}(f_1' + yz f_2') = \frac{\partial f_1'}{\partial z} + yf_2' + yz\frac{\partial f_2'}{\partial z}$$
$$= f_{11}'' + xy f_{12}'' + yf_2' + yz f_{21}'' + xy^2 z f_{22}''$$
$$= f_{11}'' + y(x+z)f_{12}'' + yf_2' + xy^2 z f_{22}''$$

注： $\dfrac{\partial f_1'}{\partial z} = \dfrac{\partial f_1'}{\partial u}\dfrac{\partial u}{\partial z} + \dfrac{\partial f_1'}{\partial v}\dfrac{\partial v}{\partial z} = f_{11}'' + xy f_{12}''$，$\dfrac{\partial f_2'}{\partial z} = \dfrac{\partial f_2'}{\partial u}\dfrac{\partial u}{\partial z} + \dfrac{\partial f_2'}{\partial v}\dfrac{\partial v}{\partial z} = f_{21}'' + xy f_{22}''$

【例 10-24】 设 $z = e^u \sin v$，而 $u = xy$，$v = x + y$. 利用全微分形式不变性求全微分.

解： $dz = \dfrac{\partial z}{\partial u}du + \dfrac{\partial z}{\partial v}dv = e^u \sin v\, du + e^u \cos v\, dv$

$$= e^u \sin v(y\, dx + x\, dy) + e^u \cos v(dx + dy)$$
$$= (ye^u \sin v + e^u \cos v)dx + (xe^u \sin v + e^u \cos v)dy$$
$$= e^{xy}[y\sin(x+y) + \cos(x+y)]dx + e^{xy}[x\sin(x+y) + \cos(x+y)]dy$$

习　题　10-4

1. 求下列函数的全导数：

(1) 设 $z = e^{3u+2v}$，而 $u = t^2$，$v = \cos t$，求导数 $\dfrac{dz}{dt}$；

(2) 设 $z = xy + \sin t$，而 $x = e^t$，$y = \cos t$，求导数 $\dfrac{dz}{dt}$.

2. 求下列各函数对各自变量的一阶偏导数：

(1) $z = u^2 v - uv^2$，$u = x\sin y$，$v = x\cos y$，求 $\dfrac{\partial z}{\partial x}$ 和 $\dfrac{\partial z}{\partial y}$；

(2) $z = \dfrac{x^2}{y}$，$x = s - 2t$，$y = 2s + t$，求 $\dfrac{\partial z}{\partial s}$ 和 $\dfrac{\partial z}{\partial t}$；

(3) 设 $w = f(x,\ x^2 y,\ xy^2 z)$，求 $\dfrac{\partial w}{\partial x}$、$\dfrac{\partial w}{\partial y}$、$\dfrac{\partial w}{\partial z}$；

(4) $u = xy + zf\left(\dfrac{y}{x}\right)$，求 $\dfrac{\partial u}{\partial x}$、$\dfrac{\partial u}{\partial y}$、$\dfrac{\partial u}{\partial z}$.

第五节 隐函数的求导法则

一、一个方程的情形

在《高等数学（上册）》中我们已经提出了隐函数的概念，并且指出了不经过显化直接由方程

$$F(x,y)=0 \qquad\qquad (10-16)$$

求它所确定的隐函数的导数的方法. 现在介绍隐函数存在定理，并根据多元复合函数的求导法来导出隐函数的导数公式.

（一）一元隐函数存在定理

定理 10-8 设函数 $F(x,y)$ 在点 $P(x_0,y_0)$ 的某一邻域内具有连续偏导数，且 $F(x_0,y_0)=0$，$F_y(x_0,y_0)\neq0$，则方程 $F(x,y)=0$ 在点 (x_0,y_0) 的某一邻域内恒能唯一确定一个连续且具有连续导数的函数 $y=f(x)$，它满足条件 $y_0=f(x_0)$，并有

$$\frac{\mathrm{d}y}{\mathrm{d}x}=-\frac{F_x}{F_y} \qquad\qquad (10-17)$$

这个定理我们不证. 现仅就式（10-17）作如下推导.

将方程式（10-16）所确定的函数 $y=f(x)$ 代入，得恒等式

$$F[x,f(x)]\equiv0$$

其左端可以看作是 x 的一个复合函数，求这个函数的全导数，由于恒等式两端求导后仍然恒等，即得

$$\frac{\partial F}{\partial x}+\frac{\partial F}{\partial y}\frac{\mathrm{d}y}{\mathrm{d}x}=0$$

由于 F_y 连续且 $F_y(x_0,y_0)\neq0$，所以存在 (x_0,y_0) 的一个邻域，在这个邻域内 $F_y\neq0$，于是得

$$\frac{\mathrm{d}y}{\mathrm{d}x}=-\frac{F_x}{F_y}$$

如果 $F(x,y)$ 的二阶偏导数也都连续，我们可以把等式（10-17）的两端看作 x 的复合函数而再一次求导，即得

$$\begin{aligned}
\frac{\mathrm{d}^2 y}{\mathrm{d}x^2}&=-\frac{F_y\frac{\partial}{\partial x}(F_x)-F_x\frac{\partial}{\partial x}(F_y)}{F_y^2}\\
&=-\frac{F_y\left(F_{xx}+F_{xy}\frac{\mathrm{d}y}{\mathrm{d}x}\right)-F_x\left(F_{yx}+F_{yy}\frac{\mathrm{d}y}{\mathrm{d}x}\right)}{F_y^2}\\
&=-\frac{F_{xx}F_y^2-2F_{xy}F_xF_y+F_{yy}F_x^2}{F_y^3}
\end{aligned}$$

隐函数存在定理还可以推广到多元函数. 既然一个二元方程式（10-16）可以确定一个一元隐函数，那么一个三元方程

$$F(x,y,z)=0 \qquad\qquad (10-18)$$

就有可能确定一个二元隐函数.

与定理 $10-8$ 一样，我们同样可以由三元函数 $F(x,y,z)$ 的性质来断定由方程 $F(x,y,z)=0$ 所确定的二元函数 $z=f(x,y)$ 的存在，以及这个函数的性质. 这就是下面的定理.

(二) 二元隐函数存在定理

定理 $10-9$　设函数 $F(x,y,z)$ 在点 $P(x_0,y_0,z_0)$ 的某一邻域内具有连续的偏导数，且 $F(x_0,y_0,z_0)=0$，$F_z(x_0,y_0,z_0)\neq0$，则方程 $F(x,y,z)=0$ 在点 $P(x_0,y_0,z_0)$ 的某一邻域内恒能唯一确定一个连续且具有连续偏导数的函数 $z=f(x,y)$，它满足条件 $z_0=f(x_0,y_0)$，并有

$$\frac{\partial z}{\partial x}=-\frac{F_x}{F_z}, \quad \frac{\partial z}{\partial y}=-\frac{F_y}{F_z} \tag{10-19}$$

这个定理我们不证. 与定理 $10-8$ 类似，仅就式（$10-19$）作如下推导.

由于
$$F[x,y,f(x,y)]=0$$

将上式两端分别对 x 和 y 求导，应用复合函数求导法则得

$$F_x+F_z\frac{\partial z}{\partial x}=0, \quad F_y+F_z\frac{\partial z}{\partial y}=0$$

因为 F_z 连续且 $F_z(x_0,y_0,z_0)\neq0$，所以存在点 (x_0,y_0,z_0) 的一个邻域，在这个邻域内 $F_z\neq0$，于是得

$$\frac{\partial z}{\partial x}=-\frac{F_x}{F_z}, \quad \frac{\partial z}{\partial y}=-\frac{F_y}{F_z}$$

*二、方程组的情形

下面我们将隐函数存在定理作另一方面的推广. 我们不仅增加方程中变量的个数，而且增加方程的个数，例如，考虑方程组

$$\begin{cases} F(x,y,u,v)=0 \\ G(x,y,u,v)=0 \end{cases} \tag{10-20}$$

这时，在四个变量中，一般只能有两个变量独立变化，因此方程组（$10-20$）就有可能确定两个二元函数. 在这种情形下，我们可以由函数 F、G 的性质来断定由方程组（$10-20$）所确定的两个二元函数的存在以及它们的性质. 我们有下面的定理.

定理 $10-10$　设 $F(x,y,u,v)$、$G(x,y,u,v)$ 在点 $P(x_0,y_0,u_0,v_0)$ 的某一邻域内具有对各个变量的连续偏导数，又 $F(x_0,y_0,u_0,v_0)=0$，$G(x_0,y_0,u_0,v_0)=0$，且偏导数所组成的函数行列式

$$J=\frac{\partial(F,G)}{\partial(u,v)}=\begin{vmatrix} \dfrac{\partial F}{\partial u} & \dfrac{\partial F}{\partial v} \\[2mm] \dfrac{\partial G}{\partial u} & \dfrac{\partial G}{\partial v} \end{vmatrix}$$

在点 $P(x_0,y_0,u_0,v_0)$ 不等于零，则方程组 $F(x,y,u,v)=0$，$G(x,y,u,v)=0$ 在点 $P(x_0,y_0,u_0,v_0)$ 的某一邻域内恒能唯一确定一组连续且具有连续偏导数的函数 $u=u(x,y)$，

$v = v(x, y)$，它们满足条件 $u_0 = u(x_0, y_0)$，$v_0 = v(x_0, y_0)$，并有

$$\frac{\partial u}{\partial x} = -\frac{1}{J}\frac{\partial(F,G)}{\partial(x,v)} = -\frac{\begin{vmatrix} F_x & F_v \\ G_x & G_v \end{vmatrix}}{\begin{vmatrix} F_u & F_v \\ G_u & G_v \end{vmatrix}}, \quad \frac{\partial v}{\partial x} = -\frac{1}{J}\frac{\partial(F,G)}{\partial(u,x)} = -\frac{\begin{vmatrix} F_u & F_x \\ G_u & G_x \end{vmatrix}}{\begin{vmatrix} F_u & F_v \\ G_u & G_v \end{vmatrix}}$$

$$\frac{\partial u}{\partial y} = -\frac{1}{J}\frac{\partial(F,G)}{\partial(y,v)} = -\frac{\begin{vmatrix} F_y & F_v \\ G_y & G_v \end{vmatrix}}{\begin{vmatrix} F_u & F_v \\ G_u & G_v \end{vmatrix}}, \quad \frac{\partial v}{\partial y} = -\frac{1}{J}\frac{\partial(F,G)}{\partial(u,y)} = -\frac{\begin{vmatrix} F_u & F_y \\ G_u & G_y \end{vmatrix}}{\begin{vmatrix} F_u & F_v \\ G_u & G_v \end{vmatrix}} \quad (10-21)$$

这个定理我们不证，仅就式（10-21）给出如下证明思路.

设方程组
$$\begin{cases} F(x,y,u,v) = 0 \\ G(x,y,u,v) = 0 \end{cases}$$

确定一对具有连续偏导数的二元函数 $u = u(x,y)$，$v = v(x,y)$，则

偏导数 $\frac{\partial u}{\partial x}$、$\frac{\partial v}{\partial x}$ 由方程组
$$\begin{cases} F_x + F_u \dfrac{\partial u}{\partial x} + F_v \dfrac{\partial v}{\partial x} = 0 \\ G_x + G_u \dfrac{\partial u}{\partial x} + G_v \dfrac{\partial v}{\partial x} = 0 \end{cases}$$ 确定；

偏导数 $\frac{\partial u}{\partial y}$、$\frac{\partial v}{\partial y}$ 由方程组
$$\begin{cases} F_y + F_u \dfrac{\partial u}{\partial y} + F_v \dfrac{\partial v}{\partial y} = 0 \\ G_y + G_u \dfrac{\partial u}{\partial y} + G_v \dfrac{\partial v}{\partial y} = 0 \end{cases}$$ 确定.

【例 10-25】 验证方程 $x^2 + y^2 - 1 = 0$ 在点 $(0,1)$ 的某一邻域内能唯一确定一个有连续导数、当 $x=0$ 时 $y=1$ 的隐函数 $y=f(x)$，并求这函数的一阶与二阶导数在 $x=0$ 的值.

解：设 $F(x,y) = x^2 + y^2 - 1$，则 $F_x = 2x$，$F_y = 2y$，$F(0,1) = 0$，$F_y(0,1) = 2 \neq 0$. 因此方程 $x^2 + y^2 - 1 = 0$ 在点 $(0,1)$ 的某一邻域内能唯一确定一个有连续导数、当 $x=0$ 时 $y=1$ 的隐函数 $y=f(x)$.

下面求这函数的一阶和二阶导数

$$\frac{dy}{dx} = -\frac{F_x}{F_y} = -\frac{x}{y}, \quad \frac{dy}{dx}\bigg|_{x=0} = 0$$

$$\frac{d^2 y}{dx^2} = -\frac{y - xy'}{y^2} = -\frac{y - x\left(-\dfrac{x}{y}\right)}{y^2} = -\frac{y^2 + x^2}{y^3} = -\frac{1}{y^3}; \quad \frac{d^2 y}{dx^2}\bigg|_{x=0} = -1$$

【例 10-26】 设 $x^2 + y^2 + z^2 - 4z = 0$，求 $\dfrac{\partial^2 z}{\partial x^2}$.

解：设 $F(x,y,z) = x^2 + y^2 + z^2 - 4z$，则 $F_x = 2x$，$F_z = 2z - 4$，应用式（10-19）得

$$\frac{\partial z}{\partial x} = -\frac{F_x}{F_z} = -\frac{2x}{2z - 4} = \frac{x}{2 - z}$$

再一次对 x 求偏导数，得

$$\frac{\partial^2 z}{\partial x^2} = \frac{(2-z)+x\frac{\partial z}{\partial x}}{(2-z)^2} = \frac{(2-z)+x\left(\frac{x}{2-z}\right)}{(2-z)^2} = \frac{(2-z)^2+x^2}{(2-z)^3}$$

【例 10 - 27】 设 $xu-yv=0$，$yu+xv=1$，求 $\frac{\partial u}{\partial x}$、$\frac{\partial v}{\partial x}$、$\frac{\partial u}{\partial y}$ 和 $\frac{\partial v}{\partial y}$.

解：此题可直接利用式（10 - 21），但也可依照推导式（10 - 21）的方法来求解. 下面我们利用后一种方法来做.

两个方程两边分别对 x 求偏导，得关于 $\frac{\partial u}{\partial x}$ 和 $\frac{\partial v}{\partial x}$ 的方程组

$$\begin{cases} u+x\dfrac{\partial u}{\partial x}-y\dfrac{\partial v}{\partial x}=0 \\ y\dfrac{\partial u}{\partial x}+v+x\dfrac{\partial v}{\partial x}=0 \end{cases}$$

当 $J=x^2+y^2\neq 0$ 时，解之得

$$\frac{\partial u}{\partial x}=-\frac{xu+yv}{x^2+y^2}, \quad \frac{\partial v}{\partial x}=\frac{yu-xv}{x^2+y^2}$$

两个方程两边分别对 y 求偏导，得关于 $\frac{\partial u}{\partial y}$ 和 $\frac{\partial v}{\partial y}$ 的方程组

$$\begin{cases} x\dfrac{\partial u}{\partial y}-v-y\dfrac{\partial v}{\partial y}=0 \\ u+y\dfrac{\partial u}{\partial y}+x\dfrac{\partial v}{\partial y}=0 \end{cases}$$

当 $J=x^2+y^2\neq 0$ 时，解之得

$$\frac{\partial u}{\partial y}=\frac{xv-yu}{x^2+y^2}, \quad \frac{\partial v}{\partial y}=-\frac{xu+yv}{x^2+y^2}$$

习　题　10 - 5

1. 求下列方程所确定的隐函数 $y=y(x)$ 的一阶导数 $\dfrac{\mathrm{d}y}{\mathrm{d}x}$：

（1）$x^2+xy-\mathrm{e}^y=0$；

（2）$\sin y+\mathrm{e}^x-xy^2=0$；

（3）$x^y=y^x$；

（4）$\ln\sqrt{x^2+y^2}=\arctan\dfrac{y}{x}$.

2. 求下列方程所确定的隐函数 $z=z(x,y)$ 的一阶偏导数 $\dfrac{\partial z}{\partial x}$、$\dfrac{\partial z}{\partial y}$：

（1）$z^3-2xz+y=0$；

（2）$3\sin(x+2y+z)=x+2y+z$；

（3）$\dfrac{x}{z}=\ln\dfrac{z}{y}$；

（4）$x+2y+z-2\sqrt{xyz}=0$.

3. 求下列方程所确定的隐函数的指定偏导数：

（1）设 $e^z - xyz = 0$，求 $\dfrac{\partial^2 z}{\partial x^2}$；

（2）设 $z^3 - 3xyz = a^3$，求 $\dfrac{\partial^2 z}{\partial x \partial y}$；

（3）设 $e^{x+y}\sin(x+z) = 1$，求 $\dfrac{\partial^2 z}{\partial x \partial y}$；

（4）设 $z + \ln z - \displaystyle\int_y^x e^{-t^2}\,dt = 0$，求 $\dfrac{\partial^2 z}{\partial x \partial y}$.

4. 设 $u = xy^2 z^3$，而 $z = z(x,y)$ 是由方程 $x^2 + y^2 + z^2 = 3xyz$ 所确定的隐函数，求 $\dfrac{\partial u}{\partial x}\Big|_{(1,1,1)}$.

第六节　多元函数微分学的几何应用

本节讨论多元函数微分学的几何应用.

一、空间曲线的切线和法平面

类似于平面曲线的切线概念，一条空间曲线 Γ 在点 $M(x_0,y_0,z_0)$ 处的切线是这样定义的：在曲线 Γ 上找一异于点 $M(x_0,y_0,z_0)$ 的点 $M'(x_0+\Delta x,y_0+\Delta y,z_0+\Delta z)$，作割线 MM'，如果当点 M' 沿曲线 Γ 趋于 M 时，割线 MM' 存在极限位置 MT，则称曲线 MT 为曲线 Γ 在点 $M(x_0,y_0,z_0)$ 处的切线.

过点 $M(x_0,y_0,z_0)$ 且与曲线 Γ 在点 $M(x_0,y_0,z_0)$ 处的切线垂直的平面 Π 称为曲线 Γ 在点 M 处的法平面.

下面我们来建立空间曲线 Γ 在点 M 处的切线方程及法平面方程.

1. 空间曲线 Γ 的参数方程为 $x=\varphi(t)$，$y=\psi(t)$，$z=\omega(t)$ 的情形

设空间曲线 Γ 的参数方程为

$$x=\varphi(t), \quad y=\psi(t), \quad z=\omega(t) \tag{10-22}$$

这里假定式（10-22）的三个函数都可导.

在曲线上取对应于 $t=t_0$ 的一点 $M(x_0,y_0,z_0)$ 及对应于 $t=t_0+\Delta t$ 的邻近一点 $M'(x_0+\Delta x,y_0+\Delta y,z_0+\Delta z)$. 根据解析几何，曲线的割线 MM' 的方程为

$$\frac{x-x_0}{\Delta x}=\frac{y-y_0}{\Delta y}=\frac{z-z_0}{\Delta z}$$

当 M' 沿曲线 Γ 趋于 M 时，割线 MM' 的极限位置 MT 就是曲线 Γ 在点 M 处的切线. 用 Δt 除上式的各分母，得

$$\frac{x-x_0}{\dfrac{\Delta x}{\Delta t}}=\frac{y-y_0}{\dfrac{\Delta y}{\Delta t}}=\frac{z-z_0}{\dfrac{\Delta z}{\Delta t}}$$

令 $M'\to M$（这时 $\Delta t\to 0$），通过对上式取极限，即得曲线在点 M 处的切线方程为

$$\frac{x-x_0}{\varphi'(t_0)}=\frac{y-y_0}{\psi'(t_0)}=\frac{z-z_0}{\omega'(t_0)} \tag{10-23}$$

这里当然要假定 $\varphi'(t_0)$、$\psi'(t_0)$、$\omega'(t_0)$ 不能都为零. 如果个别为零，则应按空间解析几何有关直线的对称式方程的说明来理解.

切线的方向向量称为曲线的切向量. 向量 $T=\{\varphi'(t_0),\psi'(t_0),\omega'(t_0)\}$ 就是曲线 Γ 在点 M 处的一个切向量.

通过点 M 而与切线垂直的平面称为曲线在点 M 处的法平面，它是通过点 $M(x_0,y_0,z_0)$ 而以 T 为法向量的平面，因此这个法平面的方程为

$$\varphi'(t_0)(x-x_0)+\psi'(t_0)(y-y_0)+\omega'(t_0)(z-z_0)=0 \qquad (10-24)$$

2. 空间曲线 Γ 的方程为 $y=\varphi(x)$，$z=\psi(x)$

如果空间曲线 Γ 的方程以 $y=\varphi(x)$，$z=\psi(x)$ 的形式给出，取 x 为参数，它就可以表示为参数方程的形式：

$$\begin{cases} x=x \\ y=\varphi(x) \\ z=\psi(x) \end{cases}$$

若 $\varphi(x)$、$\psi(x)$ 都在 $x=x_0$ 处可导，那么根据上面的讨论可知，$T=\{1,\varphi'(x_0),\psi'(x_0)\}$，因此曲线 Γ 在点 $M(x_0,y_0,z_0)$ 处的切线方程为

$$\frac{x-x_0}{1}=\frac{y-y_0}{\varphi'(x_0)}=\frac{z-z_0}{\psi'(x_0)} \qquad (10-25)$$

在点 $M(x_0,y_0,z_0)$ 处的法平面方程为

$$(x-x_0)+\varphi'(x_0)(y-y_0)+\psi'(x_0)(z-z_0)=0 \qquad (10-26)$$

* 3. 空间曲线 Γ 的方程为 $F(x,y,z)=0$，$G(x,y,z)=0$

设空间曲线 Γ 的方程以

$$\begin{cases} F(x,y,z)=0 \\ G(x,y,z)=0 \end{cases} \qquad (10-27)$$

的形式给出，$M(x_0,y_0,z_0)$ 是曲线 Γ 上的一个点，又设 F、G 有对各个变量的连续偏导数，且 $\left.\dfrac{\partial(F,G)}{\partial(y,z)}\right|_{(x_0,y_0,z_0)}\neq0$.

这时方程组（10-27）在点 $M(x_0,y_0,z_0)$ 的某一邻域内确定了一组函数 $y=\varphi(x)$，$z=\psi(x)$，要求曲线 Γ 在点 M 处的切线方程和法平面方程，只要求出 $\varphi'(x_0)$、$\psi'(x_0)$，然后代入式（10-25）、式（10-26）就行了. 为此，我们在恒等式

$$F[x,\varphi(x),\psi(x)]\equiv0$$
$$G[x,\varphi(x),\psi(x)]\equiv0$$

两边分别对 x 求全导数，得

$$\begin{cases} \dfrac{\partial F}{\partial x}+\dfrac{\partial F}{\partial y}\dfrac{\mathrm{d}y}{\mathrm{d}x}+\dfrac{\partial F}{\partial z}\dfrac{\mathrm{d}z}{\mathrm{d}x}=0 \\[2mm] \dfrac{\partial G}{\partial x}+\dfrac{\partial G}{\partial y}\dfrac{\mathrm{d}y}{\mathrm{d}x}+\dfrac{\partial G}{\partial z}\dfrac{\mathrm{d}z}{\mathrm{d}x}=0 \end{cases}$$

由假设可知，在点 M 的某个邻域内

$$J=\frac{\partial(F,G)}{\partial(y,z)}\neq0$$

故可解得

$$\frac{\mathrm{d}y}{\mathrm{d}x}=\varphi'(x)=\frac{\begin{vmatrix}F_z&F_x\\G_z&G_x\end{vmatrix}}{\begin{vmatrix}F_y&F_z\\G_y&G_z\end{vmatrix}},\quad\frac{\mathrm{d}z}{\mathrm{d}x}=\psi'(x)=\frac{\begin{vmatrix}F_x&F_y\\G_x&G_y\end{vmatrix}}{\begin{vmatrix}F_y&F_z\\G_y&G_z\end{vmatrix}}$$

于是 $T=\{1,\varphi'(x_0),\psi'(x_0)\}$ 是曲线 Γ 在点 M 处的一个切向量,这里

$$\varphi'(x_0)=\frac{\begin{vmatrix}F_z&F_x\\G_z&G_x\end{vmatrix}_M}{\begin{vmatrix}F_y&F_z\\G_y&G_z\end{vmatrix}_M},\quad\psi'(x_0)=\frac{\begin{vmatrix}F_x&F_y\\G_x&G_y\end{vmatrix}_M}{\begin{vmatrix}F_y&F_z\\G_y&G_z\end{vmatrix}_M}$$

分子分母中带下标 M 的行列式表示行列式在点 $M(x_0,y_0,z_0)$ 的值. 把上面的切向量 T 乘以 $\begin{vmatrix}F_y&F_z\\G_y&G_z\end{vmatrix}_M$,得

$$T=\left\{\begin{vmatrix}F_y&F_z\\G_y&G_z\end{vmatrix}_M,\begin{vmatrix}F_z&F_x\\G_z&G_x\end{vmatrix}_M,\begin{vmatrix}F_x&F_y\\G_x&G_y\end{vmatrix}_M\right\}$$

这也是曲线 Γ 在点 M 处的一个切向量,由此可写出曲线 Γ 在点 $M(x_0,y_0,z_0)$ 处的切线方程为

$$\frac{x-x_0}{\begin{vmatrix}F_y&F_z\\G_y&G_z\end{vmatrix}_M}=\frac{y-y_0}{\begin{vmatrix}F_z&F_x\\G_z&G_x\end{vmatrix}_M}=\frac{z-z_0}{\begin{vmatrix}F_x&F_y\\G_x&G_y\end{vmatrix}_M}\tag{10-28}$$

曲线 Γ 在点 $M(x_0,y_0,z_0)$ 处的法平面方程为

$$\begin{vmatrix}F_y&F_z\\G_y&G_z\end{vmatrix}_M(x-x_0)+\begin{vmatrix}F_z&F_x\\G_z&G_x\end{vmatrix}_M(y-y_0)+\begin{vmatrix}F_x&F_y\\G_x&G_y\end{vmatrix}_M(z-z_0)=0\tag{10-29}$$

如果 $\left.\dfrac{\partial(F,G)}{\partial(y,z)}\right|_M=0$,而 $\left.\dfrac{\partial(F,G)}{\partial(z,x)}\right|_M$、$\left.\dfrac{\partial(F,G)}{\partial(x,y)}\right|_M$ 中至少有一个不等于零,我们可得同样的结果.

二、曲面的切平面与法线

我们先讨论由隐式给出曲面方程

$$F(x,y,z)=0\tag{10-30}$$

的情形,然后把由显式给出的曲面方程 $z=f(x,y)$ 作为它的特殊情形.

(一)隐式给出曲面方程 $F(x,y,z)=0$

设曲面 Σ 由方程式(10-30)给出,$M(x_0,y_0,z_0)$ 是曲面 Σ 上的一点,并设函数 $F(x,y,z)$ 的偏导数在该点连续且不同时为零. 在曲面 Σ 上,通过点 M 任意引一条曲线 Γ(图 10-7),假定曲线 Γ 的参数方程为

$$x=\varphi(t),\quad y=\psi(t),\quad z=\omega(t)\tag{10-31}$$

$t=t_0$ 对应于点 $M(x_0,y_0,z_0)$ 且 $\varphi'(t_0)$、$\psi'(t_0)$、$\omega'(t_0)$ 不全为零,则由式(10-23)

可得这曲线的切线方程为

$$\frac{x-x_0}{\varphi'(t_0)}=\frac{y-y_0}{\psi'(t_0)}=\frac{z-z_0}{\omega'(t_0)}$$

我们现在要证明，在曲面 Σ 上通过点 M 且在点 M 处具有切线的任何曲线，它们在点 M 处的切线都在同一个平面上．事实上，因为曲线 Γ 完全在曲面 Σ 上，所以有恒等式

$$F[\varphi(t),\psi(t),\omega(t)]\equiv 0$$

又因 $F(x,y,z)$ 在点 (x_0,y_0,z_0) 处有连续偏导数，且 $\varphi'(t_0)$、$\psi'(t_0)$ 和 $\omega'(t_0)$ 存在，所以这恒等式左边的复合函数在 $t=t_0$ 时有全导数，且这全导数等于零：

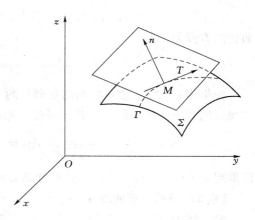

图 10 - 7

$$\frac{\mathrm{d}}{\mathrm{d}t}F[\varphi(t),\psi(t),\omega(t)]\big|_{t=t_0}=0$$

即有　　　$F_x(x_0,y_0,z_0)\varphi'(t_0)+F_y(x_0,y_0,z_0)\psi'(t_0)+F_z(x_0,y_0,z_0)\omega'(t_0)=0$　　(10 - 32)

引入向量　　　$\vec{n}=(F_x(x_0,y_0,z_0),F_y(x_0,y_0,z_0),F_z(x_0,y_0,z_0))$

则式 (10 - 32) 表示曲线 (10 - 31) 在点 M 处的切向量 $T=\{\varphi'(t_0),\psi'(t_0),\omega'(t_0)\}$ 与向量 $\vec{n}$ 垂直．因为曲线 Γ 是曲面上通过点 M 的任意一条曲线，它们在点 M 的切线都与同一个向量 $\vec{n}$ 垂直，所以曲面上通过点 M 的一切曲线在点 M 的切线都在同一个平面上（图 10 - 7）．这个平面称为曲面 Σ 在点 M 的切平面．这个切平面的方程为

$$F_x(x_0,y_0,z_0)(x-x_0)+F_y(x_0,y_0,z_0)(y-y_0)+F_z(x_0,y_0,z_0)(z-z_0)=0 \quad (10 - 33)$$

通过点 $M(x_0,y_0,z_0)$ 而垂直于切平面 (10 - 33) 的直线称为曲面在该点的法线．法线方程为

$$\frac{x-x_0}{F_x(x_0,y_0,z_0)}=\frac{y-y_0}{F_y(x_0,y_0,z_0)}=\frac{z-z_0}{F_z(x_0,y_0,z_0)} \quad (10 - 34)$$

垂直于曲面上切平面的向量称为曲面的法向量，向量

$$\vec{n}=(F_x(x_0,y_0,z_0),F_y(x_0,y_0,z_0),F_z(x_0,y_0,z_0))$$

就是曲面 Σ 在点 M 处的一个法向量．

（二）曲面 Σ 的方程为 $z=f(x,y)$ 的情形

现在来考虑曲面方程

$$z=f(x,y) \quad (10 - 35)$$

令　　　　　$F(x,y,z)=f(x,y)-z$

可见　　　$F_x(x,y,z)=f_x(x,y)$，$F_y(x,y,z)=f_y(x,y)$，$F_z(x,y,z)=-1$

于是，当函数 $f(x,y)$ 的偏导数 $f_x(x,y)$、$f_y(x,y)$ 在点 (x_0,y_0) 连续时，曲面方程 (10 - 35) 在点 $M(x_0,y_0,z_0)$ 处的法向量为

$$\vec{n}=(f_x(x_0,y_0),\ f_y(x_0,y_0),-1)$$

切平面方程为

$$f_x(x_0, y_0)(x-x_0) + f_y(x_0, y_0)(y-y_0) - (z-z_0) = 0 \qquad (10-36)$$

而法线方程为

$$\frac{x-x_0}{f_x(x_0, y_0)} = \frac{y-y_0}{f_y(x_0, y_0)} = \frac{z-z_0}{-1}$$

如果用 α、β、γ 表示曲面的法向量的方向角，并假定法向量的方向是向上的，即使得它与 z 轴的正向所成的角 γ 是一锐角，则法向量的方向余弦为

$$\cos\alpha = \frac{-f_x}{\sqrt{1+f_x^2+f_y^2}}, \quad \cos\beta = \frac{-f_y}{\sqrt{1+f_x^2+f_y^2}}, \quad \cos\gamma = \frac{1}{\sqrt{1+f_x^2+f_y^2}}$$

这里把 $f_x(x_0, y_0)$、$f_y(x_0, y_0)$ 分别简记为 f_x、f_y.

【例 10-28】 求曲线 $x=t$、$y=t^2$、$z=t^3$ 在点 $(1,1,1)$ 处的切线及法平面方程.

解：因为 $x_t'=1$，$y_t'=2t$，$z_t'=3t^2$，而点 $(1,1,1)$ 所对应的参数 $t=1$，所以

$$\vec{T} = (1,2,3)$$

于是，切线方程为

$$\frac{x-1}{1} = \frac{y-1}{2} = \frac{z-1}{3}$$

法平面方程为

$$(x-1) + 2(y-1) + 3(z-1) = 0$$

即

$$x + 2y + 3z = 6$$

【例 10-29】 求球面 $x^2+y^2+z^2=14$ 在点 $(1,2,3)$ 处的切平面及法线方程式.

解：

$$F(x,y,z) = x^2+y^2+z^2-14$$

$$\vec{n} = (F_x, F_y, F_z) = (2x, 2y, 2z)$$

$$\vec{n}\,|_{(1,2,3)} = (2,4,6)$$

所以在点 $(1,2,3)$ 处此球面的切平面方程为

$$2(x-1) + 4(y-2) + 6(z-3) = 0$$

即

$$x + 2y + 3z - 14 = 0$$

法线方程为

$$\frac{x-1}{2} = \frac{y-2}{4} = \frac{z-3}{6}$$

即

$$\frac{x}{1} = \frac{y}{2} = \frac{z}{3}$$

由此可见，法线经过原点（即球心）.

【例 10-30】 求旋转抛物面 $z=x^2+y^2-1$ 在点 $(2,1,4)$ 处的切平面及法线方程.

解：

$$f(x,y) = x^2+y^2-1$$

$$\vec{n} = (f_x, f_y, -1) = (2x, 2y, -1)$$

$$\vec{n}\,|_{(2,1,4)} = (4,2,-1)$$

所以在点 $(2,1,4)$ 处的切平面方程为

$$4(x-2) + 2(y-1) - (z-4) = 0$$

即

$$4x + 2y - z - 6 = 0$$

法线方程为
$$\frac{x-2}{4}=\frac{y-1}{2}=\frac{z-4}{-1}$$

*【例 10 - 31】 求曲线 $x^2+y^2+z^2=6$、$x+y+z=0$ 在点 $(1,-2,1)$ 处的切线及法平面方程.

解：这里可直接利用式（10 - 28）及式（10 - 29）来解，但下面我们依照推导公式的方法来做.

为求切向量，将所给方程的两边对 x 求导数，得
$$\begin{cases} 2x+2y\dfrac{\mathrm{d}y}{\mathrm{d}x}+2z\dfrac{\mathrm{d}z}{\mathrm{d}x}=0 \\[2mm] 1+\dfrac{\mathrm{d}y}{\mathrm{d}x}+\dfrac{\mathrm{d}z}{\mathrm{d}x}=0 \end{cases}$$

解方程组得
$$\frac{\mathrm{d}y}{\mathrm{d}x}=\frac{z-x}{y-z},\quad \frac{\mathrm{d}z}{\mathrm{d}x}=\frac{x-y}{y-z}$$

在点 $(1,-2,1)$ 处，
$$\left.\frac{\mathrm{d}y}{\mathrm{d}x}\right|_{(1,-2,1)}=0,\quad \left.\frac{\mathrm{d}z}{\mathrm{d}x}\right|_{(1,-2,1)}=-1$$

从而
$$\vec{T}=(1,0,-1)$$

故所求切线方程为
$$\frac{x-1}{1}=\frac{y+2}{0}=\frac{z-1}{-1}$$

法平面方程为
$$(x-1)+0\times(y+2)-(z-1)=0$$

即
$$x-z=0$$

习　题　10 - 6

1. 求曲线 $x=\dfrac{1+t}{t}$、$y=\dfrac{t}{1+t}$、$z=t^2$ 对应 $t=1$ 的点处的切线和法平面方程.

2. 求下列曲面在指定点处的切平面与法线方程：

（1）$\mathrm{e}^z-z+xy=3$，点 $(2,1,0)$；

（2）$\dfrac{z}{c}=\dfrac{x^2}{a^2}+\dfrac{y^2}{b^2}$，点 (x_0,y_0,z_0).

3. 求出曲线 $x=t^3$、$y=t^2$、$z=t$ 上的点，使在该点的切线平行于平面 $x+2y+z=6$.

4. 求椭球面 $3x^2+y^2+z^2=9$ 上平行于平面 $x-2y+z=0$ 的切平面方程.

5. 求曲线 $y^2=2mx$、$z^2=m-x$ 在点 (x_0,y_0,z_0) 处的切线和法平面方程.

第七节　多元函数的极值

在实际问题中，往往会遇到多元函数的最大值、最小值问题. 与一元函数相类似，多元函数的最大值、最小值与极大值、极小值有密切联系，因此我们以二元函数为例，先来讨论多元函数的极值问题.

一、多元函数的极值

设函数 $z=f(x,y)$ 在点 $P_0(x_0,y_0)$ 的某个邻域内有定义，如果对于该邻域内任何异于 P_0 的点 (x,y)，都有

$$f(x,y)<f(x_0,y_0) \text{ 或 } f(x,y)>f(x_0,y_0)$$

则称函数在点 $P_0(x_0,y_0)$ 有极大值（或极小值）$f(x_0,y_0)$.

极大值、极小值统称为极值. 使函数取得极值的点称为极值点.

【例 10-32】 函数 $z=3x^2+4y^2$ 在点 $(0,0)$ 处有极小值. 当 $(x,y)=(0,0)$ 时，$z=0$，而当 $(x,y)\neq(0,0)$ 时，$z>0$. 因此 $z=0$ 是函数的极小值.

【例 10-33】 函数 $z=-\sqrt{x^2+y^2}$ 在点 $(0,0)$ 处有极大值. 当 $(x,y)=(0,0)$ 时，$z=0$，而当 $(x,y)\neq(0,0)$ 时，$z<0$. 因此 $z=0$ 是函数的极大值.

【例 10-34】 函数 $z=xy$ 在点 $(0,0)$ 处既不取得极大值也不取得极小值. 因为在点 $(0,0)$ 处的函数值为零，而在点 $(0,0)$ 的任一邻域内，总有使函数值为正的点，也有使函数值为负的点.

以上关于二元函数的极值概念，可推广到 n 元函数. 设 n 元函数 $u=f(P)$ 在点 P_0 的某一邻域内有定义，如果对于该邻域内任何异于 P_0 的点 P，都有

$$f(P)<f(P_0) \text{ 或 } f(P)>f(P_0)$$

则称函数 $f(P)$ 在点 P_0 有极大值（或极小值）$f(P_0)$.

定理 10-11（必要条件） 设函数 $z=f(x,y)$ 在点 (x_0,y_0) 具有偏导数，且在点 (x_0,y_0) 处有极值，则有

$$f_x(x_0,y_0)=0, \quad f_y(x_0,y_0)=0$$

证：不妨设 $z=f(x,y)$ 在点 (x_0,y_0) 处有极大值. 依极大值的定义，对于点 (x_0,y_0) 的某邻域内异于 (x_0,y_0) 的点 (x,y)，都有不等式

$$f(x,y)<f(x_0,y_0)$$

特殊地，在该邻域内取 $y=y_0$ 而 $x\neq x_0$ 的点，也应有不等式

$$f(x,y_0)<f(x_0,y_0)$$

这表明一元函数 $f(x,y_0)$ 在 $x=x_0$ 处取得极大值，因而必有

$$f_x(x_0,y_0)=0$$

类似地可证

$$f_y(x_0,y_0)=0$$

从几何上看，这时如果曲面 $z=f(x,y)$ 在点 (x_0,y_0,z_0) 处有切平面，则切平面

$$z-z_0=f_x(x_0,y_0)(x-x_0)+f_y(x_0,y_0)(y-y_0)$$

成为平行于 xOy 坐标面的平面 $z=z_0$.

类似地可推得，如果三元函数 $u=f(x,y,z)$ 在点 (x_0,y_0,z_0) 具有偏导数，则它在点 (x_0,y_0,z_0) 具有极值的必要条件为

$$f_x(x_0,y_0,z_0)=0, \quad f_y(x_0,y_0,z_0)=0, \quad f_z(x_0,y_0,z_0)=0$$

仿照一元函数，凡是能使 $f_x(x,y)=0$，$f_y(x,y)=0$ 同时成立的点 (x_0,y_0) 称为函数 $z=f(x,y)$ 的驻点. 从定理 10-11 可知，具有偏导数的函数的极值点必定是驻点，但函数的驻点不一定是极值点. 例如，函数 $z=xy$ 在点 $(0,0)$ 处的两个偏导数都是零，但

函数在（0,0）既不取得极大值也不取得极小值.

怎样判定一个驻点是否是极值点呢？下面的定理回答了这个问题.

定理 10 - 12（充分条件） 设函数 $z = f(x, y)$ 在点 $P_0(x_0, y_0)$ 的某邻域内连续且有一阶及二阶连续偏导数，又 $f_x(x_0, y_0) = 0$，$f_y(x_0, y_0) = 0$，令

$$f_{xx}(x_0, y_0) = A, \quad f_{xy}(x_0, y_0) = B, \quad f_{yy}(x_0, y_0) = C$$

则 $f(x, y)$ 在 (x_0, y_0) 处是否取得极值的条件如下：

（1）$AC - B^2 > 0$ 时具有极值，且当 $A < 0$ 时有极大值，当 $A > 0$ 时有极小值.

（2）$AC - B^2 < 0$ 时没有极值.

（3）$AC - B^2 = 0$ 时可能有极值，也可能没有极值.

这个定理现在不证. 利用定理 10 - 11 和定理 10 - 12，我们把具有二阶连续偏导数的函数 $z = f(x, y)$ 的极值的求法叙述如下.

第一步：解方程组

$$f_x(x, y) = 0, \quad f_y(x, y) = 0$$

求得一切实数解，即可得一切驻点.

第二步：对于每一个驻点 (x_0, y_0)，求出二阶偏导数的值 A、B 和 C.

第三步：定出 $AC - B^2$ 的符号，按定理 10 - 12 的结论判定 $f(x_0, y_0)$ 是否是极值、是极大值还是极小值.

应注意的问题：不是驻点也可能是极值点.

例如，函数 $z = -\sqrt{x^2 + y^2}$ 在点 （0,0）处有极大值，但 （0,0）不是函数的驻点. 因此，在考虑函数的极值问题时，除了考虑函数的驻点外，如果有偏导数不存在的点，那么对这些点也应当考虑.

二、多元函数的最值

如果 $f(x, y)$ 在有界闭区域 D 上连续，则 $f(x, y)$ 在 D 上必定能取得最大值和最小值. 这种使函数取得最大值或最小值的点既可能在 D 的内部，也可能在 D 的边界上. 我们假定，函数在 D 上连续、在 D 内可微分且只有有限个驻点，这时如果函数在 D 的内部取得最大值（最小值），那么这个最大值（最小值）也是函数的极大值（极小值）. 因此，求最大值和最小值的一般方法是：将函数 $f(x, y)$ 在 D 内的所有驻点处的函数值及在 D 的边界上的最大值和最小值相互比较，其中最大的就是最大值，最小的就是最小值. 在通常遇到的实际问题中，如果根据问题的性质，知道函数 $f(x, y)$ 的最大值（最小值）一定在 D 的内部取得，而函数在 D 内只有一个驻点，那么可以肯定该驻点处的函数值就是函数 $f(x, y)$ 在 D 上的最大值（最小值）.

三、条件极值

对自变量有附加条件的极值称为条件极值. 例如，求表面积为 a^2 而体积为最大的长方体的体积问题. 设长方体的三棱的长为 x、y、z，则体积 $V = xyz$. 又因假定表面积为 a^2，所以自变量 x、y、z 还必须满足附加条件 $2(xy + yz + xz) = a^2$. 这个问题就是求函数 $V = xyz$ 在条件 $2(xy + yz + xz) = a^2$ 下的最大值问题，这是一个条件极值问题.

对于有些实际问题，可以把条件极值问题化为无条件极值问题. 例如上述问题，由条件 $2(xy+yz+xz)=a^2$，解得 $z=\dfrac{a^2-2xy}{2(x+y)}$，于是问题就化为

$$V=\frac{xy}{2}\left(\frac{a^2-2xy}{x+y}\right)$$

的无条件极值问题.

在很多情形下，将条件极值化为无条件极值并不容易. 需要另一种求条件极值的专用方法，这就是下面要介绍的拉格朗日乘数法.

现在我们来寻求函数 $z=f(x,y)$ 在条件 $\varphi(x,y)=0$ 下取得极值的必要条件.

如果函数 $z=f(x,y)$ 在 (x_0,y_0) 取得所求的极值，那么有

$$\varphi(x_0,y_0)=0$$

假定在 (x_0,y_0) 的某一邻域内 $f(x,y)$ 与 $\varphi(x,y)$ 均有连续的一阶偏导数，而 $\varphi_y(x_0,y_0)\neq0$. 由隐函数存在定理可知，方程 $\varphi(x,y)=0$ 确定一个连续且具有连续导数的函数 $y=\psi(x)$，将其代入目标函数 $z=f(x,y)$，得一元函数

$$z=f[x,\psi(x)]$$

于是 $x=x_0$ 是一元函数 $z=f[x,\psi(x)]$ 的极值点，由取得极值的必要条件，有

$$\frac{\mathrm{d}z}{\mathrm{d}x}\bigg|_{x=x_0}=f_x(x_0,y_0)+f_y(x_0,y_0)\frac{\mathrm{d}y}{\mathrm{d}x}\bigg|_{x=x_0}=0$$

即

$$f_x(x_0,y_0)-f_y(x_0,y_0)\frac{\varphi_x(x_0,y_0)}{\varphi_y(x_0,y_0)}=0$$

从而函数 $z=f(x,y)$ 在条件 $\varphi(x,y)=0$ 下在 (x_0,y_0) 取得极值的必要条件为 $f_x(x_0,y_0)-f_y(x_0,y_0)\dfrac{\varphi_x(x_0,y_0)}{\varphi_y(x_0,y_0)}=0$ 与 $\varphi(x_0,y_0)=0$ 同时成立.

设 $\dfrac{f_y(x_0,y_0)}{\varphi_y(x_0,y_0)}=-\lambda$，上述必要条件变为

$$\begin{cases} f_x(x_0,y_0)+\lambda\varphi_x(x_0,y_0)=0 \\ f_y(x_0,y_0)+\lambda\varphi_y(x_0,y_0)=0 \\ \varphi(x_0,y_0)=0 \end{cases}$$

拉格朗日乘数法：要找函数 $z=f(x,y)$ 在条件 $\varphi(x,y)=0$ 下的可能极值点，可以先作辅助函数

$$F(x,y)=f(x,y)+\lambda\varphi(x,y)$$

其中 λ 为参数. 然后解方程组

$$\begin{cases} F_x(x,y)=f_x(x,y)+\lambda\varphi_x(x,y)=0 \\ F_y(x,y)=f_y(x,y)+\lambda\varphi_y(x,y)=0 \\ \varphi(x,y)=0 \end{cases} \tag{10-37}$$

由这方程组解出 x、y 及 λ，这样得到的 (x,y) 就是所要求的可能的极值点.

这种方法可以推广到自变量多于两个而条件多于一个的情形. 例如，要求函数 $u=f(x,y,z,t)$，在附加条件

$$\varphi(x,y,z,t)=0, \quad \psi(x,y,z,t)=0 \tag{10-38}$$

下的极值，可以先构成辅助函数

$$F(x,y,z,t)=f(x,y,z,t)+\lambda_1\varphi(x,y,z,t)+\lambda_2\psi(x,y,z,t)$$

其中 λ_1、λ_2 均为参数，求其一阶偏导数，并使之为零，然后与式（10-38）中的两个方程联立起来求解，这样得出的 x、y、z、t 就是函数 $f(x,y,z,t)$ 在附加条件式（10-38）下的可能极值点.

至于如何确定所求的点是否是极值点，在实际问题中往往可根据问题本身的性质来判定.

【例 10-35】 求函数 $f(x,y)=x^3-y^3+3x^2+3y^2-9x$ 的极值.

解： 先解方程组

$$\begin{cases} f_x(x,y)=3x^2+6x-9=0 \\ f_y(x,y)=-3y^2+6y=0 \end{cases}$$

求得驻点为 $(1,0)$、$(1,2)$、$(-3,0)$、$(-3,2)$.

再求出二阶偏导数

$$f_{xx}(x,y)=6x+6, \quad f_{xy}(x,y)=0, \quad f_{yy}(x,y)=-6y+6$$

在点 $(1,0)$ 处，$AC-B^2=12\times6>0$，又 $A>0$，所以函数在 $(1,0)$ 处有极小值 $f(1,0)=-5$；

在点 $(1,2)$ 处，$AC-B^2=12\times(-6)<0$，所以 $f(1,2)$ 不是极值；

在点 $(-3,0)$ 处，$AC-B^2=-12\times6<0$，所以 $f(-3,0)$ 不是极值；

在点 $(-3,2)$ 处，$AC-B^2=-12\times(-6)>0$，又 $A<0$，所以函数在 $(-3,2)$ 处有极大值 $f(-3,2)=31$.

【例 10-36】 某厂要用铁板做成一个体积为 $8m^3$ 的有盖长方体水箱. 问当长、宽、高各取多少时，才能使用料最省？

解： 设水箱的长为 xm，宽为 ym，则其高应为 $\dfrac{8}{xy}$m. 此水箱所用材料的面积为

$$A=2\left(xy+y\times\frac{8}{xy}+x\times\frac{8}{xy}\right)=2\left(xy+\frac{8}{x}+\frac{8}{y}\right) \quad (x>0,y>0)$$

令

$$A_x=2\left(y-\frac{8}{x^2}\right)=0, \quad A_y=2\left(x-\frac{8}{y^2}\right)=0$$

得

$$x=2, \quad y=2$$

根据题意可知，水箱所用材料面积的最小值一定存在，并在开区域 $D=\{(x,y)|x>0, y>0\}$ 内取得. 因为函数 A 在 D 内只有一个驻点，所以，此驻点一定是 A 的最小值点，即当水箱的长为 2m、宽为 2m、高为 2m 时，水箱所用的材料最省.

从这个例子还可看出，在体积一定的长方体中，以立方体的表面积为最小.

【例 10-37】 求表面积为 a^2 而体积为最大的长方体的体积.

解： 设长方体的三棱的长为 x、y、z，则问题就是在条件 $2(xy+yz+xz)=a^2$ 下，求函数 $V=xyz$ 的最大值. 作辅助函数

$$F(x,y,z)=xyz+\lambda(2xy+2yz+2xz-a^2)$$

解方程组

$$\begin{cases} F_x(x,y,z)=yz+2\lambda(y+z)=0 \\ F_y(x,y,z)=xz+2\lambda(x+z)=0 \\ F_z(x,y,z)=xy+2\lambda(y+x)=0 \\ 2xy+2yz+2xz=a^2 \end{cases}$$

得

$$x=y=z=\frac{\sqrt{6}}{6}a$$

这是唯一可能的极值点. 因为由问题本身可知最大值一定存在，所以最大值就在这个可能的值点处取得. 此时 $V=\frac{\sqrt{6}}{36}a^3$.

【例 10-38】 最佳满意度模型.

按照某学者的理论，假设一个企业生产某产品单件成本为 a 元，卖出该产品的单价为 m 元，则其满意度为 $h=\dfrac{1}{1+\dfrac{a}{m}}$. 如果一个企业生产并销售两种不同产品的满意度分别为 h_1 和 h_2，则该企业对这两种产品的综合满意度为 $\sqrt{h_1 h_2}$.

现有某企业计划在第一年度生产 A、B 两种产品的单件成本分别控制在 6 元和 24 元，在第二年度生产 A、B 两种产品的单件成本分别控制在 5 元和 20 元，请你为其制定一个销售 A、B 两种产品的两年度定价方案，使得该企业在第一年度对两种产品的综合满意度达到 $\frac{4}{7}$，在第二年度对这两种产品的综合满意度达到最大.

解： 该企业在第一年度的综合满意度为

$$h_1=\sqrt{\frac{1}{1+\dfrac{6}{m_A}} \cdot \frac{1}{1+\dfrac{24}{m_B}}}=\sqrt{\frac{1}{(1+6x)(1+24y)}}=\frac{4}{7}$$

该企业在第二年度的综合满意度为

$$h_2=\sqrt{\frac{1}{1+\dfrac{5}{m_A}} \cdot \frac{1}{1+\dfrac{20}{m_B}}}=\sqrt{\frac{1}{(1+5x)(1+20y)}}$$

则该题等价于目标函数

$$z(x,y)=(1+5x)(1+20y)$$

在条件

$$(1+6x)(1+24y)=\frac{49}{16}, \quad x\in\left(0,\frac{1}{6}\right], \quad y\in\left(0,\frac{1}{24}\right]$$

下的最值问题，构建拉格朗日函数

$$L(x,y)=(1+5x)(1+20y)+\lambda\left[(1+6x)(1+24y)-\frac{49}{16}\right]$$

$$\begin{cases} L_x=5(1+20y)+6\lambda(1+24y)=0 \\ L_y=20(1+5x)+24\lambda(1+6x)=0 \end{cases}$$

解得

$$x=4y$$

代入条件等式得

$$x=\frac{1}{8}\in\left(0,\frac{1}{6}\right], \quad y=\frac{1}{32}\in\left(0,\frac{1}{24}\right]$$

故取 $m_A=8$（元）、$m_B=32$（元）为制定的价格方案.

习 题 10－7

1. 求下列函数的极值：

(1) $f(x,y)=e^{2x}(x+y^2+2y)$；

(2) $f(x,y)=3x^2y+y^3-3x^2-3y^2+2$.

2. 求下列函数在约束方程下的最大值与最小值：

(1) $f(x,y)=2x+y$, $x^2+4y^2=1$；

(2) $f(x,y,z)=xyz$, $x^2+2y^2+3z^2=6$.

3. 从斜边之长为 l 的一切直角三角形中，求有最大周长的直角三角形.

第八节 方向导数与梯度

偏导数反映的是函数沿坐标轴方向的变化率. 但许多物理现象告诉我们，只考虑函数沿坐标轴方向的变化率是不够的. 例如，热空气要向冷的地方流动，气象学中就要确定大气温度、气压沿着某些方向的变化率. 因此，我们有必要来讨论函数沿任一指定方向的变化率问题.

一、方向导数

现在我们来讨论函数 $z=f(x,y)$ 在一点 P 沿某一方向的变化率问题.

1. 定义

设 l 是 xOy 平面上以 $P_0(x_0,y_0)$ 为始点的一条射线，$e_l=(\cos\alpha,\cos\beta)$ 是与 l 同方向的单位向量（图 10－8）. 射线 l 的参数方程为

$$x=x_0+t\cos\alpha, \quad y=y_0+t\cos\beta \quad (t\geqslant 0)$$

设函数 $z=f(x,y)$ 在点 $P_0(x_0,y_0)$ 的某一邻域 $U(P_0)$ 内有定义，$P(x_0+t\cos\alpha, y_0+t\cos\beta)$ 为 l 上另一点，且 $P\in U(P_0)$. 如果函数增量 $f(x_0+t\cos\alpha, y_0+t\cos\beta)-f(x_0,y_0)$ 与 P 到 P_0 的距离 $|PP_0|=t$ 的比值

$$\frac{f(x_0+t\cos\alpha,y_0+t\cos\beta)-f(x_0,y_0)}{t}$$

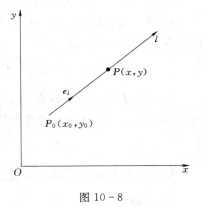

图 10－8

当 P 沿着 l 趋于 P_0（即 $t\to 0^+$）时的极限存在，则称此极限为函数 $f(x,y)$ 在点 P_0 沿方向 l 的方向导数，记作 $\dfrac{\partial f}{\partial l}\bigg|_{(x_0,y_0)}$，即

$$\frac{\partial f}{\partial l}\bigg|_{(x_0,y_0)}=\lim_{t\to 0^+}\frac{f(x_0+t\cos\alpha,y_0+t\cos\beta)-f(x_0,y_0)}{t}$$

从方向导数的定义可知，方向导数 $\dfrac{\partial f}{\partial l}\Big|_{(x_0,y_0)}$ 就是函数 $f(x,y)$ 在点 P_0 处沿方向 l 的变化率.

特别地，当函数 $f(x,y)$ 在点 $P(x,y)$ 的偏导数 f_x、f_y 存在时，函数在点 P 沿着 x 轴正向 $e_1=\{1,0\}$、y 轴正向 $e_2=\{0,1\}$ 的方向导数存在，且其值依次为 f_x、f_y. 函数 $f(x,y)$ 在点 P 沿 x 轴负向 $e_1'=\{-1,0\}$、y 轴负向 $e_2'=\{0,-1\}$ 的方向导数也存在，且其值依次为 $-f_x$、$-f_y$.

关于方向导数 $\dfrac{\partial f}{\partial l}$ 的存在及计算，我们有下面的定理.

2. 计算定理

如果函数 $z=f(x,y)$ 在点 $P_0(x_0,y_0)$ 可微分，那么函数在该点沿任一方向 l 的方向导数都存在，且有

$$\frac{\partial f}{\partial l}\Big|_{(x_0,y_0)}=f_x(x_0,y_0)\cos\alpha+f_y(x_0,y_0)\cos\beta \tag{10-39}$$

其中 $\cos\alpha$、$\cos\beta$ 是方向 l 的方向余弦.

证：设 $\Delta x=t\cos\alpha$，$\Delta y=t\cos\beta$，则

$$f(x_0+t\cos\alpha,y_0+t\cos\beta)-f(x_0,y_0)=f_x(x_0,y_0)t\cos\alpha+f_y(x_0,y_0)t\cos\beta+o(t)$$

所以

$$\lim_{t\to0^+}\frac{f(x_0+t\cos\alpha,y_0+t\cos\beta)-f(x_0,y_0)}{t}=f_x(x_0,y_0)\cos\alpha+f_y(x_0,y_0)\cos\beta$$

这就证明了方向导数的存在，且其值为

$$\frac{\partial f}{\partial l}\Big|_{(x_0,y_0)}=f_x(x_0,y_0)\cos\alpha+f_y(x_0,y_0)\cos\beta$$

提示：$f(x_0+\Delta x,y_0+\Delta y)-f(x_0,y_0)=f_x(x_0,y_0)\Delta x+f_y(x_0,y_0)\Delta y+o\left(\sqrt{(\Delta x)^2+(\Delta y)^2}\right)$

$$\Delta x=t\cos\alpha,\quad \Delta y=t\cos\beta,\quad \sqrt{(\Delta x)^2+(\Delta y)^2}=t$$

对于三元函数 $f(x,y,z)$ 来说，它在空间一点 $P_0(x_0,y_0,z_0)$ 沿 $e_l=(\cos\alpha,\cos\beta,\cos\gamma)$ 的方向导数类似可定义为

$$\frac{\partial f}{\partial l}\Big|_{(x_0,y_0,z_0)}=\lim_{t\to0^+}\frac{f(x_0+t\cos\alpha,y_0+t\cos\beta,z_0+t\cos\gamma)-f(x_0,y_0,z_0)}{t}$$

同样可证明，如果函数 $f(x,y,z)$ 在点 $P_0(x_0,y_0,z_0)$ 可微分，则函数在该点沿着方向 $e_l=(\cos\alpha,\cos\beta,\cos\gamma)$ 的方向导数为

$$\frac{\partial f}{\partial l}\Big|_{(x_0,y_0,z_0)}=f_x(x_0,y_0,z_0)\cos\alpha+f_y(x_0,y_0,z_0)\cos\beta+f_z(x_0,y_0,z_0)\cos\gamma$$

与方向导数有关联的一个概念是函数的梯度.

二、梯度

1. 定义

设函数 $z=f(x,y)$ 在平面区域 D 内具有一阶连续偏导数，则对于每一点 $P_0(x_0,y_0)$ $\in D$，都可确定一个向量 $f_x(x_0,y_0)\vec{i}+f_y(x_0,y_0)\vec{j}$，这向量称为函数 $f(x,y)$ 在点 $P_0(x_0,y_0)$ 的梯度，记作 **grad**$f(x_0,y_0)$，即

$$\mathbf{grad}\, f(x_0, y_0) = f_x(x_0, y_0)\,\vec{i} + f_y(x_0, y_0)\,\vec{j}$$

2. 梯度与方向导数的关系

如果函数 $f(x, y)$ 在点 $P_0(x_0, y_0)$ 可微分，$\mathbf{e}_l = (\cos\alpha, \cos\beta)$ 是与方向 l 同向的单位向量，则

$$\left.\frac{\partial f}{\partial l}\right|_{(x_0, y_0)} = f_x(x_0, y_0)\cos\alpha + f_y(x_0, y_0)\cos\beta$$

$$= \mathbf{grad}\, f(x_0, y_0) \cdot \mathbf{e}_l$$

$$= |\mathbf{grad}\, f(x_0, y_0)| \cdot \cos\theta$$

其中 θ 表示向量 $\mathbf{grad}\, f(x_0, y_0)$ 与 $\mathbf{e}_l$ 的夹角．由此可以看出，函数在一点的梯度与函数在这点的方向导数间的关系．特别地，当向量 $\mathbf{e}_l$ 与 $\mathbf{grad}\, f(x_0, y_0)$ 的夹角 $\theta = 0$，即沿梯度方向时，方向导数 $\left.\dfrac{\partial f}{\partial l}\right|_{(x_0, y_0)}$ 取得最大值，这个最大值就是梯度的模 $|\mathbf{grad}\, f(x_0, y_0)|$．即

$$\left.\frac{\partial f}{\partial l}\right|_{(x_0, y_0)} = |\mathbf{grad}\, f(x_0, y_0)|$$

这就是说：函数在一点的梯度是这样一个向量，它的方向是函数在这点的方向导数取得最大值的方向，它的模就等于方向导数的最大值．

*3. 梯度与等高线

我们知道，一般说来二元函数 $z = f(x, y)$ 在几何上表示一个曲面，这个曲面被平面 $z = c$（c 是常数）所截得的曲线 L 的方程为

$$\begin{cases} z = f(x, y) \\ z = c \end{cases}$$

这条曲线 L 在 xOy 面上的投影是一条平面曲线 L^*（图 10-9），它在 xOy 平面上的方程为

$$f(x, y) = c$$

对于曲线 L^* 上的一切点，已给函数的函数值都是 c，所以我们称平面曲线 L^* 为函数 $z = f(x, y)$ 的等值线．

若 f_x、f_y 不同时为零，则等值线 $f(x, y) = c$ 上任一点 $P_0(x_0, y_0)$ 处的一个单位法向量为

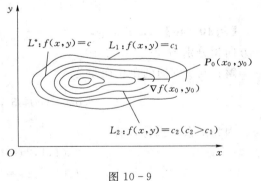

图 10-9

$$\vec{n} = \frac{1}{\sqrt{f_x^2(x_0, y_0) + f_y^2(x_0, y_0)}}\left(f_x(x_0, y_0), f_y(x_0, y_0)\right)$$

这表明梯度 $\mathbf{grad}\, f(x_0, y_0)$ 的方向与等值线在这点的法线方向 $\vec{n}$ 相同，而沿这个方向的方向导数 $\dfrac{\partial f}{\partial n}$ 就等于 $|\mathbf{grad}\, f(x_0, y_0)|$，于是

$$\mathbf{grad}\, f(x_0, y_0) = \frac{\partial f}{\partial n}\vec{n}$$

梯度概念可以推广到三元函数的情形．设函数 $f(x, y, z)$ 在空间区域 G 内具有一阶

连续偏导数，则对于每一点 $P_0(x_0,y_0,z_0) \in G$，都可定出一个向量 $f_x(x_0,y_0,z_0)\vec{i} + f_y(x_0,y_0,z_0)\vec{j} + f_z(x_0,y_0,z_0)\vec{k}$，这向量称为函数 $f(x,y,z)$ 在点 $P_0(x_0,y_0,z_0)$ 的梯度，记为 $\mathbf{grad}f(x_0,y_0,z_0)$，即

$$\mathbf{grad}f(x_0,y_0,z_0) = f_x(x_0,y_0,z_0)\vec{i} + f_y(x_0,y_0,z_0)\vec{j} + f_z(x_0,y_0,z_0)\vec{k}$$

三元函数的梯度也是这样一个向量，它的方向与取得最大方向导数的方向一致，而它的模为方向导数的最大值.

如果引进曲面为函数 $f(x,y,z)$ 的等量面的概念，则可得函数 $f(x,y,z)$ 在点 $P_0(x_0,y_0,z_0)$ 的梯度的方向与过点 P_0 的等量面 $f(x,y,z)=c$ 在这点的法线方向相同，而梯度的模等于函数沿这个法线方向的方向导数.

【例 10 - 39】 求函数 $z=xe^{2y}$ 在点 $P(1,0)$ 沿从点 $P(1,0)$ 到点 $Q(2,-1)$ 的方向的方向导数.

解： 这里方向 l 即向量 $\overrightarrow{PQ}=(1,-1)$ 的方向，与 l 同向的单位向量为

$$e_l = \left(\frac{1}{\sqrt{2}}, -\frac{1}{\sqrt{2}} \right)$$

因为函数可微分，且

$$\frac{\partial z}{\partial x}\bigg|_{(1,0)} = e^{2y}\bigg|_{(1,0)} = 1, \quad \frac{\partial z}{\partial y}\bigg|_{(1,0)} = 2xe^{2y}\bigg|_{(1,0)} = 2$$

所以所求方向导数为

$$\frac{\partial z}{\partial l}\bigg|_{(1,0)} = 1 \times \frac{1}{\sqrt{2}} + 2 \times \left(-\frac{1}{\sqrt{2}} \right) = -\frac{\sqrt{2}}{2}$$

【例 10 - 40】 求 $f(x,y,z)=xy+yz+zx$ 在点 $(1,1,2)$ 沿方向 l 的方向导数，其中 l 的方向角分别为 $60°$、$45°$、$60°$.

解： 与 l 同向的单位向量为

$$e_l = (\cos 60°, \cos 45°, \cos 60°) = \left(\frac{1}{2}, \frac{\sqrt{2}}{2}, \frac{1}{2} \right)$$

因为函数可微分，且

$$f_x(1,1,2) = (y+z)|_{(1,1,2)} = 3$$
$$f_y(1,1,2) = (x+z)|_{(1,1,2)} = 3$$
$$f_z(1,1,2) = (y+x)|_{(1,1,2)} = 2$$

所以

$$\frac{\partial f}{\partial l}\bigg|_{(1,1,2)} = 3 \times \frac{1}{2} + 3 \times \frac{\sqrt{2}}{2} + 2 \times \frac{1}{2} = \frac{1}{2}(5+3\sqrt{2})$$

【例 10 - 41】 求 $\mathbf{grad}\dfrac{1}{x^2+y^2}$.

解： 这里 $f(x,y)=\dfrac{1}{x^2+y^2}$.

因为

$$\frac{\partial f}{\partial x} = -\frac{2x}{(x^2+y^2)^2}, \quad \frac{\partial f}{\partial y} = -\frac{2y}{(x^2+y^2)^2}$$

所以
$$\mathbf{grad}\,\frac{1}{x^2+y^2}=-\frac{2x}{(x^2+y^2)^2}\mathbf{i}-\frac{2y}{(x^2+y^2)^2}\mathbf{j}$$

【例 10－42】 设 $f(x,y,z)=x^2+y^2+z^2$，求 $\mathbf{grad}f(1,-1,2)$.

解： $\mathbf{grad}f=(f_x,f_y,f_z)=(2x,2y,2z)$

于是 $\mathbf{grad}f(1,-1,2)=(2,-2,4)$

习 题 10－8

1. 求下列函数在指定点 M_0 处沿指定方向 l 的方向导数：

(1) $z=x^2+y^2$，$M_0(1,2)$，l 为从点 $(1,2)$ 到点 $(2,2+\sqrt{3})$ 的方向；

(2) $u=x\arctan\dfrac{y}{z}$，$M_0(1,2,-2)$，$l=(1,1,-1)$.

2. 求函数 $z=\ln(x+y)$ 在抛物线 $y^2=4x$ 上点 $(1,2)$ 处，沿着这抛物线在该点处偏向 x 轴正向的切线方向的方向导数.

3. 求函数 $u=xy^2+z^3-xyz$ 在点 $(1,1,2)$ 处沿方向角为 $\alpha=\dfrac{\pi}{3}$、$\beta=\dfrac{\pi}{4}$、$\gamma=\dfrac{\pi}{3}$ 的方向的方向导数.

4. 设 $f(x,y)$ 具有一阶连续的偏导数，已给四个点 $A(1,3)$、$B(3,3)$、$C(1,7)$、$D(6,15)$，若 $f(x,y)$ 在点 A 处沿 $\overrightarrow{AB}$ 方向的方向导数等于 3，而沿 $\overrightarrow{AC}$ 方向的方向导数等于 26，求 $f(x,y)$ 在点 A 处沿 $\overrightarrow{AD}$ 方向的方向导数.

5. $f(x,y,z)=x^2+2y^2+3z^2+xy+3x-2y-6z$，求 $\mathbf{grad}f(0,0,0)$ 及 $\mathbf{grad}f(1,1,1)$.

6. 问函数 $u=xy^2z$ 在点 $P(1,-1,2)$ 处沿什么方向的方向导数最大？并求此方向导数的最大值.

总 习 题 十

1. 设 $z=\sqrt{y}+f(\sqrt[3]{x}-1)$，且已知 $y=1$ 时，$z=x$，则 $f(x)=$ _____，$z=$ _____.

2. 设 $f(x,y)=\begin{cases}\dfrac{x^3}{x^2+y^2},&(x,y)\neq(0,0)\\0,&(x,y)=(0,0)\end{cases}$，则 $f_x(0,0)=$ _____，$f_y(0,0)=$

_____.

3. 设 $z=\arctan\dfrac{x+y}{x-y}$，则 $\mathrm{d}z=$ _____.

4. 设 $u=yf\left(\dfrac{y}{x}\right)+xg\left(\dfrac{x}{y}\right)$，其中 f、g 具有二阶连续偏导数，则 $x\dfrac{\partial^2 u}{\partial x^2}+y\dfrac{\partial^2 u}{\partial x\partial y}=$

_____.

5. 若函数 $z=f(x,y)$ 在点 (x_0,y_0) 处的偏导数存在，则在该点处函数 $z=f(x,y)$
（　　）.

A. 有极限   B. 连续

C. 可微　　　　　　　　　　　　D. 以上三项都不成立

6. 偏导数 $f_x(x_0, y_0)$、$f_y(x_0, y_0)$ 存在是函数 $z = f(x, y)$ 在点 (x_0, y_0) 连续的（　　）.

A. 充分条件　　　　　　　　　　B. 必要条件

C. 充要条件　　　　　　　　　　D. 既非充分也非必要条件

7. 设函数 $f(x, y) = 1 - x^2 + y^2$，则下列结论正确的是（　　）.

A. 点 $(0, 0)$ 是 $f(x, y)$ 的极小值点　　B. 点 $(0, 0)$ 是 $f(x, y)$ 的极大值点

C. 点 $(0, 0)$ 不是 $f(x, y)$ 的驻点　　D. $f(0, 0)$ 不是 $f(x, y)$ 的极值

8. 求下列极限：

(1) $\lim\limits_{(x, y) \to (0, 0)} (x^2 + y^2) \sin \dfrac{1}{xy}$;　　(2) $\lim\limits_{(x, y) \to (0, 0)} \dfrac{\sqrt{xy + 1} - 1}{x + y}$.

9. 设 $u = \mathrm{e}^{3x - y}$，而 $x^2 + y = t^2$，$x - y = t + 2$，求 $\dfrac{\mathrm{d}u}{\mathrm{d}t}\Big|_{t=0}$.

10. 设 $z = f(x, y)$ 由方程 $xy + yz + xz = 1$ 所确定，求 $\dfrac{\partial z}{\partial x}$、$\dfrac{\partial^2 z}{\partial x^2}$、$\dfrac{\partial^2 z}{\partial x \partial y}$.

11. 设 $f(u, v)$ 具有二阶连续偏导数，且满足 $\dfrac{\partial^2 f}{\partial u^2} + \dfrac{\partial^2 f}{\partial v^2} = 1$，$g(x, y) = f\left(xy, \dfrac{1}{2}(x^2 - y^2)\right)$，试证 $\dfrac{\partial^2 g}{\partial x^2} + \dfrac{\partial^2 g}{\partial y^2} = x^2 + y^2$.

12. 求函数 $f(x, y) = x^2(2 + y^2) + y \ln y$ 的极值.

13. 设函数 $u = f(x, y, z)$ 有连续偏导数，且 $z = z(x, y)$ 是由 $x\mathrm{e}^x - y\mathrm{e}^y = z\mathrm{e}^z$ 所确定的隐函数，求 $\mathrm{d}u$.

14. 设函数 $u = f(x, y, z)$ 有连续偏导数，且 $y = y(x)$，$z = z(x)$ 分别由下列两式确定：

$$\mathrm{e}^{xy} - xy = 2, \quad \mathrm{e}^x = \int_0^{x-z} \dfrac{\sin t}{t} \mathrm{d}t,$$

求 $\dfrac{\mathrm{d}u}{\mathrm{d}x}$.

15. 设 $z = z(x, y)$ 由方程 $x^2 + y^2 - z = g(x + y + z)$ 所确定，其中 g 具有二阶连续偏导数，且 $g' \neq -1$.

(1) 求 $\mathrm{d}z$;　　(2) $u(x, y) = \dfrac{1}{x - y}\left(\dfrac{\partial z}{\partial x} - \dfrac{\partial z}{\partial y}\right)$，求 $\dfrac{\partial u}{\partial x}$.

16. 求函数 $u = x^2 + y^2 + z^2$ 在约束条件 $z = x^2 + y^2$ 和 $x + y + z = 4$ 下的最大值和最小值.

第十一章 重 积 分

本章和第十二章是多元函数积分学的内容．与定积分一样，重积分也是一种和式的极限．定积分是一元函数在区间上的积分，而重积分则是多元函数在区域上的积分．本章将介绍重积分（包括二重积分和三重积分）的概念、计算方法以及它们的一些应用．

第一节 二重积分的概念与性质

在一元积分学中，我们为了计算单变量函数与坐标轴围成的平面曲边梯形的面积和变力所做的功，应用有限变无限，精确变近似，引进了定积分的概念，使问题得以解决．对于多元函数，也有类似的问题．下面通过两个例子引进二重积分的概念．

一、引例

【引例 11 - 1】 曲顶柱体的体积．

设有一空间立体，其底是 xOy 平面上的有界闭区域 D❶，它的侧面是以 D 的边界曲线为准线而母线平行于 z 轴的柱面，其顶是曲面 $z=f(x,y)$，$f(x,y)\geqslant 0$，且在 D 上连续［图 11 - 1（b）］，这种柱体称为曲顶柱体．

如何求曲顶柱体的体积 V 呢？

我们知道，平顶柱体［图 11 - 1（a）］的体积公式为

$$体积＝底面积×高$$

而曲顶柱体底面上各点处的高 $f(x,y)$ 随 x、y 连续变化，不能直接用平顶柱体的体积公式求其体积．我们按下述方法来求其体积．

（1）分割：体积具有可分性和可加性．用任意一组曲线网将区域 D 分成 n 个小区域 $\Delta\sigma_1$，$\Delta\sigma_2$，$\cdots$，$\Delta\sigma_n$，同时 $\Delta\sigma_i$ 也表示第 i 个小区域的面积，以这些小区域的边界曲线为准线，作母线平行于 z 轴的柱面，这些柱面将原来的曲顶柱体分划成 n 个小曲顶柱体．以 ΔV_i 表示以 $\Delta\sigma_i$ 为底的第 i 个小曲顶柱体的体积，V 表示以 D 为底的曲顶柱体的体积，则有

$$V = \sum_{i=1}^{n}\Delta V_i \quad （化整为零）$$

（2）近似：由于 $f(x,y)$ 连续，对于同一个小区域来说，函数值的变化不大．因此，可以将小曲顶柱体近似地看作小平顶柱体，在每个小区域 $\Delta\sigma_i$ 内任取一点 (ξ_i,η_i)，以 $f(\xi_i,\eta_i)$ 为高、以 $\Delta\sigma_i$ 为底的平顶柱体［图 11 - 1（c）］的体积 $f(\xi_i,\eta_i)\,\Delta\sigma_i$ 作为 ΔV_i 的

---

❶ 以后总假定区域有界，有有限面积或有限体积，区域的直径 d 均指区域上任意两点间距离的最大值．

近似值，即

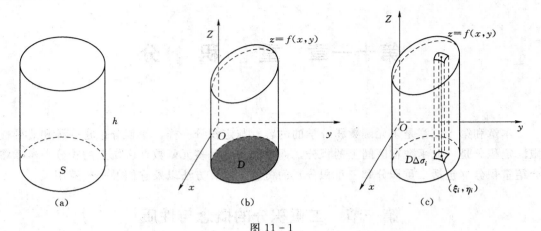

图 11-1

$\Delta V_i \approx f(\xi_i, \eta_i) \Delta\sigma_i \quad (i=1,2,3,\cdots,n)$（以不变之高代替变高，求 ΔV_i 的近似值）

（3）作和：整个曲顶柱体的体积近似值为

$$V \approx \sum_{i=1}^{n} f(\xi_i, \eta_i) \Delta\sigma_i$$

（4）求极限：当分割越来越细，小区域 $\Delta\sigma_i$ 越来越小，且逐渐收缩接近于一个点时，总和 $\sum_{i=1}^{n} f(\xi_i, \eta_i) \Delta\sigma_i$ 就越来越接近于真值 V. 用 d_i 表示小区域 $\Delta\sigma_i$ 内任意两点间距离的最大值，称为该区域的直径，如果当 $d=\max\{d_1, d_2, \cdots, d_n\}$ 趋于零时，$\sum_{i=1}^{n} f(\xi_i, \eta_i) \Delta\sigma_i$ 的极限存在，我们就将这个极限值定义为曲顶柱体的体积，即

$$V = \lim_{d \to 0} \sum_{i=1}^{n} f(\xi_i, \eta_i) \Delta\sigma_i$$

【引例 11-2】　平面薄片的质量

设有一平面薄片（图 11-2）占有 xOy 面上的有界闭区域 D，面积为 S，其在 (x,y) 点处的面密度为 $\rho(x,y)$，$\rho(x,y)>0$ 且在 D 上连续，如何求该薄片的质量 m 呢？

我们知道，当面密度是常数时，质量＝面密度×面积. 而现在面密度 $\rho(x,y)$ 随 x、y 连续变化，不能直接用上述公式求其质量. 与求曲顶柱体体积的思路一样.

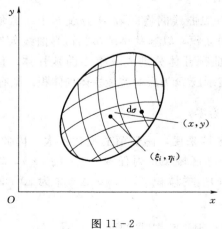

图 11-2

（1）分割：质量具有可分性和可加性. 用任意一组曲线网将区域 D 分成 n 个小区域 $\Delta\sigma_1$，$\Delta\sigma_2$，$\cdots$，$\Delta\sigma_n$，同时 $\Delta\sigma_i$ 也表示第 i 个小区域的面积，以 Δm_i 表示第 i 个小区域的质量，则有

$$m = \sum_{i=1}^{n} \Delta m_i \quad （化整为零）$$

（2）近似：由于 $\rho(x,y)$ 连续，每小片区域的密度可近似地看作是均匀的，那么第 i 小块区域（图 $11-2$）的近似质量可取为

$$\rho(\xi_i,\eta_i)\Delta\sigma_i,\quad \forall\,(\xi_i,\eta_i)\in\Delta\sigma_i$$

（3）作和：整个薄片的质量近似值为

$$m\approx\sum_{i=1}^{n}\rho(\xi_i,\eta_i)\Delta\sigma_i$$

（4）求极限：同样用 d_i 表示小区域 $\Delta\sigma_i$ 内任意两点间距离的最大值，如果 $d=\max\{d_1,d_2,\cdots,d_n\}$ 趋于零时，$\sum\limits_{i=1}^{n}\rho(\xi_i,\eta_i)\Delta\sigma_i$ 的极限存在，我们就将这个极限值定义为平面薄片的质量，即 $m=\lim\limits_{d\to0}\sum\limits_{i=1}^{n}\rho(\xi_i,\eta_i)\Delta\sigma_i$ ．

上面两个实例：一个是几何学中的曲顶柱体体积，一个是物理学中的平面薄片的质量．虽然两例的实际意义不同，但数学结构一样，都是求二元函数同一形式的和的极限问题．在物理、力学、几何和工程技术中，有许多物理量或几何量都可归结为这一形式的和的极限．将这些共性抽象出来，就有如下的二重积分定义．

二、二重积分的概念

定义 11-1　设 $f(x,y)$ 是闭区域 D 上的有界函数，将区域 D 分成 n 个小区域

$$\Delta\sigma_1,\Delta\sigma_2,\cdots,\Delta\sigma_n$$

其中 $\Delta\sigma_i$ 既表示第 i 个小区域，也表示它的面积，d_i 表示它的直径，$d=\max\limits_{1\leqslant i\leqslant n}\{d_i\}$．任意取 $(\xi_i,\eta_i)\in\Delta\sigma_i(i=1,2,\cdots,n)$，作乘积 $f(\xi_i,\eta_i)\Delta\sigma_i$，并作和式 $\sum\limits_{i=1}^{n}f(\xi_i,\eta_i)\Delta\sigma_i$．若极限 $\lim\limits_{d\to0}\sum\limits_{i=1}^{n}f(\xi_i,\eta_i)\Delta\sigma_i$ 存在，则称此极限值为函数 $f(x,y)$ 在区域 D 上的二重积分，记作 $\iint\limits_{D}f(x,y)\mathrm{d}\sigma$．即

$$\iint\limits_{D}f(x,y)\mathrm{d}\sigma=\lim\limits_{d\to0}\sum\limits_{i=1}^{n}f(\xi_i,\eta_i)\Delta\sigma_i$$

其中 $f(x,y)$ 称之为被积函数，$f(x,y)\mathrm{d}\sigma$ 称之为被积表达式，$\mathrm{d}\sigma$ 称之为面积元素，D 称之为积分区域，$\sum\limits_{i=1}^{n}f(\xi_i,\eta_i)\Delta\sigma_i$ 称之为积分和．

在二重积分定义中，对区域 D 的分割是任意的，如果在直角坐标系中用平行于 x 轴和 y 轴的直线分割 D，则除含边界点上的一些微闭区域外，其余微区域都是矩形区域，故面积元 $\mathrm{d}\sigma=\mathrm{d}x\mathrm{d}y$（图 $11-3$），所以二重积分 $\iint\limits_{D}f(x,y)\mathrm{d}\sigma=\iint\limits_{D}f(x,y)\mathrm{d}x\mathrm{d}y$．

需要指出的是：

（1）定义中的有界只是可积的必要条件，不是充分条件，$f(x,y)$ 具备什么条件才可积呢？有以下重要结论：若 $f(x,y)$ 在 D 上连续，则 $f(x,y)$ 在 D 上的二重积分必定存在．以后总假定 $f(x,y)$ 在 D 上连续．

（2）根据二重积分定义，前面讲的曲顶柱体体积 V 就是 $f(x,y)$ 在底 D 上的二重积分，即 $V = \iint\limits_{D} f(x,y)\mathrm{d}\sigma$，这就是二重积分的几何意义．而前面讲的平面薄片质量就是 $\rho(x,y)$ 在 D 上的二重积分，即 $m = \iint\limits_{D} \rho(x,y)\mathrm{d}\sigma$，这就是二重积分的物理意义．

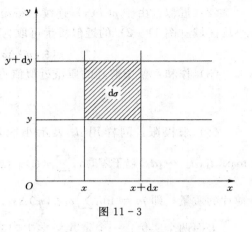

图 11 - 3

三、二重积分的性质

比较二重积分和定积分的定义，可以推断二重积分与定积分有类似的性质：

性质 1　常数因子可以提到积分号前，即

$$\iint\limits_{D} k f(x,y)\mathrm{d}\sigma = k \iint\limits_{D} f(x,y)\mathrm{d}\sigma$$

性质 2　函数和的二重积分等于各函数的二重积分的和，即

$$\iint\limits_{D} [f(x,y) + g(x,y)]\mathrm{d}\sigma = \iint\limits_{D} f(x,y)\mathrm{d}\sigma + \iint\limits_{D} g(x,y)\mathrm{d}\sigma$$

性质 3（二重积分的可加性）　若 D 被分为两个闭区域 D_1 与 D_2，则

$$\iint\limits_{D} f(x,y)\mathrm{d}\sigma = \iint\limits_{D_1} f(x,y)\mathrm{d}\sigma + \iint\limits_{D_2} f(x,y)\mathrm{d}\sigma$$

性质 4　若在 D 上，$f(x,y) \equiv 1$，σ 为 D 的面积，则

$$\iint\limits_{D} 1\mathrm{d}\sigma = \sigma$$

性质 5（二重积分比较定理）　若在 D 上，$f(x,y) \leqslant g(x,y)$，则

$$\iint\limits_{D} f(x,y)\mathrm{d}\sigma \leqslant \iint\limits_{D} g(x,y)\mathrm{d}\sigma$$

特殊地，由 $-|f(x,y)| \leqslant f(x,y) \leqslant |f(x,y)|$，可得

$$\left| \iint\limits_{D} f(x,y)\mathrm{d}\sigma \right| \leqslant \iint\limits_{D} |f(x,y)|\,\mathrm{d}\sigma$$

性质 6（二重积分估值定理）　若在 D 上，$f(x,y)$ 的最大值和最小值分别为 M 和 m，则

$$m\sigma \leqslant \iint\limits_{D} f(x,y)\mathrm{d}\sigma \leqslant M\sigma$$

性质 7（二重积分中值定理）　若 $f(x,y)$ 在 D 上连续，则在 D 上至少存在一点 (ξ,η)，使得

$$\iint\limits_{D} f(x,y)\mathrm{d}\sigma = f(\xi,\eta)\sigma$$

【例 11 - 1】　估计二重积分 $\iint\limits_{D} (x^2 + 4y^2 + 9)\mathrm{d}\sigma$ 的值，D 是圆域 $x^2 + y^2 \leqslant 4$．

解： 求被积函数 $f(x,y)=x^2+4y^2+9$ 在区域 D 上可能的最值

$$\begin{cases} \dfrac{\partial f}{\partial x}=2x=0 \\[2mm] \dfrac{\partial f}{\partial y}=8y=0 \end{cases}$$

$(0,0)$ 是驻点，且 $f(0,0)=9$；在边界上，

$$f(x,y)=x^2+4(4-x^2)+9=25-3x^2\,(-2\leqslant x\leqslant 2),\ 13\leqslant f(x,y)\leqslant 25$$

所以 　　　　　　　　　　　　　$f_{\min}=9,\quad f_{\max}=25$

于是有 　　　$36\pi=9\times 4\pi\leqslant \iint\limits_{D}(x^2+4y^2+9)\mathrm{d}\sigma\leqslant 25\times 4\pi=100\pi$

习　题　11－1

1. 利用二重积分定义证明：

(1) $\iint\limits_{D}\mathrm{d}\sigma=\sigma$，其中 σ 为 D 的面积；

(2) $\iint\limits_{D}kf(x,y)\mathrm{d}\sigma=k\iint\limits_{D}f(x,y)\mathrm{d}\sigma$，其中 k 为常数；

(3) $\iint\limits_{D}f(x,y)\mathrm{d}\sigma=\iint\limits_{D_1}f(x,y)\mathrm{d}\sigma+\iint\limits_{D_2}f(x,y)\mathrm{d}\sigma$，其中 $D=D_1\bigcup D_2$，且 D_1、D_2 为两个

无公共内点的闭区域.

2. 根据二重积分的性质比较下列积分的大小：

(1) $\iint\limits_{D}(x+y)^2\mathrm{d}\sigma$ 与 $\iint\limits_{D}(x+y)^3\mathrm{d}\sigma$，其中 D 由 x 轴、y 轴与 $x+y=1$ 所围成；

(2) $\iint\limits_{D}(x+y)^2\mathrm{d}\sigma$ 与 $\iint\limits_{D}(x+y)^3\mathrm{d}\sigma$，其中 D 由圆周 $(x-2)^2+(y-1)^2=2$ 所围成；

(3) $\iint\limits_{D}\ln(x+y)\mathrm{d}\sigma$ 与 $\iint\limits_{D}[\ln(x+y)]^2\mathrm{d}\sigma$，其中 D 是三角形闭区域三个顶点，分别是

$(1,0)$、$(1,1)$、$(2,0)$；

(4) $\iint\limits_{D}\ln(x+y)\mathrm{d}\sigma$ 与 $\iint\limits_{D}[\ln(x+y)]^2\mathrm{d}\sigma$，其中 $D=\{(x,y)\,|\,3\leqslant x\leqslant 5,0\leqslant y\leqslant 1\}$.

3. 利用二重积分的性质估计下列积分的值：

(1) $I=\iint\limits_{D}xy(x+y)\mathrm{d}\sigma$，其中 $D=\{(x,y)\,|\,0\leqslant x\leqslant 1,0\leqslant y\leqslant 1\}$；

(2) $I=\iint\limits_{D}\sin^2 x\sin^2 y\mathrm{d}\sigma$，其中 $D=\{(x,y)\,|\,0\leqslant x\leqslant \pi,0\leqslant y\leqslant \pi\}$；

(3) $I=\iint\limits_{D}(x+y+1)\mathrm{d}\sigma$，其中 $D=\{(x,y)\,|\,0\leqslant x\leqslant 1,0\leqslant y\leqslant 2\}$；

(4) $I=\iint\limits_{|x|+|y|\leqslant 10}\dfrac{1}{100+\cos^2 x+\sin^2 y}\mathrm{d}\sigma$ 的值.

第二节 二重积分的计算法

与定积分一样，直接按定义计算二重积分是很难的．解决的方法是在二重积分存在的前提下，利用对积分区域的特殊分割方法，将二重积分化为两个有序的定积分——二次积分来计算．

一、在直角坐标系下化二重积分为二次积分

根据二重积分的几何意义，二重积分 $\iint\limits_{D} f(x,y)\mathrm{d}\sigma$ 的值等于以 D 为底，以曲面 $z = f(x,y)$ 为顶的曲顶柱体的体积．

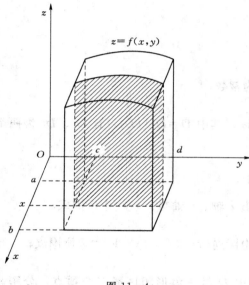

图 11-4

如何计算曲顶柱体的体积呢？首先就矩形积分区域 $D(a \leqslant x \leqslant b, c \leqslant y \leqslant d)$ 上的曲顶柱体进行分析．先过 x 轴上 $[a,b]$ 区间任意一点 x 作垂直于 x 轴的平面．该平面截曲顶柱体，所得截面是一个以 $[c,d]$ 为底，曲线 $f(x,y)$ 为曲边的曲边梯形（图11-4），其截面面积 $A(x)$ 为

$$A(x) = \int_c^d f(x,y)\mathrm{d}y$$

根据《高等数学（上册）》第七章中由截面面积求体积的方法，只要将 $A(x)$ 在区间 $[a,b]$ 对 x 再积分一次，即

$$\int_a^b A(x)\mathrm{d}x = \int_a^b \left[\int_c^d f(x,y)\mathrm{d}y\right]\mathrm{d}x$$

便得到曲顶柱体的体积 V，即

$$V = \int_a^b A(x)\mathrm{d}x = \int_a^b \left[\int_c^d f(x,y)\mathrm{d}y\right]\mathrm{d}x$$

这个先对 y、后对 x 的二次积分通常记为 $\int_a^b \mathrm{d}x \int_c^d f(x,y)\mathrm{d}y$，于是有

$$V = \int_a^b A(x)\mathrm{d}x = \int_a^b \left[\int_c^d f(x,y)\mathrm{d}y\right]\mathrm{d}x = \int_a^b \mathrm{d}x \int_c^d f(x,y)\mathrm{d}y$$

这就是把二重积分化为先对 y、后对 x 的二次积分的积分公式．

类似地，可得如下的把二重积分化为先对 x、后对 y 的二次积分的积分公式：

$$V = \int_c^d \left[\int_a^b f(x,y)\mathrm{d}x\right]\mathrm{d}y = \int_c^d \mathrm{d}y \int_a^b f(x,y)\mathrm{d}x$$

不难看出 $\int_a^b \mathrm{d}x \int_c^d f(x,y)\mathrm{d}y = \int_c^d \mathrm{d}y \int_a^b f(x,y)\mathrm{d}x$，说明矩形区域 D 上的二重积分化为二次积分时，既可化为先对 y、后对 x 的二次积分，也可化为先对 x、后对 y 的二次积分．但究竟化为哪一种，要视哪一种计算更为简便而定．

【**例 11-2**】　计算积分 $\iint\limits_D (x+y)^2 \mathrm{d}x\mathrm{d}y$，其中 D：$0 \leqslant x \leqslant 1$，$0 \leqslant y \leqslant 2$．

解：
$$\iint\limits_D (x+y)^2 \mathrm{d}x\mathrm{d}y = \int_0^1 \mathrm{d}x \int_0^2 (x+y)^2 \mathrm{d}y = \int_0^1 \mathrm{d}x \int_0^2 (x+y)^2 \mathrm{d}(x+y)$$

$$= \int_0^1 \frac{1}{3}(x+y)^3 \Big|_0^2 \mathrm{d}x = \frac{1}{3}\int_0^1 \left[(x+2)^3 - x^3\right]\mathrm{d}x$$

$$= \frac{1}{12}(x+2)^4 \Big|_0^1 - \frac{1}{12}x^4 \Big|_0^1$$

$$= \frac{1}{12}(3^4 - 2^4) - \frac{1}{12}(1^4 - 0) = \frac{65}{12} - \frac{1}{12} = \frac{64}{12} = \frac{16}{3}$$

【**例 11-3**】　计算积分 $\iint\limits_D x\mathrm{e}^{xy}\mathrm{d}x\mathrm{d}y$，其中 D：$0 \leqslant x \leqslant 1$，$-1 \leqslant y \leqslant 0$．

解：
$$\iint\limits_D x\mathrm{e}^{xy}\mathrm{d}x\mathrm{d}y = \int_0^1 \mathrm{d}x \int_{-1}^0 x\mathrm{e}^{xy}\mathrm{d}y = \int_0^1 \mathrm{d}x \int_{-1}^0 \mathrm{e}^{xy}\mathrm{d}(xy)$$

$$= \int_0^1 \mathrm{e}^{xy} \Big|_{-1}^0 \mathrm{d}x = \int_0^1 (1 - \mathrm{e}^{-x})\mathrm{d}x$$

$$= (x + \mathrm{e}^{-x}) \Big|_0^1 = 1 + \frac{1}{\mathrm{e}} - \mathrm{e}^0 = \frac{1}{\mathrm{e}}$$

若积分区域 D 不是矩形，而是一般的平面区域（图 11-5）．一般的平面区域主要有两种形式：X 型区域和 Y 型区域．

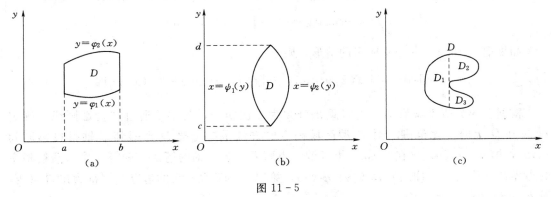

图 11-5

图 11-5（a）所示的区域为 X 型区域，该区域 D 可以表示为

$$D = \{(x,y) \mid a \leqslant x \leqslant b, \quad \varphi_1(x) \leqslant y \leqslant \varphi_2(x)\}$$

图 11-5（b）所示的区域为 Y 型区域，该区域 D 可以表示为

$$D = \{(x, y) \mid c \leqslant y \leqslant d, \quad \psi_1(y) \leqslant x \leqslant \psi_2(y)\}$$

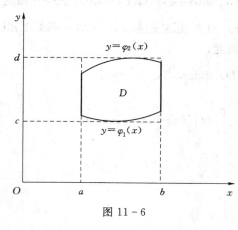

图 11-6

X 型区域的特点是：穿过 D 内部且平行于 y 轴的直线与 D 的边界不多于两个交点．Y 型区域的特点是：穿过 D 的内部且平行于 x 轴的直线与 D 的边界不多于两个交点．如果超过两个交点 ［图 11-5（c）］，则需把 D 分成若干个小区域 （如 D_1、D_2、D_3），使每个小区域要么是 X 型区域，要么是 Y 型区域．

在一般的平面区域上怎样把二重积分化为二次积分呢？下面以 X 型区域为例进行剖析．

将定义域 D 拓广到包含 D 的矩形 $\overline{D}$：$a \leqslant x \leqslant b$，$c \leqslant y \leqslant d$ （图 11-6），在 $\overline{D}$ 上定义函数 $F(x, y)$，即

$$F(x, y) = \begin{cases} f(x, y), & (x, y) \in D \\ 0, & (x, y) \notin D \end{cases}$$

于是有

$$\iint\limits_{D} f(x, y)\mathrm{d}x\mathrm{d}y = \iint\limits_{\overline{D}} F(x, y)\mathrm{d}x\mathrm{d}y = \int_a^b \mathrm{d}x \int_c^d F(x, y)\mathrm{d}y$$

$$= \int_a^b \mathrm{d}x \left[\int_c^{\varphi_1(x)} 0\mathrm{d}y + \int_{\varphi_1(x)}^{\varphi_2(x)} f(x, y)\mathrm{d}y + \int_{\varphi_2(x)}^d 0\mathrm{d}y \right]$$

$$= \int_a^b \mathrm{d}x \int_{\varphi_1(x)}^{\varphi_2(x)} f(x, y)\mathrm{d}y$$

这就是在 X 型区域上把一般二重积分化为先对 y、后对 x 的二次积分的公式．

同理，在 Y 型区域上，把一般二重积分化为二次积分，亦有如下公式：

$$\iint\limits_{D} f(x, y)\mathrm{d}x\mathrm{d}y = \int_c^d \mathrm{d}y \int_{\psi_1(y)}^{\psi_2(y)} f(x, y)\mathrm{d}x$$

如果遇上图 11-5（c）所示的情形，则有

$$\iint\limits_{D} f(x, y)\mathrm{d}x\mathrm{d}y = \iint\limits_{D_1} f(x, y)\mathrm{d}x\mathrm{d}y + \iint\limits_{D_2} f(x, y)\mathrm{d}x\mathrm{d}y + \iint\limits_{D_3} f(x, y)\mathrm{d}x\mathrm{d}y$$

根据上面分析不难看出，把二重积分化为二次积分，关键是通过"投影画线"确定 x、y 在 D 上的变化范围．对 X 型区域确定的方法是：先把 D 投影到 x 轴得投影区间 $[a, b]$，即 $a \leqslant x \leqslant b$，再在 $[a, b]$ 上任取一点画平行于 y 轴的箭线，则第一次与箭线相交的边界线 （称为入口曲线）设为 $y = \varphi_1(x)$，第二次与箭线相交的边界线 （称为出口曲线）设为 $y = \varphi_2(x)$，即 $\varphi_1(x) \leqslant y \leqslant \varphi_2(x)$，于是 D 可以表示为

$$D = \{(x, y) \mid a \leqslant x \leqslant b, \quad \varphi_1(x) \leqslant y \leqslant \varphi_2(x)\}$$

同样，对 Y 型区域，先把 D 投影到 y 轴，再画平行于 x 轴的箭线，就可确定 $[c, d]$、$\psi_1(y)$、$\psi_2(y)$，于是 D 可以表示为

$$D = \{(x, y) \mid c \leqslant y \leqslant d, \quad \psi_1(y) \leqslant x \leqslant \psi_2(y)\}$$

【**例 11 - 4**】 计算 $\iint\limits_D xy\mathrm{d}\sigma$，其中 D 由直线 $y=1$、$x=2$ 及 $y=x$ 所围成.

解： 先画出积分区域 D（图 11 - 7）. 显然 D 在 x 轴上的投影是 $[1,2]$，$\forall x\in[1,2]$，画平行于 y 轴的箭线，得

$$y=\varphi_1(x)=1, \quad y=\varphi_2(x)=x$$

于是

$$\iint\limits_D xy\mathrm{d}\sigma = \int_1^2 \mathrm{d}x\int_1^x xy\mathrm{d}y = \int_1^2 \left(x\times\frac{1}{2}y^2\right)\Big|_1^x \mathrm{d}x = \int_1^2 \left(\frac{1}{2}x^3 - \frac{1}{2}x\right)\mathrm{d}x$$

$$= \left(\frac{1}{8}x^4 - \frac{1}{4}x^2\right)\Big|_1^2 = (2-1) - \left(\frac{1}{8} - \frac{1}{4}\right) = \frac{9}{8}$$

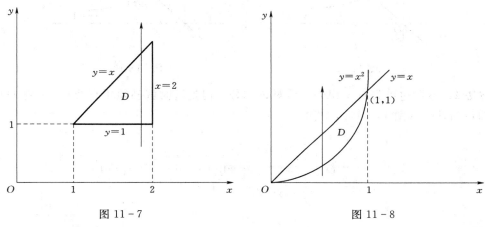

图 11 - 7 图 11 - 8

【**例 11 - 5**】 计算 $\iint\limits_D x^2 y\mathrm{d}x\mathrm{d}y$，其中 D 由 $y=x$ 与 $y=x^2$ 所围成.

解： 先画出积分区域 D（图 11 - 8）. 显然 $y=x$ 与 $y=x^2$ 的交点是 $(0,0)$、$(1,1)$，D 在 x 轴上的投影是 $[0,1]$，$\forall x\in[0,1]$，画平行于 y 轴的箭线，得 $y=\varphi_1(x)=x^2$，$y=\varphi_2(x)=x$，于是

$$\iint\limits_D x^2 y\mathrm{d}x\mathrm{d}y = \int_0^1 \mathrm{d}x\int_{x^2}^x x^2 y\mathrm{d}y = \int_0^1 \left(x^2\times\frac{1}{2}y^2\right)\Big|_{x^2}^x \mathrm{d}x$$

$$= \int_0^1 \frac{1}{2}(x^4 - x^6)\mathrm{d}x = \frac{1}{2}\left(\frac{1}{5}x^5 - \frac{1}{7}x^7\right)\Big|_0^1$$

$$= \frac{1}{2}\times\left(\frac{1}{5} - \frac{1}{7}\right) = \frac{1}{35}$$

【**例 11 - 6**】 计算 $\iint\limits_D \frac{x^2}{y}\mathrm{d}x\mathrm{d}y$，其中 D 由直线 $y=2$、$y=x$ 和曲线 $xy=1$ 所围成.

解：

方法 1： 画出区域 D（图 11 - 9），求出边界曲线的交点坐标 $A\left(\frac{1}{2},2\right)$、$B(1,1)$、$C(2,2)$，选择先对 x 积分，这时 D 的表达式为

$$\begin{cases} 1\leqslant y\leqslant 2 \\ \dfrac{1}{y}\leqslant x\leqslant y \end{cases}$$

于是 $\displaystyle\iint\limits_D \frac{x^2}{y}\mathrm{d}x\mathrm{d}y = \int_1^2 \mathrm{d}y \int_{\frac{1}{y}}^y \frac{x^2}{y}\mathrm{d}x = \int_1^2 \frac{1}{y}\left[\frac{x^3}{3}\right]\Big|_{\frac{1}{y}}^y \mathrm{d}y$

$$= \int_1^2 \frac{1}{3}\left(y^2 - \frac{1}{y^4}\right)\mathrm{d}y = \frac{1}{3}\left(\frac{1}{3}y^3 + \frac{1}{3}y^{-3}\right)\Big|_1^2 = \frac{49}{72}$$

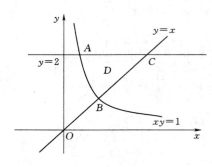

图 11 - 9　　　　　　　　　　图 11 - 10

方法 2：本题也可先对 y 积分、后对 x 积分，但是这时就必须用直线 $x=1$ 将 D 分为 D_1 和 D_2 两部分（图 11 - 10），其中

$$D_1 \begin{cases} \dfrac{1}{2} \leqslant x \leqslant 1 \\[2mm] \dfrac{1}{x} \leqslant y \leqslant 2 \end{cases}, \qquad D_2 \begin{cases} 1 \leqslant x \leqslant 2 \\[2mm] x \leqslant y \leqslant 2 \end{cases}$$

由此得

$$\iint\limits_D \frac{x^2}{y}\mathrm{d}x\mathrm{d}y = \iint\limits_{D_1} \frac{x^2}{y}\mathrm{d}x\mathrm{d}y + \iint\limits_{D_2} \frac{x^2}{y}\mathrm{d}x\mathrm{d}y$$

$$= \int_{\frac{1}{2}}^1 \mathrm{d}x \int_{\frac{1}{x}}^2 \frac{x^2}{y}\mathrm{d}y + \int_1^2 \mathrm{d}x \int_x^2 \frac{x^2}{y}\mathrm{d}y$$

$$= \int_{\frac{1}{2}}^1 x^2[\ln y]\Big|_{\frac{1}{x}}^2 \mathrm{d}x + \int_1^2 x^2[\ln y]\Big|_x^2 \mathrm{d}x$$

$$= \int_{\frac{1}{2}}^1 x^2[\ln 2 + \ln x]\mathrm{d}x + \int_1^2 x^2[\ln 2 - \ln x]\mathrm{d}x = \frac{49}{72}$$

【例 11 - 7】（选积分变量的重要性）

计算积分 $\displaystyle\iint\limits_D x\sqrt{1 - x^2 + y^2}\,\mathrm{d}x\mathrm{d}y$ ，其中 D 由直线 $x=1$、$y=x$ 及 x 轴所围成.

解：画出积分区域（图 11 - 11），先对 y 积分较困难，先对 x 积分可以用凑微分法求得，因此先对 x 积分，后对 y 积分.

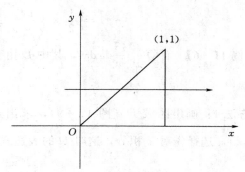

图 11 - 11

原式 $= \int_0^1 \mathrm{d}y \int_y^1 x \sqrt{1-x^2+y^2} \, \mathrm{d}x$

$$= \int_0^1 \left[-\frac{1}{2} \int_y^1 \sqrt{1-x^2+y^2} \, \mathrm{d}(1-x^2+y^2) \right] \mathrm{d}y$$

$$= -\frac{1}{3} \int_0^1 \left[(1-x^2+y^2)^{\frac{3}{2}} \right]_y^1 \mathrm{d}y = -\frac{1}{3} \int_0^1 (y^3-1) \, \mathrm{d}y = -\frac{1}{3} \left[\frac{y^4}{4} - y \right]_0^1 = \frac{1}{4}$$

【例 11 - 8】 容器储水量模型.

某无盖圆柱形容器，高为 3m，底面半径为 2m，当容器的底面倾斜与水平面成 $\frac{\pi}{4}$ 角支撑时，试问该容器可储存多少水.

解： 以容器底平面为 xOy 平面，底面中心为坐标原点 O 建立坐标系，过 O 与底面垂直向上为 z 轴正向，过 O 向底面接地点作 y 轴（正向），再按右手法则作 x 轴.
水表面（平面）的法向量为

$$\vec{n} = \left(0, -\frac{1}{\sqrt{2}}, \frac{1}{\sqrt{2}} \right)$$

水表面经过点 $(0,2,3)$，其方程为

$$z = y + 1$$

定义域为 D：$x^2 + y^2 \leqslant 4$，且 $y \geqslant -1$，容积为

$$V = \iint_D (y+1) \, \mathrm{d}\sigma$$

$$= 2 \int_{-1}^2 \mathrm{d}y \int_0^{\sqrt{4-y^2}} (y+1) \, \mathrm{d}x$$

$$= 2 \int_{-1}^2 (y+1) \sqrt{4-y^2} \, \mathrm{d}y$$

$$= -\int_{-1}^2 \sqrt{4-y^2} \, \mathrm{d}(4-y^2) + 2 \int_{-1}^2 \sqrt{4-y^2} \, \mathrm{d}y$$

$$= 3\sqrt{3} + \frac{8}{3}\pi \, (\mathrm{m}^3)$$

在二重积分中，可以利用区域 D 的对称性和被积函数的奇偶性来简化计算：

（1）设 D 关于 $x=0$ 轴（即 y 轴）对称，$\frac{1}{2}D$ 表示 D 位于 y 轴右方的部分，则

$$\iint_D f(x,y) \, \mathrm{d}\sigma = \begin{cases} 0 & f(x,y) \text{ 关于 } x \text{ 奇，即 } f(-x,y) = -f(x,y) \\ 2\iint_{\frac{1}{2}D} f(x,y) \, \mathrm{d}\sigma & f(x,y) \text{ 关于 } x \text{ 偶，即 } f(-x,y) = f(x,y) \end{cases}$$

（2）设 D 关于 $y=0$ 轴（即 x 轴）对称，$\frac{1}{2}D$ 表示 D 位于 x 轴上方的部分，则

$$\iint_D f(x,y)\mathrm{d}\sigma = \begin{cases} 0 & f(x,y) \text{关于} y \text{奇，即} f(x,-y)=-f(x,y) \\ 2\iint_{\frac{1}{2}D} f(x,y)\mathrm{d}\sigma & f(x,y) \text{关于} y \text{偶，即} f(x,-y)=f(x,y) \end{cases}$$

（3）设 D 关于原点对称，$\dfrac{1}{2}D$ 表示 D 位于 y 轴右方或 x 轴上方的部分，则

$$\iint_D f(x,y)\mathrm{d}\sigma = \begin{cases} 0 & f(-x,-y)=-f(x,y) \\ 2\iint_{\frac{1}{2}D} f(x,y)\mathrm{d}\sigma & f(-x,-y)=f(x,y) \end{cases}$$

（4）设 D 关于直线 $y=x$ 轴对称（即平面 D 具有轮换对称性），则

$$\iint_D f(x,y)\mathrm{d}\sigma = \iint_D f(y,x)\mathrm{d}\sigma$$

【例 11-9】 分拆被积函数，利用积分区域的对称性和被积函数的奇偶性积分.

计算二重积分 $I = \displaystyle\iint_{x^2+y^2\leqslant 4} (1+xy^2)\mathrm{d}x\mathrm{d}y$.

解：积分区域既是关于轴对称的，又是关于原点对称的.

（1）按轴对称计算. 将二重积分分为两个积分，第一个积分是积分区域的面积；第二个二重积分的被积函数是 x 的奇函数，又因为积分区域关于 y 轴对称，故积分值为 0，于是

$$I = \iint_{x^2+y^2\leqslant 4} (1+xy^2)\mathrm{d}x\mathrm{d}y = \iint_{x^2+y^2\leqslant 4}\mathrm{d}\sigma + \iint_{x^2+y^2\leqslant 4} xy^2\mathrm{d}\sigma$$
$$= 4\pi + 0 = 4\pi$$

（2）按原点对称计算. 第一个积分是积分区域的面积；对于第二个二重积分，由于

$$f(-x,-y)=(-x)(-y)^2=-xy^2=-f(x,y)$$

且积分区域关于原点对称，故

$$\iint_{x^2+y^2\leqslant 4} xy^2\mathrm{d}x\mathrm{d}y = 0$$

所以

$$I = \iint_{x^2+y^2\leqslant 4} (1+xy^2)\mathrm{d}x\mathrm{d}y = \iint_{x^2+y^2\leqslant 4}\mathrm{d}\sigma + \iint_{x^2+y^2\leqslant 4} xy^2\mathrm{d}\sigma$$
$$= 4\pi + 0 = 4\pi$$

二、在极坐标系下化二重积分为二次积分

我们知道，同一函数在不同坐标系中的表达式是不一样的. 有些二重积分的积分区域（如圆、圆环、扇形）的边界用极坐标方程来表示比较方便，且被积函数用极坐标变量 ρ、θ 表达比较简单，这时，我们可以考虑利用极坐标来计算该二重积分.

平面上的任意一点 $P(x,y)$（极点除外）的直角坐标和极坐标的关系为

$$\begin{cases} x=\rho\cos\theta \\ y=\rho\sin\theta \end{cases} \text{ 及 } \begin{cases} \rho^2=x^2+y^2 \\ \tan\theta=\dfrac{y}{x},\ x\neq 0 \end{cases}$$

当 $x=0$ 时，根据 (x,y) 确定 $\theta=\dfrac{\pi}{2}$ 或 $\theta=\dfrac{3\pi}{2}$.

运用上述关系式，可以对两坐标系中的方程或函数式进行互化.

设通过原点的射线与区域 D 的边界有不多于两个交点. 在极坐标系下，用一组同心圆（$\rho=$ 常数）和一组通过极点的半射线（$\theta=$ 常数）来划分 D，则除了一些含边界点的小区域外，其余小区域都是由两圆弧和两直线段所围成，半径为 ρ 和 $\rho+\mathrm{d}\rho$ 的两圆弧，倾角为 θ 和 $\theta+\mathrm{d}\theta$ 的两射线围成的面积元就是 $\mathrm{d}\sigma$（图 11-12）.

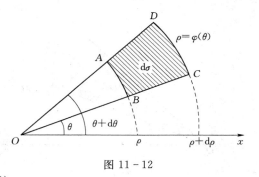

图 11-12

$$\mathrm{d}\sigma=\frac{1}{2}(\rho+\mathrm{d}\rho)^2\mathrm{d}\theta-\frac{1}{2}\rho^2\mathrm{d}\theta$$

$$=\rho\mathrm{d}\rho\mathrm{d}\theta+\frac{1}{2}(\mathrm{d}\rho)^2\mathrm{d}\theta$$

$$\approx\rho\mathrm{d}\rho\mathrm{d}\theta\quad\left[\text{略去高阶无穷小}\frac{1}{2}(\mathrm{d}\rho)^2\mathrm{d}\theta\right]$$

$\mathrm{d}\sigma$ 亦可视为以 AB、AD 为邻边的矩形，由于 $\mathrm{d}\theta\to0$ 时，$AB=\overset{\frown}{AB}=\rho\mathrm{d}\theta$，$AD=\mathrm{d}\rho$，故 $\mathrm{d}\sigma=AB\times AD=\rho\mathrm{d}\theta\cdot\mathrm{d}\rho$. 而被积函数变为

$$f(x,y)=f(\rho\cos\theta,\rho\sin\theta)$$

于是直角坐标系下的二重积分变成了极坐标系下的二重积分，即

$$\iint\limits_D f(x,y)\mathrm{d}\sigma=\iint\limits_D f(\rho\cos\theta,\rho\sin\theta)\rho\mathrm{d}\rho\mathrm{d}\theta$$

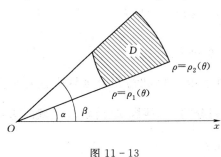

图 11-13

其中 $\mathrm{d}\sigma=\rho\mathrm{d}\rho\mathrm{d}\theta$ 称为极坐标系下的面积元素. 这种分割方式形成的二重积分形式，被默认为极坐标系下二重积分的表达形式.

计算极坐标系下的二重积分，也是将其化为二次积分.

下面分三种情况予以讨论.

（1）极点 O 在区域 D 之外，积分区域 D 可表示为 $\alpha\leqslant\theta\leqslant\beta$，$\rho_1(\theta)\leqslant\rho\leqslant\rho_2(\theta)$，如图 11-13 所示，则二重积分可化为

$$\iint\limits_D f(\rho\cos\theta,\rho\sin\theta)\rho\mathrm{d}\rho\mathrm{d}\theta=\int_\alpha^\beta\mathrm{d}\theta\int_{\rho_1(\theta)}^{\rho_2(\theta)}f(\rho\cos\theta,\rho\sin\theta)\rho\mathrm{d}\rho$$

（2）极点 O 在区域 D 的边界上，积分区域 D 可表示为 $\alpha\leqslant\theta\leqslant\beta$，$0\leqslant\rho\leqslant\rho(\theta)$，如图 11-14所示，则二重积分可化为

$$\iint\limits_D f(\rho\cos\theta,\rho\sin\theta)\rho\mathrm{d}\rho\mathrm{d}\theta=\int_\alpha^\beta\mathrm{d}\theta\int_0^{\rho(\theta)}f(\rho\cos\theta,\rho\sin\theta)\rho\mathrm{d}\rho$$

（3）极点 O 在区域 D 内部，积分区域 D 可表示为 $0\leqslant\theta\leqslant2\pi$，$0\leqslant\rho\leqslant\rho(\theta)$，如图 11-15 所示，则二重积分可化为

$$\iint\limits_D f(\rho\cos\theta,\rho\sin\theta)\rho\mathrm{d}\rho\mathrm{d}\theta=\int_0^{2\pi}\mathrm{d}\theta\int_0^{\rho(\theta)}f(\rho\cos\theta,\rho\sin\theta)\rho\mathrm{d}\rho$$

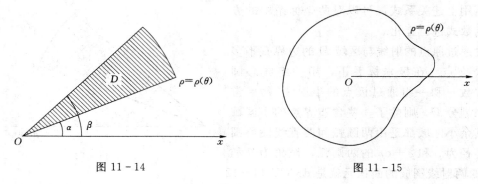

图 11 - 14　　　　　　　　　　　　　　　图 11 - 15

【例 11 - 10】　计算 $\iint\limits_{D} e^{-x^2-y^2} dxdy$，其中 D 为圆域 $x^2+y^2\leqslant 4$.

解： 由于 $\int e^{-x^2} dx$ 或 $\int e^{-y^2} dy$ 不能用初等函数表示，故在直角坐标系中是算不出来的. 而被积函数的形式比较适合在极坐标系中求解.

由 $x^2+y^2\leqslant 4$，得 $\rho\leqslant 2$，于是得积分区域为

$$0\leqslant\rho\leqslant 2,\ 0\leqslant\theta\leqslant 2\pi$$

$$\iint\limits_{D} e^{-x^2-y^2} dxdy=\iint\limits_{D} e^{-\rho^2}\rho d\rho d\theta=\int_0^{2\pi} d\theta\int_0^2 e^{-\rho^2}\rho d\rho$$

$$=-\frac{1}{2}\int_0^{2\pi} d\theta\int_0^2 e^{-\rho^2} d(-\rho^2)=-\frac{1}{2}\int_0^{2\pi} e^{-\rho^2}\Big|_0^2 d\theta$$

$$=-\frac{1}{2}\int_0^{2\pi}(e^{-4}-1)d\theta=\pi(1-e^{-4})$$

要注意，题中　　　　　$\iint\limits_{D} e^{-x^2-y^2} dxdy\neq\int_0^{2\pi} d\theta\int_0^2 e^{-4}\rho d\rho$

因为积分变量 (x,y) 在积分区域 $x^2+y^2\leqslant 4$ 中变化，因此与积分区域中任意一点 (x,y) 对应的 (ρ,θ)，都应由 $\begin{cases} x=\rho\cos\theta \\ y=\rho\sin\theta \end{cases}$ 来确定；而积分的上下限，是由积分区域的边界确定的，故应由所给区域的边界方程 $x^2+y^2=4$ 来确定.

【例 11 - 11】　计算 $\iint\limits_{D}\sqrt{x^2+y^2} dxdy$，其中 D 为圆 $x^2+y^2=2y$ 所围成.

解： 圆 $x^2+y^2=2y$ 的极坐标方程为 $\rho=2\sin\theta$，$0\leqslant\theta\leqslant\pi$，所以

$$\iint\limits_{D}\sqrt{x^2+y^2} dxdy=\iint\limits_{D}\rho\cdot\rho d\rho d\theta=\int_0^\pi d\theta\int_0^{2\sin\theta}\rho^2 d\rho$$

$$=\int_0^\pi\left(\frac{1}{3}\rho^3\right)\Big|_0^{2\sin\theta} d\theta=\frac{8}{3}\int_0^\pi\sin^3\theta d\theta$$

$$=-\frac{8}{3}\int_0^\pi(1-\cos^2\theta)d\cos\theta=-\frac{8}{3}\left(\cos\theta-\frac{1}{3}\cos^3\theta\right)\Big|_0^\pi$$

$$=-\frac{8}{3}\times\left[-1+\frac{1}{3}-\left(1-\frac{1}{3}\right)\right]=\left(-\frac{8}{3}\right)\times\left(-\frac{4}{3}\right)=\frac{32}{9}$$

【例 11 - 12】 证明 $I = \int_{-\infty}^{\infty} \mathrm{e}^{-\frac{1}{2}x^2} \mathrm{d}x = \sqrt{2\pi}$.

解： 注意到被积函数是偶函数，因而有 $I = 2\int_0^{+\infty} \mathrm{e}^{-\frac{1}{2}x^2} \mathrm{d}x$.

$$I^2 = 2\int_0^{+\infty} \mathrm{e}^{-\frac{1}{2}x^2} \mathrm{d}x \cdot 2\int_0^{+\infty} \mathrm{e}^{-\frac{1}{2}y^2} \mathrm{d}y = 4\int_0^{+\infty} \mathrm{d}x \int_0^{+\infty} \mathrm{e}^{-\frac{1}{2}(x^2+y^2)} \mathrm{d}y$$

$$= 4\int_0^{\frac{\pi}{2}} \mathrm{d}\theta \int_0^{+\infty} \mathrm{e}^{-\frac{1}{2}\rho^2} \rho \mathrm{d}\rho = -4\int_0^{\frac{\pi}{2}} \mathrm{d}\theta \int_0^{+\infty} \mathrm{e}^{-\frac{1}{2}\rho^2} \mathrm{d}\left(-\frac{1}{2}\rho^2\right)$$

$$= -4\int_0^{\frac{\pi}{2}} \mathrm{e}^{-\frac{1}{2}\rho^2} \Big|_0^{+\infty} \mathrm{d}\theta = -4\int_0^{\frac{\pi}{2}} (0-1)\mathrm{d}\theta = 4 \times \frac{\pi}{2} = 2\pi$$

故 $$I = \sqrt{2\pi}$$

利用本例的结果，可得正态分布 $N(0,1)$ 的密度函数 $\frac{1}{\sqrt{2\pi}}\mathrm{e}^{-\frac{1}{2}x^2}$ 的重要性质：

$$\int_{-\infty}^{+\infty} \frac{1}{\sqrt{2\pi}}\mathrm{e}^{-\frac{1}{2}x^2} \mathrm{d}x = 1$$

【例 11 - 13】 （2014）设平面区域 $D = \{(x,y)\,|\,1 \leqslant x^2 + y^2 \leqslant 4, x \geqslant 0, y \geqslant 0\}$，计算 $\iint\limits_D \frac{x\sin(\pi\sqrt{x^2+y^2})}{x+y}\mathrm{d}x\mathrm{d}y$.

解： 由 D（图 11 - 16）关于直线 $y = x$ 轴对称（利用轮换对称性）可得

$$\iint\limits_D \frac{x\sin(\pi\sqrt{x^2+y^2})}{x+y}\mathrm{d}x\mathrm{d}y$$

$$= \iint\limits_D \frac{y\sin(\pi\sqrt{x^2+y^2})}{x+y}\mathrm{d}x\mathrm{d}y$$

$$= \frac{1}{2}\iint\limits_D \frac{(x+y)\sin(\pi\sqrt{x^2+y^2})}{x+y}\mathrm{d}x\mathrm{d}y$$

$$= \frac{1}{2}\iint\limits_D \sin(\pi\sqrt{x^2+y^2})\mathrm{d}x\mathrm{d}y$$

$$= \frac{1}{2}\int_0^{\frac{\pi}{2}} \mathrm{d}\theta \int_1^2 \rho\sin(\pi\rho)\mathrm{d}\rho = -\frac{3}{4}$$

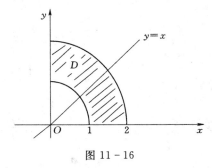

图 11 - 16

*三、二重积分的换元法

上面讨论了把二重积分从直角坐标 (x,y) 变到极坐标 (ρ,θ) 的面积元变换公式，这是换元法的一种特殊情形. 一般地，若通过变换 $x = x(u,v)$，$y = y(u,v)$，把 uOv 平面上的闭区域 D' 变为 xOy 平面上的 D，把点 $M(u,v)$ 变到点 $P(x,y)$，且当 u 增加到 $u + \mathrm{d}u$，v 增加到 $v + \mathrm{d}v$ 时，此时面积元 $\mathrm{d}\sigma$ 到底如何确定 [图 11 - 17（b）]？

显然 P 点的位置向量 $\vec{r} = \overrightarrow{OP} = x\vec{i} + y\vec{j} = x(u,v)\vec{i} + y(u,v)\vec{j}$. 当 u 固定、v 变化时，对应曲线 u；当 v 固定、u 变化时，对应曲线 v 如图 11 - 17（b）所示.

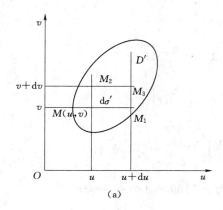

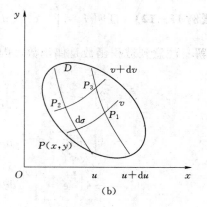

图 11-17

在 P 点曲线 v 和曲线 u 的切向量分别是 $\dfrac{\partial \vec{r}}{\partial u}$ 和 $\dfrac{\partial \vec{r}}{\partial v}$，当 u 增加到 $u+\mathrm{d}u$ 时，微分 $\dfrac{\partial \vec{r}}{\partial u}\mathrm{d}u$

是曲线 $\overset{\frown}{PP_1}$ 在 P 点的切线方向，且 $\left|\dfrac{\partial \vec{r}}{\partial u}\mathrm{d}u\right|=\left|\overset{\frown}{PP_1}\right|$；当 v 增加到 $v+\mathrm{d}v$ 时，微分 $\dfrac{\partial \vec{r}}{\partial v}\mathrm{d}v$

是曲线 $\overset{\frown}{PP_2}$ 在 P 点的切线方向，且 $\left|\dfrac{\partial \vec{r}}{\partial v}\mathrm{d}v\right|=\left|\overset{\frown}{PP_2}\right|$，故而曲边四边形 $PP_1P_3P_2$ 的面积

$\mathrm{d}\sigma$ 等于以向量 $\dfrac{\partial \vec{r}}{\partial u}\mathrm{d}u$ 和 $\dfrac{\partial \vec{r}}{\partial v}\mathrm{d}v$ 为邻边的平行四边形的面积，即 $\mathrm{d}\sigma=\left|\dfrac{\partial \vec{r}}{\partial u}\times\dfrac{\partial \vec{r}}{\partial v}\right|\mathrm{d}u\mathrm{d}v$，因为

$$\frac{\partial \vec{r}}{\partial u}\times\frac{\partial \vec{r}}{\partial v}=\begin{vmatrix} \vec{i} & \vec{j} & \vec{k} \\ \dfrac{\partial x}{\partial u} & \dfrac{\partial y}{\partial u} & 0 \\ \dfrac{\partial x}{\partial v} & \dfrac{\partial y}{\partial v} & 0 \end{vmatrix}=\begin{vmatrix} \dfrac{\partial x}{\partial u} & \dfrac{\partial y}{\partial u} \\ \dfrac{\partial x}{\partial v} & \dfrac{\partial y}{\partial v} \end{vmatrix}\vec{k}=\frac{\partial(x,y)}{\partial(u,v)}\vec{k}$$

所以
$$\mathrm{d}\sigma=\left|\frac{\partial \vec{r}}{\partial u}\times\frac{\partial \vec{r}}{\partial v}\right|\mathrm{d}u\mathrm{d}v=\left|\frac{\partial(x,y)}{\partial(u,v)}\right|\mathrm{d}u\mathrm{d}v$$

于是
$$\iint\limits_{D}f(x,y)\mathrm{d}x\mathrm{d}y=\iint\limits_{D'}f[x(u,v),y(u,v)]\frac{\partial(x,y)}{\partial(u,v)}\mathrm{d}u\mathrm{d}v$$

此公式称为二重积分的换元公式.

对极坐标变换：$x=\rho\cos\theta$，$y=\rho\sin\theta$，$\dfrac{\partial(x,y)}{\partial(\rho,\theta)}=\begin{vmatrix} \cos\theta & -\rho\sin\theta \\ \sin\theta & \rho\cos\theta \end{vmatrix}=\rho$，所以

$$\iint\limits_{D}f(x,y)\mathrm{d}x\mathrm{d}y=\iint\limits_{D'}f(\rho\cos\theta,\rho\sin\theta)\rho\mathrm{d}\rho\mathrm{d}\theta$$

与前面推出的结果完全一致.

【例 11-14】　求由直线 $x+y=c$、$x+y=d$、$y=ax$、$y=bx$（$0<c<d$，$0<a<b$）所围成的闭区域 D［图 11-18（a）］的面积.

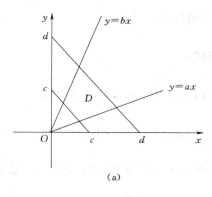
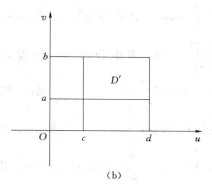

(a)   (b)

图 11-18

解： 所求面积为 $\iint\limits_{D}\mathrm{d}x\mathrm{d}y$. 上述二重积分直接化为二次积分计算较烦，现采用换元法.

令 $u=x+y$，$v=\dfrac{y}{x}$，则 $x=\dfrac{u}{1+v}$，$y=\dfrac{uv}{1+v}$. 在此变换下，D 的边界依次变为 $u=c$，$u=d$，$v=a$，$v=b$，从而对应 uOv 平面上的 D' 区域 [图 11-18 (b)].

$$D'=\{(u,v)\,|\,c\leqslant u\leqslant d,a\leqslant v\leqslant b\}$$

因 $\dfrac{\partial(x,y)}{\partial(u,v)}=\dfrac{u}{(1+v)^2}$，从而所求面积为

$$\iint\limits_{D}\mathrm{d}x\mathrm{d}y=\iint\limits_{D'}\frac{u}{(1+v)^2}\mathrm{d}u\mathrm{d}v=\int_{a}^{b}\frac{\mathrm{d}v}{(1+v)^2}\int_{c}^{d}u\,\mathrm{d}u$$

$$=\frac{(b-a)(d^2-c^2)}{2(1+a)(1+b)}$$

习　题　11-2

1. 计算下列二重积分：

(1) $\iint\limits_{D}(x^3+3x^2y+y^3)\mathrm{d}\sigma$，其中 $D=\{(x,y)\,|\,0\leqslant x\leqslant 1,0\leqslant y\leqslant 1\}$；

(2) $\iint\limits_{D}(3x+2y)\mathrm{d}\sigma$，其中 D 由 $y=0$、$x=0$ 及 $x+y=2$ 所围成；

(3) $\iint\limits_{D}x\sqrt{y}\,\mathrm{d}\sigma$，其中 D 由 $y=\sqrt{x}$ 及 $y=x^2$ 所围成；

(4) $\iint\limits_{D}xy^2\mathrm{d}\sigma$，其中 D 是由圆周 $x^2+y^2=4$ 及 y 轴所围成的右半闭区域；

(5) $\iint\limits_{D}(x^2+y^2-x)\mathrm{d}\sigma$，其中 D 由 $y=2$、$y=x$ 及 $y=2x$ 所围成；

(6) $\iint\limits_{D}x^2\sin xy\,\mathrm{d}\sigma$，其中 D 由 $y=0$、$x=1$ 及 $y=x$ 所围成；

(7) $\iint\limits_{D} \dfrac{x^2}{y^2}\mathrm{d}\sigma$，其中 D 由 $x=2$、$y=x$ 及 $xy=1$ 所围成；

(8) $\iint\limits_{D} xy^2\mathrm{d}\sigma$，其中 D 由 $y^2=4x$ 及 $x=1$ 所围成；

(9)（2005）$\iint\limits_{D} |\,x^2+y^2-1\,|\,\mathrm{d}\sigma$，其中 $D=\{(x,y)\,|\,0\leqslant x\leqslant1,0\leqslant y\leqslant1\}$；

*（10）（2008）$\iint\limits_{D} \max\{xy,1\}\mathrm{d}x\mathrm{d}y$，其中 $D=\{(x,y)\,|\,0\leqslant x\leqslant2,0\leqslant y\leqslant2\}$；

*（11）（2011）$\iint\limits_{D} xyf''_{xy}(x,y)\mathrm{d}x\mathrm{d}y$，其中 $D=\{(x,y)\,|\,0\leqslant x\leqslant1,0\leqslant y\leqslant1\}$. 已知函数
$f(x,y)$ 具有二阶连续偏导数，且 $f(1,y)=0$，$f(x,1)=0$，$\iint\limits_{D} f(x,y)\mathrm{d}x\mathrm{d}y=a$.

2. 变换下列二次积分的积分次序：

(1) $\int_0^1 \mathrm{d}y \int_0^y f(x,y)\mathrm{d}x$；

(2) $\int_0^2 \mathrm{d}y \int_{y^2}^{2y} f(x,y)\mathrm{d}x$；

(3) $\int_a^b \mathrm{d}x \int_a^x f(x,y)\mathrm{d}y$；

(4)（2001）$\int_{-1}^0 \mathrm{d}y \int_2^{1-y} f(x,y)\mathrm{d}x$.

3. 利用极坐标变换计算下列二重积分：

(1) $\iint\limits_{D} \mathrm{e}^{x^2+y^2}\mathrm{d}\sigma$，其中 D 由 $x^2+y^2=4$ 所围成；

(2) $\iint\limits_{D} \arctan\dfrac{y}{x}\mathrm{d}\sigma$，其中 D 由 $x^2+y^2=1$，$x^2+y^2=4$、$y=0$ 及 $y=x$ 所围成的第一象限部分；

(3) $\iint\limits_{D} (x^2+y^2)\mathrm{d}\sigma$，其中 D 由 $x^2+y^2=ax$ 所围成；

*（4）（1994）$\iint\limits_{D} \left(\dfrac{x^2}{a^2}+\dfrac{y^2}{b^2}\right)\mathrm{d}\sigma$，其中 D 由 $x^2+y^2=R^2$ 所围成；

(5)（2006）$\iint\limits_{D} \dfrac{1+xy}{1+x^2+y^2}\mathrm{d}\sigma$，其中 D 由 $x^2+y^2=1$ 和 $x\geqslant0$ 所围成；

*（6）（2011）$\iint\limits_{D} xy\mathrm{d}\sigma$，$D$ 由直线 $y=x$、圆 $x^2+y^2=2y$ 及 y 轴所围成；

*（7）（2012）$\iint\limits_{D} xy\mathrm{d}\sigma$，其中区域 D 由曲线 $\rho=1+\cos\theta$（$0\leqslant\theta\leqslant\pi$）与极轴围成.

第三节 三 重 积 分

一、三重积分的概念

引进三重积分的目的是为了求解立体质量这样一类问题.

已知立体的体密度为 $\rho(x,y,z)$，体积为 V，如何求该立体的质量呢？

若质量分布均匀，即体密度为常数 ρ，则立体质量 $m=\rho V$.

若质量分布不均匀，体密度 $\rho(x,y,z)$ 随 x、y、z 连续变化，此时求该立体的质量就不能用上述公式. 但可以先将该立体分成无穷多个微空间区域，其中包含点 (x,y,z) 的微空间区域为 dV，显然对任意一点 $(\xi,\eta,\zeta)\in dV$，$(\xi,\eta,\zeta)\to(x,y,z)$，$\rho(\xi,\eta,\zeta)\to\rho(x,y,z)$，即 dV 上任意一点的体密度都一样，都等于 $\rho(x,y,z)$，于是此微空间区域的质量 $dm=\rho(x,y,z)dV$，再将这无穷多个微空间区域的质量相加，若此无穷和存在，则此和即为该立体的质量.

抽去上述实例的物理意义，一般地定义三重积分如下：

定义 11-2 设 $f(x,y,z)$ 在空间立体 V 上有界，将 V 任意分成无穷多个微空间区域，其中包含点 (x,y,z) 的微空间区域及其体积都记为 dV. 作函数值 $f(x,y,z)$ 与微体积 dV 的乘积 $f(x,y,z)dV$，求和，若此无穷和收敛、有和，则称此和为 $f(x,y,z)$ 在立体 V 上的三重积分，记为 $\iiint\limits_V f(x,y,z)dV$. 其中 $f(x,y,z)$ 称为被积函数，$f(x,y,z)dV$ 称为被积表达式，dV 称为体积元素，x、y 和 z 称为积分变量，V 称为积分区域.

在直角坐标系中，如果用平行于坐标面的平面来划分 V，则除了含边界点的一些微区域外，其余区域都是边长为 dx、dy、dz 的微长方体，故 $dV=dxdydz$，因此在直角坐标系中，三重积分可表示为

$$\iiint\limits_V f(x,y,z)dxdydz$$

可以证明，当 $f(x,y,z)$ 在 V 上连续时，三重积分 $\iiint\limits_V f(x,y,z)dV$ 一定存在. 以后总假定 $f(x,y,z)$ 在 V 上连续.

根据三重积分定义，上述立体 V 的质量可表示为

$$m=\iiint\limits_V \rho(x,y,z)dV$$

二、三重积分的计算

三重积分的计算方法也是类似于二重积分的计算方法，对积分区域依据不同的分割法（由不同的坐标系而确定），将三重积分化为三个有序的定积分——三次积分来进行的.

1. 利用直角坐标系计算三重积分

假设平行于 z 轴且穿过 V 的直线与 V 的边界曲面不多于两个交点，V 在 xOy 面上的投影为闭区域 D_{xy}（图 11-19）. 以 D_{xy} 的边界线为准线作母线平行于 z 轴的柱面. 该柱面将 V 的边界曲面 S 分为下、上两部分 S_1 和 S_2，S_1 的方程是 $z=z_1(x,y)$，S_2 的方程是 $z=z_2(x,y)$，$z_1(x,y)$、$z_2(x,y)$ 都是 D_{xy} 上的连续函数，且 $z_1(x,y)\leqslant z_2(x,y)$.

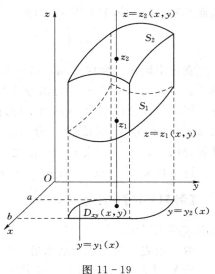

图 11-19

显然,积分区域 V 可表示为

$$V = \{(x,y,z) \mid z_1(x,y) \leqslant z \leqslant z_2(x,y), (x,y) \in D_{xy}\}$$

先将 x、y 固定,视 $f(x,y,z)$ 为 z 的函数,在区间 $[z_1(x,y), z_2(x,y)]$ 上对 z 积分,得

$$F(x,y) = \int_{z_1(x,y)}^{z_2(x,y)} f(x,y,z)\mathrm{d}z$$

然后再计算 $F(x,y)$ 在 D_{xy} 上的二重积分

$$\iint_{D_{xy}} F(x,y)\mathrm{d}\sigma = \iint_{D_{xy}} \left[\int_{z_1(x,y)}^{z_2(x,y)} f(x,y,z)\mathrm{d}z \right]\mathrm{d}\sigma$$

若闭区域 D_{xy} 为

$$D_{xy} = \{(x,y) \mid y_1(x) \leqslant y \leqslant y_2(x), a \leqslant x \leqslant b\}$$

则 D_{xy} 上的二重积分可以化为二次积分,于是得三重积分的计算公式

$$\iiint_V f(x,y,z)\mathrm{d}x\mathrm{d}y\mathrm{d}z = \int_a^b \mathrm{d}x \int_{y_1(x)}^{y_2(x)} \mathrm{d}y \int_{z_1(x,y)}^{z_2(x,y)} f(x,y,z)\mathrm{d}z$$

就把一个三重积分的计算化成了先对 z、后对 y、再对 x 的三次积分的计算.

若视 $f(x,y,z)$ 为 V 的体密度,$\mathrm{d}\sigma = \mathrm{d}x\mathrm{d}y$ 是 D_{xy} 中包含点 (x,y) 的微面积元,则 $\left[\int_{z_1(x,y)}^{z_2(x,y)} f(x,y,z)\mathrm{d}z\right]\mathrm{d}\sigma$ 表示以 $\mathrm{d}\sigma$ 为底、$z_2(x,y) - z_1(x,y)$ 为高的微柱体的质量. 而 $\left[\int_{y_1(x)}^{y_2(x)} \mathrm{d}y \int_{z_1(x,y)}^{z_2(x,y)} f(x,y,z)\mathrm{d}z\right]\mathrm{d}x$ 表示在 V 中将 x 固定,把微柱体 $\left[\int_{z_1(x,y)}^{z_2(x,y)} f(x,y,z)\mathrm{d}z\right]\mathrm{d}\sigma$ 从 $y_1(x)$ 积到 $y_2(x)$,从而得到平行于 yOz 面的厚 $\mathrm{d}x$ 的微薄片的质量,而 $\int_a^b \mathrm{d}x \int_{y_1(x)}^{y_2(x)} \mathrm{d}y \int_{z_1(x,y)}^{z_2(x,y)} f(x,y,z)\mathrm{d}z$ 则表示把 V 中全部平行于 yOz 面的微薄片的质量加起来,从而得到空间立体 V 的质量,即

$$\int_a^b \mathrm{d}x \int_{y_1(x)}^{y_2(x)} \mathrm{d}y \int_{z_1(x,y)}^{z_2(x,y)} f(x,y,z)\mathrm{d}z = \iiint_V f(x,y,z)\mathrm{d}V$$

观察上面积分顺序可知,这种顺序的三重积分的计算实际上就是先计算一个以两个曲面 $[z_1(x,y), z_2(x,y)]$ 为积分区间,以 $f(x,y,z)$ 为被积函数,z 为积分变量的定积分,再计算一个以 V 在 xOy 平面的投影区域 D_{xy} 为积分区域,以 $F(x,y)$ 为被积函数,以 x、y 为积分变量的二重积分,故这种顺序的积分方法称为先一后二积分法,又称为穿针积分法,以 $z-yx$ 或 $z-xy$ 记之.

还可化成 $x-yz$、$x-zy$、$y-xz$、$y-zx$ 四种不同顺序的三次积分.

【例 11 - 16】 计算三重积分 $\iiint_V x\mathrm{d}x\mathrm{d}y\mathrm{d}z$,其中 V 为三个坐标面及平面 $x+2y+z=1$ 所围成的闭区域.

解:用先一后二积分法求解,作闭区域 V,如图11-20所示.

把 V 投影到 xOy 面上,投影域 D_{xy} 显然是平面 $x+2y+z=1$ 与 xOy 平面的交线 $x+$

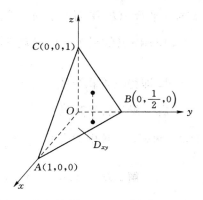

图 11-20

$2y=1$ 和 x 轴、y 轴所围成的三角形区域,所以

$$D_{xy} = \left\{ (x,y) \,\middle|\, 0 \leqslant y \leqslant \frac{1-x}{2}, 0 \leqslant x \leqslant 1 \right\}$$

过任一点 $(x,y) \in D_{xy}$ 画平行于 z 轴的直线,该直线从平面 $z=0$ 穿入 V,从 $z=1-x-2y$ 穿出 V,于是

$$\iiint\limits_V x\,\mathrm{d}x\mathrm{d}y\mathrm{d}z = \iint\limits_{D_{xy}} \mathrm{d}x\mathrm{d}y \int_0^{1-x-2y} x\,\mathrm{d}z$$

$$= \int_0^1 \mathrm{d}x \int_0^{\frac{1-x}{2}} \mathrm{d}y \int_0^{1-x-2y} x\,\mathrm{d}z = \int_0^1 x\,\mathrm{d}x \int_0^{\frac{1-x}{2}} (1-x-2y)\,\mathrm{d}y$$

$$= \frac{1}{4} \int_0^1 (x - 2x^2 + x^3)\,\mathrm{d}x = \frac{1}{4} \left(\frac{1}{2}x^2 - \frac{2}{3}x^3 + \frac{1}{4}x^4 \right) \bigg|_0^1$$

$$= \frac{1}{4} \times \left(\frac{1}{2} - \frac{2}{3} + \frac{1}{4} \right) = \frac{1}{48}$$

计算三重积分的另一思路——截面法.

设空间有界闭区域 $\Omega = \{(x,y,z) \,|\, (x,y) \in D_z, c_1 \leqslant z \leqslant c_2\}$,其中 D_z 是竖标为 z 的平面截闭区域 Ω 得到的平面闭区域(图 11-21),则有

$$\iiint\limits_\Omega f(x,y,z)\,\mathrm{d}x\mathrm{d}y\mathrm{d}z = \int_{c_1}^{c_2} \mathrm{d}z \iint\limits_{D_z} f(x,y,z)\,\mathrm{d}x\mathrm{d}y$$

这种顺序的积分方法称为先二后一积分法,又称为切片(截面)积分法,以 $yx-z$ 或 $xy-z$ 记之.

还可化成 $xz-y$、$zx-y$、$yz-x$、$zy-x$ 四种不同顺序的三次积分.

截面法的一般步骤如下:

(1) 把积分区域 Ω 向某轴(例如 z 轴)投影,得投影区间 $[c_1, c_2]$.

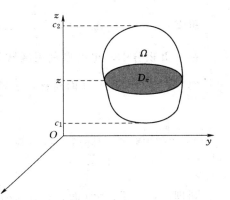

图 11-21

（2）对 $z\in[c_1,c_2]$ 用过 z 轴且平行 xOy 平面的平面去截 Ω，得截面 D_z.

（3）计算二重积分 $\iint\limits_{D_z}f(x,y,z)\mathrm{d}x\mathrm{d}y$ 其结果为 z 的函数 $F(z)$.

（4）最后计算定积分 $\int_{c_1}^{c_2}F(z)\mathrm{d}z$ 即得三重积分值.

思考：［例 11-16］能用先二后一积分法计算吗？

【例 11-17】　计算 $I=\iiint\limits_{\Omega}z^2\mathrm{d}x\mathrm{d}y\mathrm{d}z$，其中 Ω 是由 $\dfrac{x^2}{a^2}+\dfrac{y^2}{b^2}+\dfrac{z^2}{c^2}=1$ 所围成的闭区域.

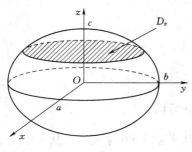

图 11-22

解： $\Omega=\left\{(x,y,z)\,\middle|\,-c\leqslant z\leqslant c,\dfrac{x^2}{a^2}+\dfrac{y^2}{b^2}\leqslant 1-\dfrac{z^2}{c^2}\right\}$

（图 11-22），用先二后一积分法.

$$D_z:\dfrac{x^2}{a^2}+\dfrac{y^2}{b^2}\leqslant 1-\dfrac{z^2}{c^2}$$

标准化得

$$D_z:\quad \dfrac{x^2}{a^2\left(1-\dfrac{z^2}{c^2}\right)}+\dfrac{y^2}{b^2\left(1-\dfrac{z^2}{c^2}\right)}\leqslant 1\quad\text{（椭圆域）}$$

$$
\begin{aligned}
I&=\iiint\limits_{\Omega}z^2\mathrm{d}x\mathrm{d}y\mathrm{d}z\\
&=\int_{-c}^{c}z^2\mathrm{d}z\iint\limits_{D_z}\mathrm{d}x\mathrm{d}y\\
&=\pi ab\int_{-c}^{c}\left(1-\dfrac{z^2}{c^2}\right)z^2\mathrm{d}z\quad\left[\text{其中}\iint\limits_{D_z}\mathrm{d}x\mathrm{d}y=D_z\text{的面积}=\pi ab\left(1-\dfrac{z^2}{c^2}\right)\right]\\
&=\dfrac{4}{15}\pi abc^3
\end{aligned}
$$

思考： $\iiint\limits_{\Omega}x^2\mathrm{d}x\mathrm{d}y\mathrm{d}z=?$，$\iiint\limits_{\Omega}y^2\mathrm{d}x\mathrm{d}y\mathrm{d}z=?$

在三重积分中，也可以利用区域 V 的对称性和 $f(x,y,z)$ 的奇偶性来简化计算.

（1）设 V 关于 $z=0$ 面对称，$\dfrac{1}{2}V$ 表示 V 位于 $z=0$ 面上方的部分，则

$$
\iiint\limits_{V}f(x,y,z)\mathrm{d}V=\begin{cases}0 & f(x,y,z)\text{关于}z\text{奇，即}f(x,y,-z)=-f(x,y,z)\\[2mm]2\iiint\limits_{\frac{1}{2}V}f(x,y,z)\mathrm{d}V & f(x,y,z)\text{关于}z\text{偶，即}f(x,y,-z)=f(x,y,z)\end{cases}
$$

同理，V 关于 $x=0$ 面、$y=0$ 面对称有类似的结论.

（2）设 V 关于 x 轴对称（即关于 $y=0$ 面与 $z=0$ 面对称），$\dfrac{1}{2}V$ 表示 V 位于 $z=0$ 面上方的部分，则

$$\iiint\limits_V f(x,y,z)\mathrm{d}V = \begin{cases} 0 & f(x,-y,-z)=-f(x,y,z) \\ 2\iiint\limits_{\frac{1}{2}V} f(x,y,z)\mathrm{d}V & f(x,-y,-z)=f(x,y,z) \end{cases}$$

同理，V 关于 y 轴、z 轴对称有类似的结论.

（3）设 V 关于原点对称，$\dfrac{1}{2}V$ 表示 V 位于 $z=0$ 面上方的部分，则

$$\iiint\limits_V f(x,y,z)\mathrm{d}V = \begin{cases} 0 & f(-x,-y,-z)=-f(x,y,z) \\ 2\iiint\limits_{\frac{1}{2}V} f(x,y,z)\mathrm{d}V & f(-x,-y,-z)=f(x,y,z) \end{cases}$$

（4）设 V 关于直线 $x=y=z$ 对称（即空间 V 是轮换对称区域），则

$$\iiint\limits_V f(x,y,z)\mathrm{d}V = \iiint\limits_V f(y,x,z)\mathrm{d}V = \iiint\limits_V f(z,y,x)\mathrm{d}V = \iiint\limits_V f(x,z,y)\mathrm{d}V$$

【例 11－18】 计算 $\iiint\limits_V (x+y+z)\mathrm{d}V$，其中 V 由曲面 $x^2+y^2+z^2=4$ 围成.

解：显然 V 关于原点对称，被积函数 $f(x,y,z)=x+y+z$ 中

$$f(-x,-y,-z)=-f(x,y,z)$$

所以 $\qquad\qquad\qquad\qquad \iiint\limits_V (x+y+z)\mathrm{d}V = 0$

*【例 11－19】 （2015）计算 $\iiint\limits_\Omega (x+2y+3z)\mathrm{d}x\mathrm{d}y\mathrm{d}z$，$\Omega$ 是由平面 $x+y+z=1$ 与三个坐标平面所围成的空间区域.

解：可直接计算，也可以利用轮换对称性化简后再计算.

Ω 关于 $x=y=z$ 对称，由轮换对称性得

$$\iiint\limits_\Omega (x+2y+3z)\mathrm{d}x\mathrm{d}y\mathrm{d}z = 6\iiint\limits_\Omega z\mathrm{d}x\mathrm{d}y\mathrm{d}z = 6\int_0^1 z\mathrm{d}z\iint\limits_{D_z}\mathrm{d}x\mathrm{d}y$$

其中 D_z 为平面 $Z=z$ 截空间区域 Ω 所得的截面，其面积为 $\dfrac{1}{2}(1-z)^2$. 所以

$$\iiint\limits_\Omega (x+2y+3z)\mathrm{d}x\mathrm{d}y\mathrm{d}z = 6\iiint\limits_\Omega z\mathrm{d}x\mathrm{d}y\mathrm{d}z = 6\int_0^1 z\cdot\frac{1}{2}(1-z)^2\mathrm{d}z = 3\int_0^1 (z^3-2z^2+z)\mathrm{d}z = \frac{1}{4}$$

2. 利用柱面坐标计算三重积分

设空间内一点 $M(x,y,z)$ 在 xOy 面上的投影为 P，则 M 点的位置既可由 P 点的直角坐标 (x,y) 和 $MP=z$ 确定，也可由 P 点的极坐标 (ρ,θ) 和 $MP=z$ 确定，后者 (ρ,θ,z) 称为空间点 M 的柱面坐标（图 11－23）.

它与直角坐标的关系为：$x = \rho\cos\theta$，$y = \rho\sin\theta$，$z = z$.

ρ、θ、z 的变化范围为：$0 \leqslant \rho < +\infty$，$0 \leqslant \theta \leqslant 2\pi$，$-\infty < z < +\infty$.

构成柱面坐标系的三簇坐标面分别为：$\rho =$ 常数，是以 z 轴为轴的圆柱面；$\theta =$ 常数，是过 z 轴的半平面；$z =$ 常数，是与 z 轴垂直的平面.

由于坐标 (ρ, θ, z) 总是在以 z 轴为轴、ρ 为半径的圆柱面上，故称此坐标为柱面坐标.

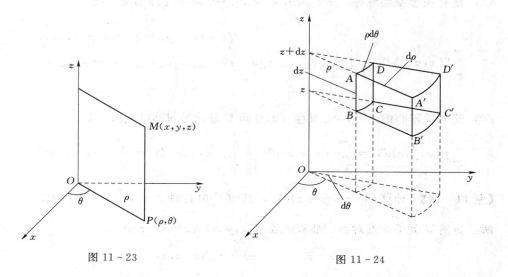

图 11 - 23　　　　　　　　　　　　　　图 11 - 24

要把三重积分 $\iiint\limits_{V} f(x, y, z)\mathrm{d}V$ 化为对柱面坐标的积分，关键是用三组坐标面把 V 任意分成无穷多个微闭区域. 除含 V 的边界点的一些不规则微闭区域外，其余微闭区域都是微长方体 $\mathrm{d}V$，其中位于 ρ，$\rho + \mathrm{d}\rho$；θ，$\theta + \mathrm{d}\theta$；$z$，$z + \mathrm{d}z$ 之间的微长方体如图 11 - 24 所示. 图中 $AD = \rho\mathrm{d}\theta$，$AA' = \mathrm{d}\rho$，$AB = \mathrm{d}z$，$\mathrm{d}V = AB \times AA' \times AD = \rho\mathrm{d}\theta\mathrm{d}\rho\mathrm{d}z$. $\mathrm{d}V$ 就是柱面坐标系下的微体积元，该微体积元也可以用三重积分换元法求得，与二重积分类似，三元变换公式为 $x = x(u, v, w)$，$y = y(u, v, w)$，$z = z(u, v, w)$，相应的微体积元为 $\dfrac{\partial(x, y, z)}{\partial(u, v, w)}$ $\mathrm{d}u\mathrm{d}v\mathrm{d}w$，当 $x = \rho\cos\theta$，$y = \rho\sin\theta$，$z = z$ 时，$\dfrac{\partial(x, y, z)}{\partial(\rho, \theta, z)} = \rho$，故微体积元也是 $\rho\mathrm{d}\rho\mathrm{d}\theta\mathrm{d}z$，于是

$$\iiint\limits_{V} f(x, y, z)\mathrm{d}x\mathrm{d}y\mathrm{d}z = \iiint\limits_{V} f(\rho\cos\theta, \rho\sin\theta, z)\rho\mathrm{d}\rho\mathrm{d}\theta\mathrm{d}z$$

这就是把三重积分从直角坐标变到柱面坐标的公式. 计算柱面坐标下的三重积分时，同样要化为三次积分.

一些特殊曲面，其方程用柱面坐标表示特别简单. 例如，圆柱面 $x^2 + y^2 = a^2$，其柱面坐标方程为 $\rho = a$；旋转抛物面 $z = x^2 + y^2$，其柱面坐标方程为 $z = \rho^2$；圆锥面 $z = a\sqrt{x^2 + y^2}$，其柱面坐标方程为 $z = a\rho$；球面 $x^2 + y^2 + z^2 = a^2$，其柱面坐标方程

为 $z=\sqrt{a^2-\rho^2}$.

当积分区域 V 是由球面、圆柱面、圆锥面、旋转抛物面、平面等围成，或 V 的投影是圆域或环域，且被积函数由柱面坐标表示比较简单时，可考虑用柱面坐标来计算三重积分.

【例 11 - 20】 计算三重积分 $\iiint\limits_V z\mathrm{d}x\mathrm{d}y\mathrm{d}z$，其中 V 是以原点为中心、R 为半径的上半球体.

解：

方法 1： 柱面坐标法.

把 V 投影到 xOy 面上，得半径为 R 的圆形闭区域：

$$D_{xy}=\{(\rho,\theta)\,|\,0\leqslant\rho\leqslant R,0\leqslant\theta\leqslant2\pi\}$$

过任一点 $(\rho,\theta)\in D_{xy}$ 作平行于 z 轴的直线，该直线从 $z=0$ 穿入 V，从 $z=\sqrt{R^2-\rho^2}$ 穿出 V，于是

$$\iiint\limits_V z\mathrm{d}x\mathrm{d}y\mathrm{d}z=\iiint\limits_V z\rho\mathrm{d}\rho\mathrm{d}\theta\mathrm{d}z=\int_0^{2\pi}\mathrm{d}\theta\int_0^R\rho\mathrm{d}\rho\int_0^{\sqrt{R^2-\rho^2}}z\mathrm{d}z$$

$$=\frac{1}{2}\int_0^{2\pi}\mathrm{d}\theta\int_0^R\rho(R^2-\rho^2)\mathrm{d}\rho=\frac{1}{2}\int_0^{2\pi}\mathrm{d}\theta\int_0^R(R^2\rho-\rho^3)\mathrm{d}\rho$$

$$=\frac{1}{2}\times2\pi\left(\frac{R^2\rho^2}{2}-\frac{\rho^4}{4}\right)\Big|_0^R=\pi\left(\frac{1}{2}R^4-\frac{1}{4}R^4\right)=\frac{\pi R^4}{4}$$

方法 2： 先二后一法（截面法）.

V 可表示为

$$V=\{(x,y,z)\,|\,0\leqslant z\leqslant R,x^2+y^2\leqslant R^2-z^2\}$$

于是有

$$\iiint\limits_V z\mathrm{d}x\mathrm{d}y\mathrm{d}z=\int_0^R z\mathrm{d}z\iint\limits_{D_z}\mathrm{d}x\mathrm{d}y=\int_0^R z\pi(R^2-z^2)\mathrm{d}z$$

$$=\pi\left(\frac{1}{2}R^2z^2-\frac{1}{4}z^4\right)\Big|_0^R=\frac{\pi}{4}R^4$$

【例 11 - 21】 利用柱面坐标计算 $\iiint\limits_V(x+y+z)\mathrm{d}V$，其中 V 由 $x^2+y^2+z^2=4$ 与 $x^2+y^2=3z$ 所围成的区域.

解： 把 V 投影到 xOy 面上，得半径为 $\sqrt{3}$ 的圆形闭区域：

$$D_{xy}=\{(\rho,\theta)\,|\,0\leqslant\rho\leqslant\sqrt{3},0\leqslant\theta\leqslant2\pi\}$$

过任一点 $(\rho,\theta)\in D_{xy}$ 作平行于 z 轴的直线，该直线从 $z=\frac{1}{3}\rho^2$ 穿入，从 $z=\sqrt{4-\rho^2}$ 穿出 V. 由于 V 关于平面 $x=0$、$y=0$ 对称，且被积函数 x、y 关于变量 x、y 为奇函数，故有 $\iiint\limits_V x\mathrm{d}V=0$，$\iiint\limits_V y\mathrm{d}V=0$. 于是

$$\iiint\limits_{V}(x+y+z)\mathrm{d}V = \iiint\limits_{V}z\mathrm{d}V = \int_0^{2\pi}\mathrm{d}\theta\int_0^{\sqrt{3}}\rho\mathrm{d}\rho\int_{\frac{\rho^2}{3}}^{\sqrt{4-\rho^2}}z\mathrm{d}z$$

$$= \frac{1}{2}\int_0^{2\pi}\mathrm{d}\theta\int_0^{\sqrt{3}}\rho\left(4-\rho^2-\frac{\rho^4}{9}\right)\mathrm{d}\rho = \frac{13\pi}{4}$$

* 3. 利用球面坐标计算三重积分

设空间内一点 $M(x,y,z)$ 在 xOy 面上的投影为 P，则点 M 的位置也可用 (r,φ,θ) 确定，其中 r 为原点到点 M 的距离，φ 为有向线段 $\overrightarrow{OM}$ 与 z 轴正向的夹角，θ 为 x 轴正向逆时针转到 $\overrightarrow{OP}$ 所成的角（图 11-25）.

这样的三个数 (r,φ,θ) 称为 M 的球面坐标，它与直角坐标的关系为

$$x=r\sin\varphi\cos\theta,\ y=r\sin\varphi\sin\theta,\ z=r\cos\varphi$$

r、φ、θ 的变化范围为：$0<r<+\infty$，$0\leqslant\varphi\leqslant\pi$，$0\leqslant\theta\leqslant2\pi$.

构成球面坐标系的三簇坐标面分别为：$r=$ 常数，是以原点为球心的球面；$\varphi=$ 常数，是以原点为顶、z 轴为轴的圆锥面；$\theta=$ 常数，是过 z 轴的半平面.

由于坐标 (r,φ,θ) 总是在以原点为球心，r 为半径的球面上，故称此坐标为球面坐标.

要把三重积分 $\iiint\limits_{V}f(x,y,z)\mathrm{d}V$ 化为对球面坐标的积分，关键是用三组坐标面把 V 任意分成无穷多个微闭区域，除含 V 的边界点的一些不规则微闭区域外，其余微闭区域都是微长方体，其中位于 r，$r+\mathrm{d}r$；φ，$\varphi+\mathrm{d}\varphi$；$\theta$，$\theta+\mathrm{d}\theta$ 之间的微长方体（图 11-26），$AB=r\mathrm{d}\varphi$，$AD=r\sin\varphi\mathrm{d}\theta$，$AA'=\mathrm{d}r$，$\mathrm{d}V=AB\times AD\times AA'=r^2\sin\varphi\mathrm{d}r\mathrm{d}\varphi\mathrm{d}\theta$，$\mathrm{d}V$ 就是球面坐标系下的微体积元，由于 $\dfrac{\partial(x,y,z)}{\partial(r,\varphi,\theta)}=r^2\sin\varphi$，故用三重积分换元法求得的微体积元也是 $r^2\sin\varphi\mathrm{d}r\mathrm{d}\varphi\mathrm{d}\theta$，于是

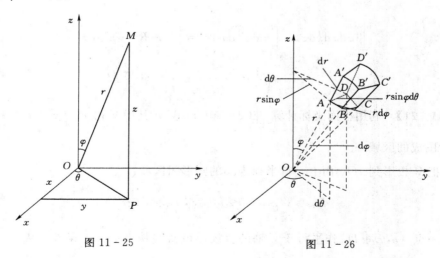

图 11-25　　　　　　　　　　图 11-26

$$\iiint\limits_{V}f(x,y,z)\mathrm{d}x\mathrm{d}y\mathrm{d}z = \iiint\limits_{V}f(r\sin\varphi\cos\theta,r\sin\varphi\sin\theta,r\cos\varphi)r^2\sin\varphi\mathrm{d}r\mathrm{d}\varphi\mathrm{d}\theta$$

这就是把三重积分从直角坐标变换到球面坐标的公式. 计算球面坐标的三重积分时，同

样要化为三次积分.

一些特殊曲面, 其方程用球面坐标表示特别简单. 例如, 球面 $x^2+y^2+z^2=a^2$ 的球面坐标方程为: $r=a$; 球面 $x^2+y^2+z^2=2az(a>0)$ 的球面坐标方程为: $r=2a\cos\varphi$; 圆锥面 $z=a\sqrt{x^2+y^2}$, 其球面坐标方程为 $\cot\varphi=a$.

当积分区域是由球面、圆锥面、坐标面等围成, 且被积函数由球面坐标表示比较简单时, 可考虑用球面坐标来计算三重积分.

【例 11 - 22】 计算 $\iiint\limits_{V}(x+z)\mathrm{d}V$, 其中 V 由 $z=\sqrt{x^2+y^2}$ 与 $z=\sqrt{1-x^2-y^2}$ 所围成.

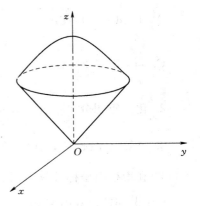

图 11 - 27

解: 作闭区域 V 如图 11 - 27 所示. 由于 V 关于 $x=0$ 平面对称, 且 $f(x,y,z)=x$ 关于 x 为奇函数, 所以 $\iiint\limits_{V}x\mathrm{d}V=0$, 于是

$$\iiint\limits_{V}(x+z)\mathrm{d}V=\iiint\limits_{V}z\mathrm{d}V=\int_0^{2\pi}\mathrm{d}\theta\int_0^{\frac{\pi}{4}}\mathrm{d}\varphi\int_0^1 r\cos\varphi\cdot r^2\sin\varphi\mathrm{d}r$$

$$=2\pi\left[\frac{1}{2}\sin^2\varphi\right]\Big|_0^{\frac{\pi}{4}}\times\frac{1}{4}=\frac{\pi}{8}$$

【例 11 - 23】 计算 $\iiint\limits_{\Omega}z^2\mathrm{d}V$, 其中 Ω 由球面 $x^2+y^2+z^2=1$ 所围成.

解:

方法 1: $\iiint\limits_{\Omega}z^2\mathrm{d}x\mathrm{d}y\mathrm{d}z=\int_0^{2\pi}\mathrm{d}\theta\int_0^{\pi}\mathrm{d}\varphi\int_0^1 r^2\sin\varphi r^2\cos^2\varphi\mathrm{d}r$

$$=\int_0^{2\pi}\mathrm{d}\theta\int_0^{\pi}\cos^2\varphi\mathrm{d}(-\cos\varphi)\int_0^1 r^4\mathrm{d}r$$

$$=2\pi\left[-\frac{\cos^3\varphi}{3}\right]\Big|_0^{\pi}\times\frac{1}{5}=\frac{4}{15}\pi$$

方法 2: 由轮换对称性可知

$$\iiint\limits_{\Omega}z^2\mathrm{d}x\mathrm{d}y\mathrm{d}z=\iiint\limits_{\Omega}x^2\mathrm{d}x\mathrm{d}y\mathrm{d}z=\iiint\limits_{\Omega}y^2\mathrm{d}x\mathrm{d}y\mathrm{d}z$$

所以 $\iiint\limits_{\Omega}z^2\mathrm{d}x\mathrm{d}y\mathrm{d}z=\frac{1}{3}\iiint\limits_{\Omega}(x^2+y^2+z^2)\mathrm{d}x\mathrm{d}y\mathrm{d}z=\frac{1}{3}\int_0^{2\pi}\mathrm{d}\theta\int_0^{\pi}\mathrm{d}\varphi\int_0^1 r^4\sin\varphi\mathrm{d}r$

$$=\frac{2\pi}{3}\int_0^{\pi}\sin\varphi\mathrm{d}\varphi\int_0^1 r^4\mathrm{d}r=\frac{2\pi}{3}\times\frac{1}{5}\int_0^{\pi}\sin\varphi\mathrm{d}\varphi=\frac{4\pi}{15}$$

习 题 11 - 3

1. 设空间区域 $\Omega_1: x^2+y^2+z^2\leqslant R^2$, $z\geqslant 0$, $\Omega_2: x^2+y^2+z^2\leqslant R^2$, $x\geqslant 0$, $y\geqslant 0$,

$z \geqslant 0$，则（　　）.

A. $\iiint\limits_{\Omega_1} z \mathrm{d}v = 4 \iiint\limits_{\Omega_2} \mathrm{d}v$

B. $\iiint\limits_{\Omega_1} \mathrm{d}v = 4 \iiint\limits_{\Omega_2} \mathrm{d}v$

C. $\iiint\limits_{\Omega_1} y \mathrm{d}v = 2 \iiint\limits_{\Omega_2} y \mathrm{d}v$

D. $\iiint\limits_{\Omega_1} \mathrm{d}v = \iiint\limits_{\Omega_2} z \mathrm{d}v$

2. 化三重积分 $\iiint\limits_{V} f(x,y,z) \mathrm{d}V$ 为三次积分，其中 V 由 $z=x^2+y^2$ 及 $z=1$ 所围成.

3. 计算 $\iiint\limits_{V} xyz \mathrm{d}V$，其中 V 由 $x=0$、$y=0$、$z=0$ 及 $x+y+z=1$ 所围成.

4. 利用柱面坐标计算下列三重积分：

(1) $\iiint\limits_{V} z \mathrm{d}V$，其中 V 由 $z=\sqrt{2-x^2-y^2}$ 及 $z=x^2+y^2$ 所围成；

(2) $\iiint\limits_{V} \mathrm{d}V$，其中 V 由 $z=6-x^2-y^2$ 及 $z=\sqrt{x^2+y^2}$ 所围成.

5. 求由圆锥面 $z=4-\sqrt{x^2+y^2}$ 与旋转抛物面 $2z=x^2+y^2$ 所围立体的体积.

6. 利用球面坐标计算下列三重积分：

(1) $\iiint\limits_{\Omega} (x+z) \mathrm{d}v$，其中 Ω 是由曲面 $z=\sqrt{x^2+y^2}$ 与 $z=\sqrt{1-x^2-y^2}$ 所围成的区域；

(2) $\iiint\limits_{V} xyz \mathrm{d}V$，其中 V 为球面 $x^2+y^2+z^2=1$ 与三个坐标面所围成的在第一卦限内的部分.

*第四节　重 积 分 的 应 用

重积分除用于计算曲顶柱体的体积、平面薄片的质量、空间立体的质量外，在几何、物理方面也有不少应用.

一、曲面的面积

设曲面 S 的方程为 $z=f(x,y)$，D 是 S 在 xOy 面上的投影，$f(x,y)$ 在 D 上具有连续偏导数，试计算曲面 S 的面积 S.

在 D 上任取一微块 $\mathrm{d}\sigma$，位于 x，$x+\mathrm{d}x$；y，$y+\mathrm{d}y$ 之间，如图 $11-28$ 所示，显然 $\mathrm{d}\sigma=\mathrm{d}x\mathrm{d}y$. 以 $\mathrm{d}\sigma$ 的边界为准线作母线平行于 z 轴的柱面，该柱面在曲面 S 上截下一微块 $\mathrm{d}S=S_{四边形MM_1M_3M_2}$，在点 $M(x,y,f(x,y))$ 的切平面上截下一微块 $\mathrm{d}A$. 设点 $M(x,y,z)$ 在 xOy 面上的投影为点 $P(x,y)$，$\mathrm{d}S$ 在 xOy 面上的投影为 $\mathrm{d}\sigma$. 设 $\vec{r}=\overrightarrow{OM}=x\vec{i}+y\vec{j}+f(x,y)\vec{k}$，则 $\dfrac{\partial \vec{r}}{\partial x}=\vec{i}+\dfrac{\partial z}{\partial x}\vec{k}$ 是曲线 $\overset{\frown}{MM_1}$ 在点 M 的切线方向，且 $\left|\dfrac{\partial \vec{r}}{\partial x}\mathrm{d}x\right|=|\overset{\frown}{MM_1}|$，$\dfrac{\partial \vec{r}}{\partial y}=\vec{j}+\dfrac{\partial z}{\partial y}\vec{k}$ 是曲线 $\overset{\frown}{MM_2}$ 在点 M 的切线方向，且 $\left|\dfrac{\partial \vec{r}}{\partial y}\mathrm{d}y\right|=|\overset{\frown}{MM_2}|$.

显然，以 $\dfrac{\partial \vec{r}}{\partial x}\mathrm{d}x$ 与 $\dfrac{\partial \vec{r}}{\partial x}\mathrm{d}x$ 为邻边的平行四边形的面积 $\mathrm{d}A$ 等于曲面面积 $\mathrm{d}S$，因为

$$\dfrac{\mathrm{d}\vec{r}}{\mathrm{d}x}\times\dfrac{\mathrm{d}\vec{r}}{\mathrm{d}y}=\begin{vmatrix} \vec{i} & \vec{j} & \vec{k} \\ 1 & 0 & \dfrac{\partial z}{\partial x} \\ 0 & 1 & \dfrac{\partial z}{\partial y} \end{vmatrix}=-\dfrac{\partial z}{\partial x}\vec{i}-\dfrac{\partial z}{\partial y}\vec{j}+\vec{k}$$

所以

$$\mathrm{d}S=\mathrm{d}A=\left|\dfrac{\partial \vec{r}}{\partial x}\mathrm{d}x\times\dfrac{\partial \vec{r}}{\partial y}\mathrm{d}y\right|=\left|\dfrac{\partial \vec{r}}{\partial x}\times\dfrac{\partial \vec{r}}{\partial y}\right|\mathrm{d}x\mathrm{d}y$$

$$=\sqrt{1+\left(\dfrac{\partial z}{\partial x}\right)^2+\left(\dfrac{\partial z}{\partial y}\right)^2}\,\mathrm{d}x\mathrm{d}y \tag{11-1}$$

这就是曲面 S 的微面积元.

曲面微面积元也可以这样理解，如图 11-29 所示.

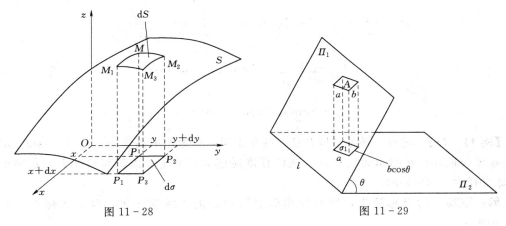

图 11-28　　　　　　　图 11-29

设 S 在点 M 处的法线 $\vec{n}$ 的方向角为 α、β、γ，则有 $\dfrac{\mathrm{d}\sigma}{\mathrm{d}S}=\cos\gamma$，于是有

$$\mathrm{d}S=\dfrac{1}{\cos\gamma}\mathrm{d}\sigma=\sqrt{1+\left(\dfrac{\partial z}{\partial x}\right)^2+\left(\dfrac{\partial z}{\partial y}\right)^2}\,\mathrm{d}\sigma$$

结果与式（11-1）一样，以式（11-1）为被积表达式在闭区域 D 上积分，就有如下的曲面面积计算公式：

$$S=\iint\limits_{S}\mathrm{d}S=\iint\limits_{D}\sqrt{1+\left(\dfrac{\partial z}{\partial x}\right)^2+\left(\dfrac{\partial z}{\partial y}\right)^2}\,\mathrm{d}x\mathrm{d}y$$

设曲面 S 的方程为 $x=g(y,z)$ 或 $y=h(z,x)$，S 在 yOz 面与 zOx 面的投影区域分别为 D_{yz} 与 D_{zx}，$\mathrm{d}S$ 在 yOz 面与 zOx 面的投影分别为 $\mathrm{d}\sigma_{yz}$ 与 $\mathrm{d}\sigma_{zx}$，类似地有

$$\dfrac{\mathrm{d}\sigma_{yz}}{\mathrm{d}S}=\cos\alpha,\quad S=\iint\limits_{D_{yz}}\sqrt{1+\left(\dfrac{\partial x}{\partial y}\right)^2+\left(\dfrac{\partial x}{\partial z}\right)^2}\,\mathrm{d}y\mathrm{d}z$$

或

$$\dfrac{\mathrm{d}\sigma_{zx}}{\mathrm{d}S}=\cos\beta,\quad S=\iint\limits_{D_{zx}}\sqrt{1+\left(\dfrac{\partial y}{\partial x}\right)^2+\left(\dfrac{\partial y}{\partial z}\right)^2}\,\mathrm{d}z\mathrm{d}x$$

需要强调的是曲面 S 上的微面积元 $\mathrm{d}S$ 与对应切平面上的微面积元 $\mathrm{d}A$ 的误差是无穷小量，可以说是精确相等，即 $\mathrm{d}S = \mathrm{d}A$.

【例 11 – 24】 求半径为 a 的球的表面积.

解：上半球面方程为 $z = \sqrt{a^2 - x^2 - y^2}$，其在 xOy 面上的投影区域

$$D = \{(x, y) \mid x^2 + y^2 \leqslant a^2\}$$

因

$$\frac{\partial z}{\partial x} = \frac{-x}{\sqrt{a^2 - x^2 - y^2}}, \quad \frac{\partial z}{\partial y} = \frac{-y}{\sqrt{a^2 - x^2 - y^2}}$$

故

$$\sqrt{1 + \left(\frac{\partial z}{\partial x}\right)^2 + \left(\frac{\partial z}{\partial y}\right)^2} = \frac{a}{\sqrt{a^2 - x^2 - y^2}}$$

因这函数在闭区域 D 上无界，不能直接应用曲面面积公式. 故先取区域 $D_1 = \{(x, y) \mid x^2 + y^2 \leqslant b^2\} = \{(\rho, \theta) \mid 0 \leqslant \rho \leqslant b, 0 \leqslant \theta \leqslant 2\pi\}$ $(0 < b < a)$ 为积分区域，再令 $b \to a$ 就可求得半球面的面积.

$$S_1 = \iint\limits_{D_1} \frac{a}{\sqrt{a^2 - x^2 - y^2}} \mathrm{d}x\mathrm{d}y = a\int_0^{2\pi} \mathrm{d}\theta \int_0^b \frac{\rho\mathrm{d}\rho}{\sqrt{a^2 - \rho^2}}$$

$$= 2\pi a \int_0^b \frac{\rho\mathrm{d}\rho}{\sqrt{a^2 - \rho^2}} = 2\pi a\left(a - \sqrt{a^2 - b^2}\right)$$

$$\frac{1}{2}S = \lim_{b \to a} S_1 = 2\pi a^2, \quad S = 4\pi a^2$$

【例 11 – 25】 设有一颗地球同步轨道通信卫星，距地面的高度为 $h = 36000\mathrm{km}$，运行的角速度与地球自转的角速度相同，试计算该通信卫星的覆盖面积与地球表面积的比值（地球半径 $R = 6400\mathrm{km}$）.

解：取地心为坐标原点，地心到通信卫星中心的连线为 z 轴，建立坐标系，如图 11 – 30 所示.

设通信卫星覆盖的曲面 S 是上半球面被半顶角为 α 的圆锥面所截得的部分，S 的方程为

$$z = \sqrt{R^2 - x^2 - y^2}, \quad x^2 + y^2 \leqslant R^2\sin^2\alpha$$

S 在 xOy 面上的投影区域为

$$D_{xy} = \{(x, y) \mid x^2 + y^2 \leqslant R^2\sin^2\alpha\}$$
$$= \{(\rho, \theta) \mid 0 \leqslant \rho \leqslant R\sin\alpha, 0 \leqslant \theta \leqslant 2\pi\}$$

则通信卫星的覆盖面积 S 为

$$S = \iint\limits_{D_{xy}} \sqrt{1 + \left(\frac{\partial z}{\partial x}\right)^2 + \left(\frac{\partial z}{\partial y}\right)^2} \mathrm{d}x\mathrm{d}y$$

$$= \iint\limits_{D_{xy}} \frac{R}{\sqrt{R^2 - x^2 - y^2}} \mathrm{d}x\mathrm{d}y$$

$$= \int_0^{2\pi} \mathrm{d}\theta \int_0^{R\sin\alpha} \frac{R}{\sqrt{R^2 - \rho^2}} \rho\mathrm{d}\rho = 2\pi R^2(1 - \cos\alpha)$$

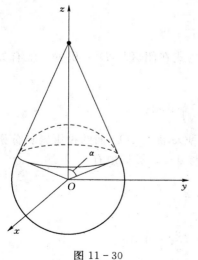

图 11 – 30

由于 $\cos\alpha = \dfrac{R}{R+h}$，代入上式得

$$S = 2\pi R^2\left(1 - \frac{R}{R+h}\right) = 2\pi R^2\,\frac{h}{R+h}$$

由此得这颗通信卫星的覆盖面积 S 与地球表面积之比为

$$\frac{S}{4\pi R^2} = \frac{h}{2(R+h)} = \frac{36\times 10^6}{2\times(36+6.4)\times 10^6} \approx 42.5\%$$

即卫星覆盖了全球 $1/3$ 以上的面积，故使用三颗相隔 $\dfrac{2}{3}\pi$ 的通信卫星就可以覆盖几乎全部地球表面.

二、质心

质心是指质点系统的质量中心，是作用于质点系统上的重力的合力点.

设在 x 轴上有两个质点 m_1、m_2 组成的质点系统（图 $11-31$），其所受重力为 $m_1 g$、$m_2 g$，设重力的合力点为 $\overline{x}$，则有

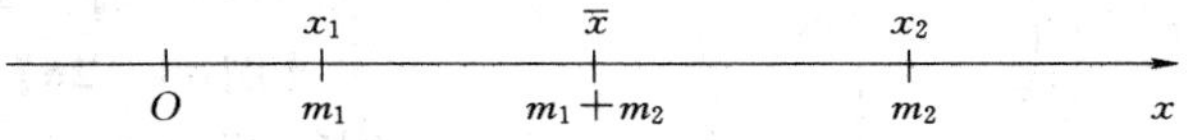

图 $11-31$

$$(m_1 + m_2)g\,\overline{x} = m_1 g x_1 + m_2 g x_2$$

$$\overline{x} = \frac{m_1 x_1 + m_2 x_2}{m_1 + m_2}$$

此 $\overline{x}$ 为质点系统的质心.

设 xOy 平面上有 n 个质点，它们分别位于点 (x_1, y_1)，(x_2, y_2)，$\cdots$，(x_n, y_n) 处，质量分别为 m_1，m_2，$\cdots$，m_n，则该质点系的质心坐标为

$$\overline{x} = \frac{\displaystyle\sum_{i=1}^{n} m_i x_i}{\displaystyle\sum_{i=1}^{n} m_i} = \frac{M_y}{M}, \quad \overline{y} = \frac{\displaystyle\sum_{i=1}^{n} m_i y_i}{\displaystyle\sum_{i=1}^{n} m_i} = \frac{M_x}{M}$$

式中：$M = \displaystyle\sum_{i=1}^{n} m_i$ 为该质点系的总质量；$M_y = \displaystyle\sum_{i=1}^{n} m_i x_i$ 为质点系对 y 轴的静力矩；$M_x = \displaystyle\sum_{i=1}^{n} m_i y_i$ 为质点系对 x 轴的静力矩.

设一平面薄片占有 xOy 平面上的区域 D，面积亦记为 D，其面密度 $\rho(x, y)$ 随 x、y 连续变化，求该平面薄片的质心坐标.

在 D 上任取一包含点 (x, y) 的微区域 $\mathrm{d}\sigma$，显然对任意一点 $(\xi, \eta) \in \mathrm{d}\sigma$，$(\xi, \eta) \to (x, y)$，$\rho(\xi, \eta) \to \rho(x, y)$，即此微区域内任何一点的面密度都一样，都等于 $\rho(x, y)$，故 $\mathrm{d}\sigma$ 的质量 $\mathrm{d}m = \rho(x, y)\mathrm{d}\sigma$. 由于 $\mathrm{d}\sigma$ 的最大直径 $d \to 0$，故这部分质量可看作集中在点 (x, y) 上，于是可写出微块 $\rho(x, y)\mathrm{d}\sigma$ 的静力矩元素 $\mathrm{d}M_y$ 及 $\mathrm{d}M_x$：

$$\mathrm{d}M_y = x\rho(x, y)\mathrm{d}\sigma, \quad \mathrm{d}M_x = y\rho(x, y)\mathrm{d}\sigma$$

以这些元素为被积表达式，在 D 上积分，得

$$M_y = \iint\limits_D x\rho(x,y)\,\mathrm{d}\sigma, \quad M_x = \iint\limits_D y\rho(x,y)\,\mathrm{d}\sigma$$

薄片的质量 M 为 $M = \iint\limits_D \rho(x,y)\,\mathrm{d}\sigma$，所以薄片的质心坐标为

$$\bar{x} = \frac{\iint\limits_D x\rho(x,y)\,\mathrm{d}\sigma}{\iint\limits_D \rho(x,y)\,\mathrm{d}\sigma} = \frac{M_y}{M}, \quad \bar{y} = \frac{\iint\limits_D y\rho(x,y)\,\mathrm{d}\sigma}{\iint\limits_D \rho(x,y)\,\mathrm{d}\sigma} = \frac{M_x}{M}$$

如果平面薄片是均匀的，即面密度为常数 ρ，则上式中可把 ρ 提到积分号外面约去，这时质心坐标为

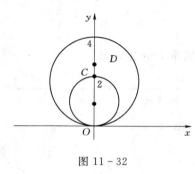

图 11 - 32

$$\bar{x} = \frac{1}{D}\iint\limits_D x\,\mathrm{d}\sigma, \quad \bar{y} = \frac{1}{D}\iint\limits_D y\,\mathrm{d}\sigma$$

这薄片的质心完全由 D 的形状决定，这时平面薄片 D 的质心也称为 D 的形心.

【例 11 - 26】　求位于两圆 $\rho = 2\sin\theta$ 和 $\rho = 4\sin\theta$ 之间的均匀薄片的质心 C（图 11 - 32）.

解： 因为 $\rho = 2\sin\theta$ 的半径 $a_1 = 1$，$\rho = 4\sin\theta$ 的半径 $a_2 = 2$，故

$$D = \pi \times 2^2 - \pi \times 1^2 = 3\pi$$

因为 D 关于 y 轴对称，故质心 C 在 y 轴上，即

$$\bar{x} = 0$$

$$\begin{aligned}
\bar{y} &= \frac{1}{D}\iint\limits_D y\,\mathrm{d}\sigma = \frac{1}{3\pi}\int_0^\pi \mathrm{d}\theta \int_{2\sin\theta}^{4\sin\theta} \rho\sin\theta \cdot \rho\,\mathrm{d}\rho \\
&= \frac{1}{3\pi}\int_0^\pi \sin\theta \cdot \frac{1}{3}\rho^3 \Big|_{2\sin\theta}^{4\sin\theta}\,\mathrm{d}\theta = \frac{1}{9\pi}\int_0^\pi 56\sin^4\theta\,\mathrm{d}\theta \\
&= \frac{56}{9\pi} \times \frac{3\pi}{8} = \frac{7}{3}
\end{aligned}$$

即质心 C 坐标为 $\left(0, \dfrac{7}{3}\right)$.

类似地，占有空间体积的有界闭区域 Ω，在 Ω 上有连续的的密度函数 $\rho(x,y,z)$ 的物体的质心坐标是

$$\bar{x} = \frac{1}{M}\iiint\limits_\Omega x\rho(x,y,z)\,\mathrm{d}V, \quad \bar{y} = \frac{1}{M}\iiint\limits_\Omega y\rho(x,y,z)\,\mathrm{d}V, \quad \bar{z} = \frac{1}{M}\iiint\limits_\Omega z\rho(x,y,z)\,\mathrm{d}V$$

其中

$$M = \iiint\limits_\Omega \rho(x,y,z)\,\mathrm{d}V$$

【例 11 - 27】　求高为 h 的均匀正圆锥体的质心.

解： 设锥顶为坐标原点，z 轴通过上底圆中心. 由于是正圆锥，半顶角为 $30°$，故底圆半径 $r = \dfrac{1}{\sqrt{3}}h$，锥面方程 $z = \sqrt{3(x^2 + y^2)}$. 由于正圆锥关于 z 轴对称，故

$$\bar{x} = \bar{y} = 0$$

因 $V = \dfrac{1}{3}\pi r^2 h = \dfrac{1}{9}\pi h^3$，所以

$$
\begin{aligned}
\bar{z} &= \frac{1}{V}\iiint\limits_{V} z\,\mathrm{d}V = \frac{1}{V}\int_0^{2\pi}\mathrm{d}\theta\int_0^{\frac{h}{\sqrt{3}}}\rho\,\mathrm{d}\rho\int_{\sqrt{3}\rho}^h z\,\mathrm{d}z \\
&= \frac{9}{\pi h^3}\cdot 2\pi\int_0^{\frac{h}{\sqrt{3}}}\rho\Big[\frac{1}{2}z^2\Big|_{\sqrt{3}\rho}^h\Big]\mathrm{d}\rho \\
&= \frac{18}{h^3}\cdot\frac{h^4}{24} = \frac{3}{4}h
\end{aligned}
$$

即质心在 $\left(0,0,\dfrac{3}{4}h\right)$.

三、转动惯量

运动着的质点具有动能，当质点平动时，其动能为

$$E = \frac{1}{2}mv^2 \tag{11-2}$$

当质点绕与其距离为 r 的轴 L 转动时，若转动的角速度为 ω，则线速度 $v = \omega r$，所以转动质点的动能

$$E = \frac{1}{2}mv^2 = \frac{1}{2}m(r\omega)^2 = \frac{1}{2}(mr^2)\omega^2 \tag{11-3}$$

比较式（11-2）、式（11-3），式（11-3）中的 mr^2 与运动速度无关，相当于平动中的 m，是转动时惯性大小的量度，称为转动惯量 J，记为 $J = mr^2$.

若平面 xOy 上有 n 个质点组成的质点系，分别位于点 (x_1,y_1)，(x_2,y_2)，…，(x_n,y_n) 处，质量分别为 m_1，m_2，…，m_n，则该质点系对 x 轴、y 轴的转动惯量依次为

$$I_x = \sum_{i=1}^{n}y_i^2 m_i, \quad I_y = \sum_{i=1}^{n}x_i^2 m_i$$

设一平面薄片占有 xOy 平面上的区域 D，其面密度 $\rho(x,y)$ 随 x、y 连续变化，求其对 x 轴和 y 轴的转动惯量.

在 D 上任取一包含点 (x,y) 的微区域 $\mathrm{d}\sigma$，显然对任意点 $(\xi,\eta)\in\mathrm{d}\sigma,(\xi,\eta)\to(x,y)$，$\rho(\xi,\eta)\to\rho(x,y)$，即此微区域内任何一点的面密度都一样，都等于 $\rho(x,y)$，故 $\mathrm{d}\sigma$ 的质量 $\mathrm{d}m = \rho(x,y)\mathrm{d}\sigma$. 由于 $\mathrm{d}\sigma$ 的最大直径 $d\to 0$，故这部分质量可看作集中在点 (x,y) 上，于是微块 $\mathrm{d}\sigma$ 对 x 轴和 y 轴的转动惯量依次为

$$\mathrm{d}I_x = y^2\rho(x,y)\mathrm{d}\sigma, \quad \mathrm{d}I_y = x^2\rho(x,y)\mathrm{d}\sigma$$

以 $\mathrm{d}I_x$、$\mathrm{d}I_y$ 为被积表达式，即得平面薄片对 x 轴、y 轴的转动惯量分别为

$$I_x = \iint\limits_{D}y^2\rho(x,y)\mathrm{d}\sigma, \quad I_y = \iint\limits_{D}x^2\rho(x,y)\mathrm{d}\sigma$$

平面薄片对原点的转动惯量为

$$I_0 = \iint\limits_{D}(x^2+y^2)\rho(x,y)\mathrm{d}\sigma$$

类似地，对占有空间区域 V 的物体，其体密度 $\rho(x,y,z)$ 随 x、y、z 连续变化，则该物体对 x 轴、y 轴、z 轴的转动惯量分别为

$$I_x = \iiint\limits_{V} (y^2 + z^2)\rho(x,y,z)\mathrm{d}V$$

$$I_y = \iiint\limits_{V} (x^2 + z^2)\rho(x,y,z)\mathrm{d}V$$

$$I_z = \iiint\limits_{V} (x^2 + y^2)\rho(x,y,z)\mathrm{d}V$$

物体 V 对原点的转动惯量为

$$I_0 = \iiint\limits_{V} (x^2 + y^2 + z^2)\rho(x,y,z)\mathrm{d}V$$

【例 11 - 28】 求半径为 a 的均匀半圆薄片（面密度为常数 μ）对于其直径边的转动惯量.

解： 取坐标系如图 11 - 33 所示，则薄片所占闭区域

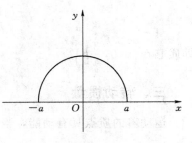

图 11 - 33

$$D = \{(x,y) \mid x^2 + y^2 \leqslant a^2, y \geqslant 0\}$$
$$= \{(\rho,\theta) \mid 0 \leqslant \theta \leqslant \pi, 0 \leqslant \rho \leqslant a\}$$
$$I_x = \iint\limits_{D} \mu y^2 \mathrm{d}\sigma = \mu \int_0^\pi \mathrm{d}\theta \int_0^a (\rho\sin\theta)^2 \rho \mathrm{d}\rho$$
$$= \mu \int_0^\pi \sin^2\theta \mathrm{d}\theta \int_0^a \rho^3 \mathrm{d}\rho = \mu \cdot \frac{\pi}{2} \cdot \frac{1}{4}a^4 = \frac{1}{4}a^2 \cdot \frac{\pi a^2}{2}\mu = \frac{1}{4}a^2 M$$

其中 $M = \frac{1}{2}\pi a^2 \mu$ 为半圆薄片的质量.

【例 11 - 29】 一半径为 a 的球体 $x^2 + y^2 + z^2 \leqslant a^2$，其体密度 $\rho(x,y,z) = \sqrt{x^2 + y^2 + z^2}$，求其对过球心的 z 轴的转动惯量.

解： 取球心为原点，经过球心的直线为 z 轴，则球 V 为 $x^2 + y^2 + z^2 \leqslant a^2$.

$$I_z = \iiint\limits_{V} (x^2 + y^2)\rho(x,y,z)\mathrm{d}V = \iiint\limits_{V} (x^2 + y^2)\sqrt{x^2 + y^2 + z^2}\mathrm{d}V$$

$$= \int_0^{2\pi}\mathrm{d}\theta \int_0^\pi \mathrm{d}\varphi \int_0^a r^2 \sin^2\varphi \cdot r \cdot r^2 \sin\varphi \mathrm{d}r$$

$$= \int_0^{2\pi}\mathrm{d}\theta \int_0^\pi \sin^3\varphi \mathrm{d}\varphi \int_0^a r^5 \mathrm{d}r$$

$$= 2\pi \cdot \frac{1}{6}a^6 \left(-\int_0^\pi (1 - \cos^2\varphi)\mathrm{d}\cos\varphi \right)$$

$$= \frac{1}{3}\pi a^6 - \left(\cos\varphi - \frac{1}{3}\cos^3\varphi \right)\Big|_0^\pi = \frac{1}{3}\pi a^6 \cdot \frac{4}{3}$$

$$= \frac{4}{9}\pi a^6$$

四、引力

根据万有引力定律，空间一点 $M(x,y,z)$ 的质点 m_1 对坐标原点处的质点 m_2 的吸引

力为：$F = G\dfrac{m_1 m_2}{r^2}$，$r = \sqrt{x^2 + y^2 + z^2}$，写成向量形式，有

$$\vec{F} = (\vec{F_x}, \vec{F_y}, \vec{F_z}) = \left(G\frac{m_1 m_2}{r^3}x, G\frac{m_1 m_2}{r^3}y, G\frac{m_1 m_2}{r^3}z \right)$$

下面一般地讨论空间一物体 V 对于物体外一点 $P_0(x_0, y_0, z_0)$ 处的单位质量的质点的引力.

设物体占有空间 V，其体密度 $\rho(x, y, z)$ 随 x、y、z 连续变化，在 V 内任取一包含点 (x, y, z) 的微区域 $\mathrm{d}V$，显然对任意 $(\xi, \eta, \zeta) \in \mathrm{d}V$，$(\xi, \eta, \zeta) \to (x, y, z)$，$\rho(\xi, \eta, \zeta) \to \rho(x, y, z)$，即此微区域内任何一点的体密度都一样，都等于 $\rho(x, y, z)$，故 $\mathrm{d}V$ 的质量 $\mathrm{d}m = \rho(x, y, z)\,\mathrm{d}V$. 由于 $\mathrm{d}V$ 的最大直径 $d \to 0$，故这部分质量可看作集中在点 (x, y, z) 处，于是微块 $\mathrm{d}V$ 对 $P_0(x_0, y_0, z_0)$ 处单位质量的质点的引力为

$$\mathrm{d}\vec{F} = (\mathrm{d}F_x, \mathrm{d}F_y, \mathrm{d}F_z)$$
$$= \left(G\frac{\rho(x,y,z)(x-x_0)}{r^3}\mathrm{d}V, \quad G\frac{\rho(x,y,z)(y-y_0)}{r^3}\mathrm{d}V, \quad G\frac{\rho(x,y,z)(z-z_0)}{r^3}\mathrm{d}V \right)$$
$$r = \sqrt{(x-x_0)^2 + (y-y_0)^2 + (z-z_0)^2}$$

将 $\mathrm{d}F_x$、$\mathrm{d}F_y$、$\mathrm{d}F_z$ 分别积分，得

$$\vec{F} = (F_x, F_y, F_z)$$
$$= \left(\iiint\limits_{V} G\frac{\rho(x,y,z)(x-x_0)}{r^3}\mathrm{d}V, \iiint\limits_{V} G\frac{\rho(x,y,z)(y-y_0)}{r^3}\mathrm{d}V, \iiint\limits_{V} G\frac{\rho(x,y,z)(z-z_0)}{r^3}\mathrm{d}V \right)$$

【例 11 - 30】　求高为 h 的中空均匀圆柱体对于其底面中心一单位质量的质点的引力.

解： 设中空圆柱体的密度为 ρ_0，底面中心为原点，圆柱体的轴为 z 轴建立直角坐标系，则中空圆柱体的方程为

$$a^2 \leqslant x^2 + y^2 \leqslant b^2, \quad 0 \leqslant z \leqslant h$$

若引力 $\vec{F} = (F_x, F_y, F_z)$，因中空圆柱体关于 z 轴对称，故 $F_x = F_y = 0$.

$$\mathrm{d}F_z = k \cdot \frac{1 \cdot \rho_0 \mathrm{d}V}{r^2} \cdot \frac{z}{r} = k\rho_0 \frac{z}{(x^2+y^2+z^2)^{\frac{3}{2}}}\mathrm{d}V$$

$$F_z = \iiint\limits_{V} \mathrm{d}F_z = \iiint\limits_{V} k\rho_0 \frac{z}{(x^2+y^2+z^2)^{\frac{3}{2}}}\mathrm{d}V$$

$$= k\rho_0 \int_0^{2\pi}\mathrm{d}\theta \int_a^b \rho\,\mathrm{d}\rho \int_0^h \frac{z}{(\rho^2+z^2)^{\frac{3}{2}}}\mathrm{d}z$$

$$= 2\pi k\rho_0 \int_a^b \left(1 - \frac{\rho}{\sqrt{\rho^2+h^2}} \right)\mathrm{d}\rho$$

$$= 2\pi k\rho_0 (b - \sqrt{b^2+h^2} - a + \sqrt{a^2+h^2})$$

所以　　　　　　$$\vec{F} = F_z\,\vec{k} = 2\pi k\rho_0 (b - \sqrt{b^2+h^2} - a + \sqrt{a^2+h^2})\,\vec{k}$$

习 题 11－4

1. 求球面 $x^2+y^2+z^2=a^2$ 含在圆柱面 $x^2+y^2=ax$ 内部的那部分面积.

2. 求锥面 $z=\sqrt{x^2+y^2}$ 被柱面 $z^2=2x$ 所割下部分的曲面面积.

3. $\rho=1$ 时，利用三重积分计算下列曲面所围立体的质心：

(1) $z^2=x^2+y^2$，$z=1$；

(2) $z=x^2+y^2$，$x+y=a$，$x=0$，$y=0$，$z=0$.

4. $\rho=1$ 时，求下列 D 的指定转动惯量：

(1) $D=\left\{(x,y)\left|\dfrac{x^2}{a^2}+\dfrac{y^2}{b^2}\leqslant 1\right.\right\}$，求 I_y；

(2) D 由抛物线 $y^2=\dfrac{9}{2}x$ 与直线 $x=2$ 所围成，求 I_x 和 I_y.

5. $V=\{(x,y,z)\,|\,x^2+y^2\leqslant R^2,\ 0\leqslant z\leqslant h\}$ 是 ρ 为常数的均匀柱体，求其对位于点 $M_0(0,0,a)(a>h)$ 处的单位质量的质点的引力.

6. 一均匀物体（密度 ρ 为常量）占有的闭区域 Ω 是由曲面 $z=x^2+y^2$ 和平面 $z=0$、$|x|=a$、$|y|=a$ 所围成的.

(1) 求其体积；(2) 求物体的重心；(3) 求物体关于 z 轴的转动质量.

总 习 题 十 一

1. 选择题

(1) 设 D 是 xy 平面上以点 $(1,1)$、$(-1,1)$、$(-1,-1)$ 为顶点的三角形区域，D_1 是 D 在第一象限的部分，则 $\iint\limits_{D}(xy+\cos x\sin y)\mathrm{d}\sigma=$（   ）.

A. $2\iint\limits_{D_1}\cos x\sin y\mathrm{d}\sigma$ 　　　　　　　B. $2\iint\limits_{D_1}xy\mathrm{d}\sigma$

C. $\iint\limits_{D_1}(xy+\cos x\sin y)\mathrm{d}\sigma$ 　　　　D. 0

(2) 设 $f(x,y)=\begin{cases}\dfrac{\sin(x^2+y^2)}{x^2+y^2}\arctan\dfrac{1}{x^2+y^2} & x^2+y^2\neq 0\\[2mm]\dfrac{\pi}{2} & x^2+y^2=0\end{cases}$，区域 D：$x^2+y^2\leqslant\varepsilon$

$(\varepsilon>0)$，则 $\lim\limits_{\varepsilon\to 0^+}\dfrac{1}{\pi\varepsilon}\iint\limits_{D}f(x,y)\mathrm{d}\sigma=$（   ）.

A. $\dfrac{\pi}{2}$ 　　　　　　B. π 　　　　　　C. 0 　　　　　　D. ∞

*(3) (2007) 设函数 $f(x,y)$ 连续，则二次积分 $\int_{\frac{\pi}{2}}^{\pi}\mathrm{d}x\int_{\sin x}^{1}f(x,y)\mathrm{d}y=$（   ）.

A. $\int_0^1\mathrm{d}y\int_{\pi+\arcsin y}^{\pi}f(x,y)\mathrm{d}x$ 　　　　B. $\int_0^1\mathrm{d}y\int_{\pi-\arcsin y}^{\pi}f(x,y)\mathrm{d}y$

C. $\int_0^1 \mathrm{d}y \int_{\frac{\pi}{2}}^{\pi+\arcsin y} f(x,y)\mathrm{d}x$ 　　　　　　D. $\int_0^1 \mathrm{d}y \int_{\frac{\pi}{2}}^{\pi-\arcsin y} f(x,y)\mathrm{d}x$

*(4) （2009）设函数 $f(x,y)$ 连续，则 $\int_1^2 \mathrm{d}x \int_x^2 f(x,y)\mathrm{d}y + \int_1^2 \mathrm{d}y \int_y^{4-y} f(x,y)\mathrm{d}x =$ （　　）.

A. $\int_1^2 \mathrm{d}x \int_1^{4-x} f(x,y)\mathrm{d}y$ 　　　　　　B. $\int_1^2 \mathrm{d}x \int_x^{4-x} f(x,y)\mathrm{d}y$

C. $\int_1^2 \mathrm{d}y \int_1^{4-y} f(x,y)\mathrm{d}x$ 　　　　　　D. $\int_1^2 \mathrm{d}y \int_y^2 f(x,y)\mathrm{d}x$

*(5) （2015）设 D 是第一象限由曲线 $2xy=1$、$4xy=1$ 与直线 $y=x$、$y=\sqrt{3}x$ 围成的平面区域，函数 $f(x,y)$ 在 D 上连续，则 $\iint\limits_D f(x,y)\mathrm{d}x\mathrm{d}y = $（　　）.

A. $\int_{\frac{\pi}{4}}^{\frac{\pi}{3}} \mathrm{d}\theta \int_{\frac{1}{2\sin 2\theta}}^{\frac{1}{\sin 2\theta}} f(r\mathrm{co}\theta, r\sin\theta)r\mathrm{d}r$ 　　　　B. $\int_{\frac{\pi}{4}}^{\frac{\pi}{3}} \mathrm{d}\theta \int_{\frac{1}{\sqrt{2\sin 2\theta}}}^{\frac{1}{\sqrt{\sin 2\theta}}} f(r\cos\theta, r\sin\theta)r\mathrm{d}r$

C. $\int_{\frac{\pi}{4}}^{\frac{\pi}{3}} \mathrm{d}\theta \int_{\frac{1}{2\sin 2\theta}}^{\frac{1}{\sin 2\theta}} f(r\cos\theta, r\sin\theta)\mathrm{d}r$ 　　　　D. $\int_{\frac{\pi}{4}}^{\frac{\pi}{3}} \mathrm{d}\theta \int_{\frac{1}{\sqrt{2\sin 2\theta}}}^{\frac{1}{\sqrt{\sin 2\theta}}} f(r\cos\theta, r\sin\theta)\mathrm{d}r$

2. 计算下列二重积分：

(1) $\iint\limits_D (x^2 - y^2)\mathrm{d}\sigma$，其中 $D = \{(x,y) \mid 0 \leqslant y \leqslant \sin x, 0 \leqslant x \leqslant \pi\}$；

(2) $\iint\limits_D \sqrt{R^2 - x^2 - y^2}\mathrm{d}\sigma$，其中 D 是圆周 $x^2 + y^2 = Rx$ 所围闭区域；

(3) $\iint\limits_D x\cos(x+y)\mathrm{d}\sigma$，其中 D 是顶点分别为 $(0,0)$、$(\pi,0)$ 和 (π,π) 的三角形区域；

(4) $\iint\limits_D (1+x)\sin y\mathrm{d}\sigma$，其中 D 是顶点分别为 $(0,0)$、$(1,0)$、$(1,2)$ 和 $(0,1)$ 的梯形闭区域；

(5) $\iint\limits_D \mathrm{d}x\mathrm{d}y$，其中区域 D 由曲线 $y = 1 - x^2$ 与 $y = x^2 - 1$ 围成；

(6) $\iint\limits_D xy^2\mathrm{d}\sigma$，其中 D 是由圆周 $x^2 + y^2 = 4$ 及 y 轴所围成的右半闭区域；

(7) $\iint\limits_D \frac{\mathrm{d}\sigma}{\sqrt{x^2 + y^2}}$，其中 D 是圆环域 $1 \leqslant x^2 + y^2 \leqslant 4$；

(8) $\iint\limits_D \ln(1 + x^2 + y^2)\mathrm{d}\sigma$，$D: x^2 + y^2 \leqslant 1, x \geqslant 0, y \geqslant 0$；

(9) $\iint\limits_D \sqrt{x^2 + y^2}\mathrm{d}x\mathrm{d}y$，其中 $D: x^2 + y^2 \leqslant 2x$；

(10) $\int_0^1 x^2\mathrm{d}x \int_x^1 \mathrm{e}^{-y^2}\mathrm{d}y$.

*(11) $\iint\limits_D \mathrm{e}^{\frac{y}{x}}\mathrm{d}x\mathrm{d}y$，$D$ 是由曲线 $y = x^2$、$y = 0$、$x = 1$ 所围成的区域；

*(12) $\iint\limits_D |3x + 4y|\mathrm{d}x\mathrm{d}y$，$D: x^2 + y^2 \leqslant 1$.

3. 变换下列二次积分的积分次序:

(1) $\int_0^4 \mathrm{d}y \int_{-\sqrt{4-y}}^{\frac{1}{2}(y-4)} f(x,y)\mathrm{d}x$;

(2) $\int_0^1 \mathrm{d}y \int_0^{2y} f(x,y)\mathrm{d}x + \int_1^3 \mathrm{d}y \int_0^{3-y} f(x,y)\mathrm{d}x$.

4. 证明: $\int_0^a \mathrm{d}y \int_0^y \mathrm{e}^{m(a-x)} f(x)\mathrm{d}x = \int_0^a (a-x)\mathrm{e}^{m(a-x)} f(x)\mathrm{d}x$.

5. 求平面 $\dfrac{x}{a}+\dfrac{y}{b}+\dfrac{z}{c}=1$ 被三个坐标平面所割出的部分的面积.

6. $I = \iiint\limits_{\Omega} (x^2+y^2)\mathrm{d}x\mathrm{d}y\mathrm{d}z$,其中 Ω 是由曲线 $\begin{cases} y^2=2z \\ x=0 \end{cases}$ 绕 z 轴旋转一周而成的曲面与平面 $z=2$,$z=8$ 所围的立体.

7. 设平面上半径为 a 的圆形薄片,其上任一点处的密度与该点到圆心的距离平方成正比,比例系数为 k,求该圆形薄片的质量.

*8. 由圆 $r=2\cos\theta$,$r=4\cos\theta$ 所围成的均匀薄片,面密度 ρ 为常数,求它关于坐标原点 O 的动惯量.

*9. 设 $f(x,y)$ 连续,且 $f(x,y)=x+\iint\limits_{D} yf(u,v)\mathrm{d}u\mathrm{d}v$,其中 D 是由 $y=\dfrac{1}{x}$、$x=1$、$y=2$ 所围区域,求 $f(x,y)$.

10. (2007) 设二元函数 $f(x,y)=\begin{cases} x^2 & |x|+|y| \leqslant 1 \\ \dfrac{1}{\sqrt{x^2+y^2}} & 1<|x|+|y| \leqslant 2 \end{cases}$,计算二重积分 $\iint\limits_{D} f(x,y)\mathrm{d}\sigma$,其中 $D=\{(x,y)\,|\,|x|+|y| \leqslant 2\}$.

第十二章 曲线积分与曲面积分

我们已经把积分概念在直线、平面、立体三个积分范围中进行了论述. 本章我们将把积分概念推广到曲线、曲面两个积分范围进行论述. 在这两个积分范围中的积分称为曲线积分和曲面积分. 曲线积分有对弧长的曲线积分（第一类曲线积分）和对坐标的曲线积分（第二类曲线积分）两种形式，统称**曲线积分**；曲面积分有对面积的曲面积分（第一类曲面积分）和对坐标的曲面积分（第二类曲面积分）两种形式，统称**曲面积分**.

此章的曲线或曲面都是指闭域上的**有限长度**的曲线和有限面积的曲面.

第一节　第一类曲线积分——对弧长的曲线积分

一、第一类曲线积分的定义

引进第一类曲线积分的目的是为了求解曲线质量这样一类问题. 已知平面光滑曲线 L
（它的端点是 A、B）的线密度为 $\rho(x,y)$，长度为
l，如图 12-1 所示，如何求此曲线的质量 m 呢？

若质量分布均匀，则线密度 ρ 为常数，于是 L
的质量 $m=\rho l$. 若质量分布不均匀，线密度 $\rho(x,y)$
随 x、y 连续变化，求 L 的质量就不能用上述公
式，但可以先将 L 任意分成无穷多个微弧段，其中
以点 $M(x,y)$ 为起点，$N(x+\mathrm{d}x,y+\mathrm{d}y)$ 为终点的
微弧段及其长度记为 $\mathrm{d}L$，显然对 $\forall(\xi,\eta)\in\mathrm{d}L$，若
$(\xi,\eta)\rightarrow(x,y)$，则 $\rho(\xi,\eta)\rightarrow\rho(x,y)$. 即此微弧段上
任意一点的线密度都一样，都等于 $\rho(x,y)$，于是

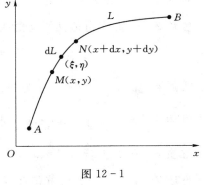

图 12-1

此微弧段的质量可用上述公式表示为 $\mathrm{d}m=\rho(x,y)\mathrm{d}L$. 再将这无穷多个微弧段的质量相加. 若此无穷和的极限存在，则此和即为曲线 L 的质量.

这种和的极限在研究其他问题时也会遇到. 抽去上述实例的物理意义，一般地，定义第一类曲线积分如下.

定义 12-1 设 L 为 xOy 面内的一条光滑曲线，函数 $f(x,y)$ 在 L 上有界. 在 L 上任意插入一点列 M_1，M_2，$\cdots$，M_{n-1} 把 L 分成 n 个小段，设第 i 个小段的长度为 Δl_i. 设 (ξ_i,η_i) 是第 i 个小段上任意取定的一点，作乘积 $f(\xi_i,\eta_i)\Delta l_i(i=1,2,\cdots,n)$，并作和 $\sum\limits_{i=1}^{n}f(\xi_i,\eta_i)\Delta l_i$，若当各小弧段的长度的最大值 $\lambda\rightarrow0$ 时，这和的极限总存在，则称此极限

为 $f(x,y)$ 在 L 上的第一类曲线积分或对弧长的曲线积分，记为 $\int_L f(x,y)\mathrm{d}L$，即

$$\int_L f(x,y)\mathrm{d}L = \lim_{\lambda \to 0} \sum_{i=1}^{n} f(\xi_i,\eta_i)\Delta l_i$$

其中 $f(x,y)$ 称为被积函数，L 称为积分曲线.

可以证明，当 $f(x,y)$ 在 L 上连续时，积分 $\int_L f(x,y)\mathrm{d}L$ 一定存在，以后总假定 $f(x,y)$ 在 L 上连续.

据此定义，前述曲线 L 的质量 m 为

$$m = \int_L \rho(x,y)\mathrm{d}L.$$

上述定义可以推广到空间曲线 L，即函数 $f(x,y,z)$ 在空间曲线 L 上的第一类曲线积分可以表示为 $\int_L f(x,y,z)\mathrm{d}L$.

如果 L 是闭曲线，则 $f(x,y)$ 在 L 上的第一类曲线积分记为 $\oint_L f(x,y)\mathrm{d}L$.

二、第一类曲线积分的性质

第一类曲线积分与定积分、重积分有类似的性质.

性质 1　$\int_L kf(x,y)\mathrm{d}L = k\int_L f(x,y)\mathrm{d}L.$

性质 2　$\int_L [f(x,y)+g(x,y)]\mathrm{d}L = \int_L f(x,y)\mathrm{d}L + \int_L g(x,y)\mathrm{d}L.$

性质 3　若 L 可分成两段光滑曲线 L_1 和 L_2，则

$$\int_L f(x,y)\mathrm{d}L = \int_{L_1} f(x,y)\mathrm{d}L + \int_{L_2} f(x,y)\mathrm{d}L$$

性质 4　若 $f(x,y) \equiv 1$，l 为曲线 L 的长度，则 $\int_L \mathrm{d}L = l.$

性质 5　若 $f(x,y) \leqslant g(x,y)$，则 $\int_L f(x,y)\mathrm{d}L \leqslant \int_L g(x,y)\mathrm{d}L.$

性质 6　在 L 上若 $m \leqslant f(x,y) \leqslant M$，则 $ml \leqslant \int_L f(x,y)\mathrm{d}L \leqslant Ml.$

性质 7　若 $f(x,y)$ 在光滑曲线 L 上连续，则存在一点 $(\xi,\eta) \in L$，使得

$$\int_L f(x,y)\mathrm{d}L = f(\xi,\eta)L$$

三、第一类曲线积分的计算

定理 12-1　设 $f(x,y)$ 在曲线 L 上有定义且连续，若 L 由参数方程

$$\begin{cases} x = x(t) \\ y = y(t) \end{cases} (\alpha \leqslant t \leqslant \beta)$$

给出，其中 $x(t)$，$y(t)$ 在 $[\alpha,\beta]$ 上有一阶连续导数，且 $x'(t)^2 + y'(t)^2 \neq 0$，则曲线积分 $\int_L f(x,y)\mathrm{d}L$ 存在，且

$$\int_L f(x,y)\mathrm{d}L = \int_\alpha^\beta f[x(t),y(t)] \sqrt{x'(t)^2 + y'(t)^2}\,\mathrm{d}t \qquad (12-1)$$

若 L 由方程 $y=y(x)$ $(a\leqslant x\leqslant b)$ 给出，则

$$\int_L f(x,y)\mathrm{d}L = \int_a^b f[x,y(x)] \sqrt{1 + y'(x)^2}\,\mathrm{d}x \qquad (12-2)$$

若 L 由方程 $x=x(y)$ $(c\leqslant y\leqslant d)$ 给出，则

$$\int_L f(x,y)\mathrm{d}L = \int_c^d f[x(y),y] \sqrt{1 + x'(y)^2}\,\mathrm{d}y \qquad (12-3)$$

若 L 由方程 $\rho=\rho(\theta)$ $(\alpha\leqslant\theta\leqslant\beta)$ 给出，则

$$\int_L f(x,y)\mathrm{d}L = \int_\alpha^\beta f(\rho\cos\theta,\rho\sin\theta) \sqrt{\rho^2 + \rho'^2}\,\mathrm{d}\theta \qquad (12-4)$$

若 L 由方程 $x=x(t)$，$y=y(t)$，$z=z(t)$ $(\alpha\leqslant t\leqslant\beta)$ 给出，则

$$\int_L f(x,y,z)\mathrm{d}L = \int_\alpha^\beta f[x(t),y(t),z(t)] \sqrt{x'(t)^2 + y'(t)^2 + z'(t)^2}\,\mathrm{d}t \qquad (12-5)$$

定理表明，计算第一类曲线积分 $\int_L f(x,y)\mathrm{d}L$ 的基本思路是：**"一投二代"**，即把曲线 L 投影到参数轴上，得投影区间 $[\alpha,\beta]$，再把曲线 L 的方程 $[$如 $x=x(t),y=y(t)]$ 和微弧长公式 $[$如 $\mathrm{d}L=\sqrt{x'(t)^2+y'(t)^2}\,\mathrm{d}t]$ 代入，于是第一类曲线积分就变成了投影区间上的定积分.

定理 12-2 对第一类曲线积分，若 L 关 $y=0$ 轴（即 x 轴）对称（图 12-2），$\dfrac{1}{2}L$ 表示 L 位于 x 轴上方的部分，则

$$\int_L f(x,y)\mathrm{d}L = \begin{cases} 0 & f(x,y) \text{ 关于 } y \text{ 是奇函数，即 } f(x,-y)=-f(x,y) \\ 2\int_{\frac{L}{2}} f(x,y)\mathrm{d}L & f(x,y) \text{ 关于 } y \text{ 是偶函数，即 } f(x,-y)=f(x,y) \end{cases}$$

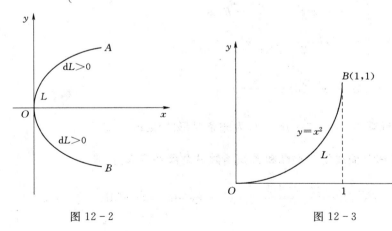

图 12-2 　　　　　　　　　　　　图 12-3

【例 12-1】 计算 $\int_L \sqrt{y}\,\mathrm{d}L$，曲线 L 是抛物线 $y=x^2$ 上点 $O(0,0)$ 与 $B(1,1)$ 点之间的一段弧（图 12-3）.

解：$\displaystyle\int_L \sqrt{y}\,\mathrm{d}L = \int_0^1 \sqrt{x^2} \sqrt{1 + [(x^2)']^2}\,\mathrm{d}x$

$$= \int_0^1 x \sqrt{1+4x^2}\,\mathrm{d}x = \frac{1}{8}\int_0^1 \sqrt{1+4x^2}\,\mathrm{d}(1+4x^2)$$

$$= \frac{1}{8}\frac{(1+4x^2)^{\frac{1}{2}+1}}{\frac{1}{2}+1}\Bigg|_0^1 = \frac{1}{12}(5\sqrt{5}-1).$$

【例 12-2】 计算 $\int_L \sqrt{x^2+y^2}\,\mathrm{d}L$，曲线 L 为圆 $x^2+y^2=ax\ (a>0)$.

解： 圆 L 的极坐标方程为

$$\rho = a\cos\theta\left(-\frac{\pi}{2}\leqslant\theta\leqslant\frac{\pi}{2}\right)$$

$$\sqrt{x^2+y^2} = \sqrt{ax} = \sqrt{a\rho\cos\theta} = \sqrt{a^2\cos^2\theta} = a\cos\theta$$

故

$$\int_L \sqrt{x^2+y^2}\,\mathrm{d}L = \int_{-\frac{\pi}{2}}^{\frac{\pi}{2}} a\cos\theta\sqrt{\rho^2+\rho'^2}\,\mathrm{d}\theta$$

$$= \int_{-\frac{\pi}{2}}^{\frac{\pi}{2}} a\cos\theta\cdot a\,\mathrm{d}\theta$$

$$= a^2\int_{-\frac{\pi}{2}}^{\frac{\pi}{2}}\cos\theta\,\mathrm{d}\theta = 2a^2$$

【例 12-3】 计算 $\int_L (x^2+y^2+z^2)\,\mathrm{d}L$，$L$ 为螺旋线 $x=a\cos t$、$y=a\sin t$、$z=kt$ 上相应于 t 从 0 到 2π 的一段弧.

解：

$$\int_L (x^2+y^2+z^2)\,\mathrm{d}L$$

$$= \int_0^{2\pi} \left[(a\cos t)^2+(a\sin t)^2+(kt)^2\right]\sqrt{(-a\sin t)^2+(a\cos t)^2+k^2}\,\mathrm{d}t$$

$$= \int_0^{2\pi} (a^2+k^2t^2)\cdot\sqrt{a^2+k^2}\,\mathrm{d}t$$

$$= \int_0^{2\pi}\sqrt{a^2+k^2}\left[a^2t+\frac{k^2}{3}t^3\right]_0^{2\pi}\mathrm{d}t$$

$$= \sqrt{a^2+k^2}\left(2a^2\pi+\frac{8}{3}\pi^3 k^2\right)$$

【例 12-4】 计算 $\oint_L \dfrac{y^2+xy}{x^{\frac{2}{3}}+y^{\frac{2}{3}}}\,\mathrm{d}L$，$L$ 为整条星形曲线 $x^{\frac{2}{3}}+y^{\frac{2}{3}}=1$.

解： 这题是与积分曲线的对称性和被积函数的奇偶性有关.

$$\oint_L \frac{y^2+xy}{x^{\frac{2}{3}}+y^{\frac{2}{3}}}\,\mathrm{d}L \xrightarrow{x^{\frac{2}{3}}+y^{\frac{2}{3}}=1} \oint_L (y^2+xy)\,\mathrm{d}L = \oint_L y^2\,\mathrm{d}L + \oint_L xy\,\mathrm{d}L$$

设 L_1：$x=\cos^3 t$，$y=\sin^3 t$，$0\leqslant t\leqslant\dfrac{\pi}{2}$，则

$$x'(t)=-3\cos^2 t\sin t,\ y'(t)=3\sin^2 t\cos t$$

因 L 关于 $y=0$ 轴对称，而 $f(x,y)=xy$ 关于 y 为奇函数，所以 $\oint_L xy\,\mathrm{d}L=0$. 于是

$$\oint_L (y^2 + xy)\mathrm{d}L = \oint_L y^2 \mathrm{d}L = 4\oint_{L_1} y^2 \mathrm{d}L = 4\int_0^{\frac{\pi}{2}} (\sin^3 t)^2 \sqrt{[x'(t)]^2 + [y'(t)]^2}\,\mathrm{d}t$$

$$= 4\int_0^{\frac{\pi}{2}} (\sin^3 t)^2 3\sin t\cos t\,\mathrm{d}t$$

$$= 12\int_0^{\frac{\pi}{2}} \sin^7 t\cos t\,\mathrm{d}t = 12 \times \frac{1}{8}$$

$$= \frac{3}{2}$$

习　题　12-1

计算下列第一类曲线积分：

1. $\oint_L (x^2 + y^2)^n \mathrm{d}L$，其中 L 为圆周 $x = a\cos t$，$y = a\sin t$（$0 \leqslant t \leqslant 2\pi$）.

2. $\int_L (x + y)\mathrm{d}L$，其中 L 为连接 $(1,0)$ 与 $(0,1)$ 两点的线段.

3. $\oint_L x\,\mathrm{d}L$，其中 L 是由 $y = x$ 和 $y = x^2$ 所围区域的整个边界.

4. $\int_L x^2 yz\,\mathrm{d}L$，其中 L 为折线 $ABCD$，A、B、C、D 依次为点 $(0,0,0)$、$(0,0,2)$、$(1,0,2)$、$(1,3,2)$.

5. $\int_L (x^2 + y^2)\mathrm{d}L$，其中 L 是曲线 $x = a(\cos t + t\sin t)$，$y = a(\sin t - t\cos t)$（$0 \leqslant t \leqslant 2\pi$）.

6. （1989）$\int_L (x^2 + y^2)\mathrm{d}L$，其中 L 为下半圆周 $y = -\sqrt{1 - x^2}$.

7. （1998）$\oint_L (2xy + 3x^2 + 4y^2)\mathrm{d}L$，其中 L 为椭圆 $\dfrac{x^2}{4} + \dfrac{y^2}{3} = 1$，其周长为 a.

8. （2009）$\int_L x\,\mathrm{d}L$，其中 L 为抛物线 $y = x^2$（$0 \leqslant x \leqslant \sqrt{2}$）.

第二节　第二类曲线积分——对坐标的曲线积分

一、第二类曲线积分的定义

引进第二类曲线积分的目的是为了求解变力 $\vec{F}$ 做功这样一类问题. 已知质点在力 $\vec{F}(x,y) = p(x,y)\vec{i} + Q(x,y)\vec{j}$ 作用下由 A 移动到 B，如何计算力对质点所做的功呢（图 12-4）?

若力 $\vec{F}$ 是常力，质点在力作用下由 A 沿直线移动到 B，$\overrightarrow{AB} = \vec{L}$，则功为

$$W = \vec{F} \cdot \vec{L}$$

若力 $\vec{F}$ 是变力，$\vec{F}(x,y)$ 随 x、y 连续变化，质点在该力作用下由 A 沿光滑曲线 L 移动 B，此时求力 $\vec{F}$ 所做的功就不能用上述公式，但可以先将弧 $\overset{\frown}{AB}$ 任意分成无穷多个微弧段，其中以点 (x,y) 为起点的微弧段及其长度记为 $\mathrm{d}L$（对应的弦记为 $\mathrm{d}\vec{L}$），由曲率一

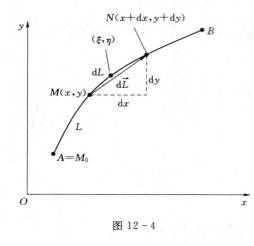

图 12-4

节可知，$\mathrm{d}\vec{L}$ 紧靠 $\mathrm{d}L$，且 $|\mathrm{d}\vec{L}| = |\mathrm{d}L|$，故可用 $\mathrm{d}\vec{L}$ 代替 $\mathrm{d}L$，显然对任意一点 $(\xi,\eta) \in \mathrm{d}L$，$(\xi,\eta) \rightarrow (x,y)$，$\vec{F}(\xi,\eta) \rightarrow \vec{F}(x,y)$，即此微弧段上任意一点的力都一样，相应地弦 $\mathrm{d}\vec{L}$ 上任意一点的力也都一样，都等于 $\vec{F}(x,y)$，于是力 $\vec{F}(x,y)$ 沿弧所做的功等于 $\vec{F}(x,y)$ 沿对应弦 $\mathrm{d}\vec{L}$ 所做的功，即 $\mathrm{d}W = \vec{F}(x,y) \cdot \mathrm{d}\vec{L}$. 再将这无穷多个微弧段上的功相加. 若此无穷和存在，则此和即为力 $\vec{F}(x,y)$ 在弧 $\overset{\frown}{AB}$ 上所做的功.

抽去上述实例的物理意义，一般地定义第二类曲线积分如下：

定义 12-2 设 L 为 xOy 面内从点 A 到点 B 的有向光滑曲线，函数 $P(x,y)$、$Q(x,y)$ 在 L 上有界，记 $\vec{F}(x,y) = P(x,y)\vec{i} + Q(x,y)\vec{j}$，将 L 任意分成无穷多个微弧段，其中以 (x,y) 为起点的微弧段及其长度记为 $\mathrm{d}L$，对应的有向弧记为 $\mathrm{d}\vec{L}$，作点积 $\vec{F} \cdot \mathrm{d}\vec{L} = P(x,y)\mathrm{d}x + Q(x,y)\mathrm{d}y$，求和. 若此无穷和存在，则称此和为 $\vec{F}(x,y)$ 在 L 上的第二类曲线积分或对坐标的曲线积分，记为 $\displaystyle\int_L \vec{F} \cdot \mathrm{d}\vec{L} = \int_L P(x,y)\mathrm{d}x + Q(x,y)\mathrm{d}y$，其中 $P(x,y)$、$Q(x,y)$ 称为被积函数，L 称为积分曲线.

可以证明，当 $P(x,y)$、$Q(x,y)$ 在有向光滑曲线 L 上连续时，第二类曲线积分 $\displaystyle\int_L P(x,y)\mathrm{d}x + Q(x,y)\mathrm{d}y$ 一定存在，以后总假定 $P(x,y)$、$Q(x,y)$ 在 L 上连续.

据此定义，前述变力 $\vec{F}$ 所做的功

$$W = \int_L \vec{F} \cdot \mathrm{d}\vec{L} = \int_L P(x,y)\mathrm{d}x + Q(x,y)\mathrm{d}y$$

上述定义可以推广到空间曲线 L 的情形，即向量函数 $\vec{F}(x,y,z) = P(x,y,z)\vec{i} + Q(x,y,z)\vec{j} + R(x,y,z)\vec{k}$ 在空间曲线 L 上的第二类曲线积分可以表示为

$$\int_L \vec{F} \cdot \mathrm{d}\vec{L} = \int_L P(x,y,z)\mathrm{d}x + Q(x,y,z)\mathrm{d}y + R(x,y,z)\mathrm{d}z$$

二、第二类曲线积分的性质

第二类曲线积分的性质与第一类曲线积分大体类似.

性质 1 $\displaystyle\int_L k\vec{F}(x,y) \cdot \mathrm{d}\vec{L} = k\int_L \vec{F}(x,y) \cdot \mathrm{d}\vec{L}$

性质 2 $\displaystyle\int_L [\vec{F}_1(x,y) + \vec{F}_2(x,y)] \cdot \mathrm{d}\vec{L} = \int_L \vec{F}_1(x,y) \cdot \mathrm{d}\vec{L} + \int_L \vec{F}_2(x,y) \cdot \mathrm{d}\vec{L}$

性质 3　若 L 可分成两段光滑曲线 L_1 和 L_2，则

$$\int_L \vec{F}(x,y) \cdot \mathrm{d}\vec{L} = \int_{L_1} \vec{F}(x,y) \cdot \mathrm{d}\vec{L} + \int_{L_2} \vec{F}(x,y) \cdot \mathrm{d}\vec{L}$$

性质 4　若 L^- 表示 L 的反向曲线，则

$$\int_{L^-} \vec{F}(x,y) \cdot \mathrm{d}\vec{L} = -\int_L \vec{F}(x,y) \cdot \mathrm{d}\vec{L}$$

性质 4 表示，第二类曲线积分与积分曲线的方向有关，方向改变时，第二类曲线积分也要变号．第一类曲线积分不具有这种性质．

三、第二类曲线积分的计算

定理 12-3　设 $P(x,y)$、$Q(x,y)$ 在有向光滑曲线 L 上有定义且连续，L 的参数方程为

$$\begin{cases} x=x(t) \\ y=y(t) \end{cases}$$

当 t 单调地由 α 变到 β 时，点 (x,y) 从 L 的起点 A 移动到终点 B，其中 $x(t)$、$y(t)$ 在以 α、β 为端点的闭区间上具有一阶连续导数，且 $x'(t)^2 + y'(t)^2 \neq 0$，则第二类曲线积分 $\int_L P(x,y)\mathrm{d}x + Q(x,y)\mathrm{d}y$ 存在，且

$$\int_L P(x,y)\mathrm{d}x + Q(x,y)\mathrm{d}y = \int_\alpha^\beta \{P[x(t),y(t)]x'(t) + Q[x(t),y(t)]y'(t)\}\mathrm{d}t \quad (12-6)$$

若 L 由方程 $y=y(x)$ 给出，x 由 a 变到 b 时，点 (x,y) 从 L 的起点移动到终点，则

$$\int_L P(x,y)\mathrm{d}x + Q(x,y)\mathrm{d}y = \int_a^b \{P[x,y(x)] + Q[x,y(x)]y'(x)\}\mathrm{d}x$$

若 L 是空间曲线，则

$$\int_L \vec{F}(x,y,z) \cdot \mathrm{d}\vec{L}$$

$$= \int_\alpha^\beta \{P[x(t),y(t),z(t)]x'(t) + Q[x(t),y(t),z(t)]y'(t) + R[x(t),y(t),z(t)]z'(t)\}\mathrm{d}t$$

定理 12-3 表明，第二类曲线积分的计算思路也是"**一投二代**"，即把曲线 L 投影到参数轴上，得投影区间 $[\alpha,\beta]$，再把曲线 L 的方程代入，于是第二类曲线积分就变成了投影区间上的定积分．

【例 12-5】　计算 $\int_L xy\mathrm{d}x$，其中 L 为抛物线 $y^2=x$ 上从点 $A(1,-1)$ 到点 $B(1,1)$ 的一段弧，如图 12-5 所示．

解：选 x 为积分变量，则

$$y=\pm\sqrt{x}$$

故要分成 $y=\sqrt{x}$ 与 $y=-\sqrt{x}$ 两个函数求解．于是

$$\int_L xy\mathrm{d}x = \int_{\widehat{AO}} xy\mathrm{d}x + \int_{\widehat{OB}} xy\mathrm{d}x = \int_1^0 x(-\sqrt{x})\mathrm{d}x + \int_0^1 x(\sqrt{x})\mathrm{d}x$$

$$= 2\int_0^1 x^{\frac{3}{2}}\mathrm{d}x = \frac{4}{5}$$

若选 y 为积分变量，则只需一个积分式即可．

$$\int_L xy\,\mathrm{d}x = \int_{-1}^{1} y^2 \cdot y\,\mathrm{d}(y^2) = 2\int_{-1}^{1} y^4\,\mathrm{d}y = \frac{2}{5}y^5 \Big|_{-1}^{1} = \frac{2}{5}\times[1-(-1)] = \frac{4}{5}$$

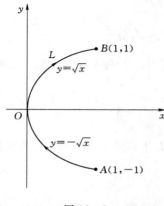

图 12-5

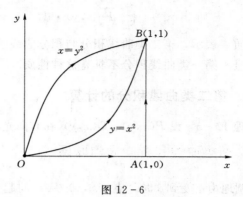

图 12-6

【例 12-6】 计算 $\int_L 2xy\,\mathrm{d}x + x^2\,\mathrm{d}y$，其中 L 为（图 12-6）：

（1）抛物线 $y=x^2$ 上从点 $O(0,0)$ 到点 $B(1,1)$ 的一段弧；

（2）抛物线 $y^2=x$ 上从点 $O(0,0)$ 到点 $B(1,1)$ 的一段弧；

（3）有向折线 OAB，这里 O、A、B 依次是点 $(0,0)$、$(1,0)$、$(1,1)$.

解：（1）$\int_L 2xy\,\mathrm{d}x + x^2\,\mathrm{d}y = \int_0^1 2x \cdot x^2\,\mathrm{d}x + x^2\,\mathrm{d}(x^2) = \int_0^1 4x^3\,\mathrm{d}x = x^4 \Big|_0^1 = 1$

（2）$\int_L 2xy\,\mathrm{d}x + x^2\,\mathrm{d}y = \int_0^1 2y^2 \cdot y\,\mathrm{d}(y^2) + (y^2)^2\,\mathrm{d}y = \int_0^1 5y^4\,\mathrm{d}y = y^5 \big|_0^1 = 1$

（3）$\int_L 2xy\,\mathrm{d}x + x^2\,\mathrm{d}y = \int_{0A} 2xy\,\mathrm{d}x + x^2\,\mathrm{d}y + \int_{AB} 2xy\,\mathrm{d}x + x^2\,\mathrm{d}y$

$$= \int_0^1 (2x \cdot 0 + x^2 \cdot 0)\,\mathrm{d}x + \int_0^1 (2y \cdot 0 + 1)\,\mathrm{d}y$$

$$= 0 + 1 = 1$$

从［例 12-6］可以看出，虽然沿不同路径，曲线积分的值可以相等.

【例 12-7】 计算 $\oint_L yz(x-x^2)\,\mathrm{d}x + zx(y-y^2)\,\mathrm{d}y + xy(z-z^2)\,\mathrm{d}z$，其中 L 为球面 $x^2+y^2+z^2=a^2$ 与 $x+y+z=0$ 的交线，从 z 轴正向看 L 为逆时针方向.

解：因 L 满足 $x+y+z=0$，故 $\mathrm{d}x+\mathrm{d}y+\mathrm{d}z=0$，$L$ 满足 $x^2+y^2+z^2=a^2$，故 $x\mathrm{d}x+y\mathrm{d}y+z\mathrm{d}z=0$，所以

$$原式 = \oint_L xyz[(\mathrm{d}x+\mathrm{d}y+\mathrm{d}z)-(x\mathrm{d}x+y\mathrm{d}y+z\mathrm{d}z)] = 0$$

*【例 12-8】 （2015）已知曲线 L 的方程为 $\begin{cases} z=\sqrt{2-x^2-y^2} \\ z=x \end{cases}$，起点为 $A(0,\sqrt{2},0)$，终点为 $B(0,-\sqrt{2},0)$，计算曲线积分 $I = \int_L (y+z)\,\mathrm{d}x + (z^2-x^2+y)\,\mathrm{d}y + (x^2+y^2)\,\mathrm{d}z$.

解： 由题意假设 L 参数方程 $\begin{cases} x=\cos\theta \\ y=\sqrt{2}\sin\theta \\ z=\cos\theta \end{cases}$，$\theta : \dfrac{\pi}{2} \to -\dfrac{\pi}{2}$

$$I = \int_L (y+z)\mathrm{d}x + (z^2-x^2+y)\mathrm{d}y + (x^2+y^2)\mathrm{d}z$$

$$= \int_{\frac{\pi}{2}}^{-\frac{\pi}{2}} \left[-(\sqrt{2}\sin\theta+\cos\theta)\sin\theta + 2\sin\theta\cos\theta - (1+\sin^2\theta)\sin\theta \right]\mathrm{d}\theta$$

$$= \int_{\frac{\pi}{2}}^{-\frac{\pi}{2}} -\sqrt{2}\sin^2\theta + \sin\theta\cos\theta - (1+\sin^2\theta)\sin\theta\,\mathrm{d}\theta$$

$$= 2\sqrt{2}\int_0^{\frac{\pi}{2}} \sin^2\theta\,\mathrm{d}\theta = \frac{\sqrt{2}}{2}\pi$$

四、两类曲线积分之间的联系

虽然第一类曲线积分和第二类曲线积分来自不同的物理原型，且有着不同的特性，但是在一定条件下，如在规定了曲线的方向之后，可建立两者之间的联系.

设有向光滑曲线 L 的参数方程为

$$\begin{cases} x=\varphi(t) \\ y=\psi(t) \end{cases}$$

起点 A、终点 B 分别对应参数 α、β. 不妨设 $\alpha < \beta$（若 $\alpha > \beta$，可令 $s=-t$，讨论以 s 为参数的参数方程就可转到前一种情形）. 又设函数 $P(x,y)$、$Q(x,y)$ 在 L 上连续，则有

$$\int_L P(x,y)\mathrm{d}x + Q(x,y)\mathrm{d}y = \int_\alpha^\beta \{ P[\varphi(t),\psi(t)]\varphi'(t) + Q[\varphi(t),\psi(t)]\psi'(t) \}\mathrm{d}t$$

另一方面，有向曲线 L 的切向量为

$$\boldsymbol{T} = \varphi'(t)\vec{i} + \psi'(t)\vec{j}$$

其方向与参数 t 增大时曲线上点 $M(\varphi(t),\psi(t))$ 的走向一致，方向余弦为

$$\cos\alpha = \frac{\varphi'(t)}{\sqrt{\varphi'^2(t)+\psi'^2(t)}}, \quad \cos\beta = \frac{\psi'(t)}{\sqrt{\varphi'^2(t)+\psi'^2(t)}}$$

于是 $\displaystyle\int_L [P(x,y)\cos\alpha + Q(x,y)\cos\beta]\mathrm{d}L$

$$= \int_\alpha^\beta \left\{ P[\varphi(t),\psi(t)]\frac{\varphi'(t)}{\sqrt{\varphi'^2(t)+\psi'^2(t)}} + Q[\varphi(t),\psi(t)]\frac{\psi'(t)}{\sqrt{\varphi'^2(t)+\psi'^2(t)}} \right\} \sqrt{\varphi'^2(t)+\psi'^2(t)}\,\mathrm{d}t$$

$$= \int_\alpha^\beta \{ P[\varphi(t),\psi(t)]\varphi'(t) + Q[\varphi(t),\psi(t)]\psi'(t) \}\mathrm{d}t$$

由此可见，平面曲线上两类曲线积分之间有如下关系：

$$\int_L P(x,y)\mathrm{d}x + Q(x,y)\mathrm{d}y = \int_L [P(x,y)\cos\alpha + Q(x,y)\cos\beta]\mathrm{d}L$$

式中：α、β 为有向曲线 L 在点 (x,y) 处切向量的方向角.

类似地，可知空间曲线上两类曲线积分之间有如下关系：

$$\int_L P(x,y,z)\mathrm{d}x + Q(x,y,z)\mathrm{d}y + R(x,y,z)\mathrm{d}z$$

$$= \int_L [P(x,y,z)\cos\alpha + Q(x,y,z)\cos\beta_2 + R(x,y,z)\cos\gamma]\mathrm{d}L$$

式中：α、β、γ 为有向曲线 L 在点 (x,y,z) 处切向量的方向角.

习 题 12－2

计算下列第二类曲线积分：

1. $\int_L (x^2 - y^2)\mathrm{d}x$，其中 L 为 $y = x^2$ 上从点 $(0,0)$ 到点 $(2,4)$ 的一段弧.

2. $\int_L y\mathrm{d}x + x\mathrm{d}y$，其中 L 为圆周 $x = R\cos t$，$y = R\sin t$ 从 $t = 0$ 到 $t = \dfrac{\pi}{2}$ 的一段弧.

3. $\oint_L \dfrac{(x+y)\mathrm{d}x - (x-y)\mathrm{d}y}{x^2 + y^2}$，其中 L 为逆时针方向的整个圆周 $x^2 + y^2 = a^2$.

4. $\int_L (x+y)\mathrm{d}x + (y-x)\mathrm{d}y$，其中 L 是从点 $(1,1)$ 到点 $(4,2)$ 的直线段.

5. (1987) $\oint_L (2xy - 2y)\mathrm{d}x + (x^2 - 4x)\mathrm{d}y$，其中 L 为圆周 $x^2 + y^2 = 9$ 的正向.

6. (2004) $\int_L x\mathrm{d}y - 2y\mathrm{d}x$，其中 L 为圆周 $x^2 + y^2 = 2$ 正向在第一象限中的部分.

7. (2008) $\int_L \sin 2x\mathrm{d}x + 2(x^2 - 1)y\mathrm{d}y$，其中 L 为 $y = \sin x$ 上从点 $(0,0)$ 到点 $(\pi,0)$ 的一段.

*8. (2010) $\int_L xy\mathrm{d}x + x^2\mathrm{d}y$，其中曲线 L 的方程为 $y = 1 - |x|$，$x \in [-1,1]$，起点是 $(-1,0)$，终点是 $(1,0)$.

第三节 格林公式及其应用

一、格林公式

在一元函数积分学中，牛顿-莱布尼茨公式

$$\int_a^b F'(x)\mathrm{d}x = F(b) - F(a)$$

表示：$F'(x)$ 在区间 $[a,b]$ 上的积分可以通过它的原函数 $F(x)$ 在这个区间端点上的值来表达.

下面要介绍的格林公式揭示了平面区域 D 上的二重积分与其边界曲线 L 上的曲线积分之间的关系.

平面闭区域 D 有单连通和复连通之分. 若 D 内任一闭曲线所围部分都属于 D，则称 D 为单连通区域，否则称为复连通区域. 通俗地讲，单连通区域就是不含有"洞"的区域，复连通区域是含有"洞"的区域.

边界曲线 L 要求分段光滑、有向、简单. L 的正向规定如下：当观察者沿 L 正向走时，D 总在它的左边. 简单是指曲线 L 没有自相交.

定理 12-4（格林公式）　设 D 是由分段光滑的曲线 L 围成的平面闭区域，函数 $P(x,y)$ 和 $Q(x,y)$ 在 D 上具有一阶连续偏导数，则有

$$\iint\limits_{D}\left(\frac{\partial Q}{\partial x}-\frac{\partial P}{\partial y}\right)\mathrm{d}x\mathrm{d}y=\oint_{L}P\mathrm{d}x+Q\mathrm{d}y \quad (12-7)$$

其中，L 是 D 的取正向的边界曲线.

式（12-7）称为格林公式.

证：先假设 D 既是 X 型，又是 Y 型（图 12-7）.

设 $D=\{(x,y)\,|\,\varphi_1(x)\leqslant y\leqslant\varphi_2(x),a\leqslant x\leqslant b\}$，由于 $\frac{\partial P}{\partial y}$ 连续，所以

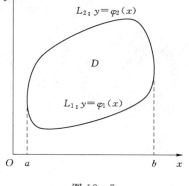

图 12-7

$$\iint\limits_{D}\frac{\partial P}{\partial y}\mathrm{d}x\mathrm{d}y=\int_{a}^{b}\mathrm{d}x\int_{\varphi_1(x)}^{\varphi_2(x)}\frac{\partial P(x,y)}{\partial y}\mathrm{d}y$$

$$=\int_{a}^{b}\{P[x,\varphi_2(x)]-P[x,\varphi_1(x)]\}\mathrm{d}x \quad (12-8)$$

另一方面

$$\oint_{L}P\mathrm{d}x=\int_{L_1}P\mathrm{d}x+\int_{L_2}P\mathrm{d}x$$

$$=\int_{a}^{b}P[x,\varphi_1(x)]\mathrm{d}x+\int_{b}^{a}P[x,\varphi_2(x)]\mathrm{d}x$$

$$=\int_{a}^{b}\{P[x,\varphi_1(x)]\mathrm{d}x-P[x,\varphi_2(x)]\}\mathrm{d}x$$

因此

$$-\iint\limits_{D}\frac{\partial P}{\partial y}\mathrm{d}x\mathrm{d}y=\oint_{L}P\mathrm{d}x \quad (12-9)$$

设 $D=\{(x,y)\,|\,\psi_1(y)\leqslant y\leqslant\psi_2(y),c\leqslant y\leqslant d\}$，类似地可证

$$\iint\limits_{D}\frac{\partial Q}{\partial x}\mathrm{d}x\mathrm{d}y=\oint_{L}Q\mathrm{d}y \quad (12-10)$$

由于 D 既是 X 型，又是 Y 型，式（12-9）、式（12-10）同时成立，合并后即得式（12-8）.

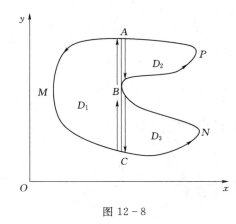

图 12-8

若 D 如图 12-8 所示，不满足既是 X 型，又是 Y 型的条件，可在 D 中引辅助线 ABC，把 D 分成 D_1、D_2、D_3 三部分，将式（12-7）应用于每一部分得

$$\iint\limits_{D_1}\left(\frac{\partial Q}{\partial x}-\frac{\partial P}{\partial y}\right)\mathrm{d}x\mathrm{d}y=\oint_{\overset{\frown}{AMC}+\overset{\frown}{CB}+\overset{\frown}{BA}}P\mathrm{d}x+Q\mathrm{d}y$$

$$\iint\limits_{D_2}\left(\frac{\partial Q}{\partial x}-\frac{\partial P}{\partial y}\right)\mathrm{d}x\mathrm{d}y=\oint_{\overset{\frown}{BPA}+\overset{\frown}{AB}}P\mathrm{d}x+Q\mathrm{d}y$$

$$\iint\limits_{D_3}\left(\frac{\partial Q}{\partial x}-\frac{\partial P}{\partial y}\right)\mathrm{d}x\mathrm{d}y=\oint_{\overset{\frown}{CNB}+\overset{\frown}{BC}}P\mathrm{d}x+Q\mathrm{d}y$$

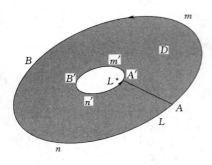

图 12-9

把这三个等式相加，注意沿辅助线来回的曲线积分相互抵消，便得

$$\iint\limits_{D}\left(\frac{\partial Q}{\partial x}-\frac{\partial P}{\partial y}\right)\mathrm{d}x\mathrm{d}y=\oint_{L}P\mathrm{d}x+Q\mathrm{d}y$$

若 D 如图 12-9 所示为复连通区域，其边界由曲线 L 和 L^* 组成，用曲线 AA' 把 L 和 L^* 连接起来，D 就变成以 L、L^*、AA' 为边界的单连通区域，于是

$$\iint\limits_{D}\left(\frac{\partial Q}{\partial x}-\frac{\partial P}{\partial y}\right)\mathrm{d}x\mathrm{d}y=\oint_{\widehat{AmB}+\widehat{BnA}+\widehat{AA'}+\widehat{A'n'B'}+\widehat{B'm'A'}+\widehat{A'A}}P\mathrm{d}x+Q\mathrm{d}y$$

$$=\oint_{L^{*-}}P\mathrm{d}x+Q\mathrm{d}y+\oint_{L}P\mathrm{d}x+Q\mathrm{d}y$$

可见，格林公式对复连通区域亦成立. 但应注意右边的边界是指 D 的全部边界，且内外边界皆为正向.

在格林公式中，令 $p=-y$，$Q=x$，便得到计算 D 面积的公式

$$D=\iint\limits_{D}\mathrm{d}x\mathrm{d}y=\frac{1}{2}\oint_{L}-y\mathrm{d}x+x\mathrm{d}y \tag{12-11}$$

【例 12-9】 求椭圆 $x=a\cos\theta$，$y=b\sin\theta$ 所围成的图形面积 D.

解：根据式（12-11），有

$$D=\frac{1}{2}\oint_{L}-y\mathrm{d}x+x\mathrm{d}y=\frac{1}{2}\int_{0}^{2\pi}\left[-b\sin\theta\mathrm{d}(a\cos\theta)+a\cos\theta\mathrm{d}(b\sin\theta)\right]$$

$$=\frac{1}{2}ab\int_{0}^{2\pi}(\sin^{2}\theta+\cos^{2}\theta)\mathrm{d}\theta=\frac{1}{2}ab\cdot2\pi=\pi ab$$

【例 12-10】 求 $\oint_{L}xy^{2}\mathrm{d}y-x^{2}y\mathrm{d}x$，其中 L 为曲线 $x^{2}+y^{2}=a^{2}(a>0)$ 逆时针方向一周.

解：D：$x^{2}+y^{2}\leqslant a^{2}(a>0)$，$P=-x^{2}y$，$Q=xy^{2}$.

$$\frac{\partial P}{\partial y}=-x^{2}, \qquad \frac{\partial Q}{\partial x}=y^{2}$$

于是

$$\oint_{L}xy^{2}\mathrm{d}y-x^{2}y\mathrm{d}x=\iint\limits_{D}(y^{2}+x^{2})\mathrm{d}x\mathrm{d}y$$

$$=\int_{0}^{2\pi}\mathrm{d}\theta\int_{0}^{a}\rho^{2}\cdot\rho\mathrm{d}\rho=2\pi\cdot\frac{1}{4}a^{4}=\frac{1}{2}\pi a^{4}$$

【例 12-11】 求 $\oint_{L}\frac{x\mathrm{d}y-y\mathrm{d}x}{x^{2}+y^{2}}$，其中 L 是一条分段光滑、不自相交、不经过原点的连续的闭曲线，L 的方向为逆时针方向.

解：设 L 所围成的闭区域为 D，$P=\dfrac{-y}{x^{2}+y^{2}}$，$Q=\dfrac{x}{x^{2}+y^{2}}$.

（1）当 D 不含原点时　　　　　　　$x^{2}+y^{2}\neq0$

$$\frac{\partial P}{\partial y} = \frac{-(x^2+y^2)-(-y)2y}{(x^2+y^2)^2} = \frac{y^2-x^2}{(x^2+y^2)^2}$$

$$\frac{\partial Q}{\partial x} = \frac{x^2+y^2-x \cdot 2x}{(x^2+y^2)^2} = \frac{y^2-x^2}{(x^2+y^2)^2}$$

$$\frac{\partial P}{\partial y} = \frac{\partial Q}{\partial x}$$

于是
$$\oint_L \frac{x\mathrm{d}y - y\mathrm{d}x}{x^2+y^2} = \iint_D 0\mathrm{d}x\mathrm{d}y = 0$$

（2）当 D 包含原点时，以原点为圆心，以适当的正数 ρ 为半径做位于 D 内的圆周 L^*：$x^2+y^2=\rho^2$，记 L 和 L^* 所围成的闭区域为 D_1（图 12 - 10），则

$$\oint_L \frac{x\mathrm{d}y - y\mathrm{d}x}{x^2+y^2} - \oint_{L^*} \frac{x\mathrm{d}y - y\mathrm{d}x}{x^2+y^2} = \iint_D 0\mathrm{d}x\mathrm{d}y = 0$$

$$\oint_L \frac{x\mathrm{d}y - y\mathrm{d}x}{x^2+y^2} = \oint_{L^*} \frac{x\mathrm{d}y - y\mathrm{d}x}{x^2+y^2} = \int_0^{2\pi} \frac{\rho\cos\theta\mathrm{d}(\rho\sin\theta) - \rho\sin\theta\mathrm{d}(\rho\cos\theta)}{\rho^2}$$

$$= \int_0^{2\pi} (\cos^2\theta + \sin^2\theta)\mathrm{d}\theta = 2\pi$$

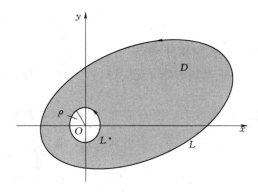

图 12 - 10

二、平面上曲线积分与路径无关的条件

我们知道，质点在保守场中移动时，场力所做的功与质点所走的路径无关，只与路径的起点和终点有关. 而质点移动时，场力所做的功可用第二类曲线积分表示. 因此，要讨论的问题是：在什么条件下第二类曲线积分与路径无关.

为了研究这个问题，先要明确什么叫作曲线积分 $\int_L P\mathrm{d}x + Q\mathrm{d}y$ 与路径无关.

设 G 是一个区域，$P(x,y)$、$Q(x,y)$ 在 G 内具有一阶连续偏导数，对于连接 G 内任意两点 A、B 的任意两条曲线 L_1、L_2（图 12 - 11），若等式

$$\int_{L_1} P\mathrm{d}x + Q\mathrm{d}y = \int_{L_2} P\mathrm{d}x + Q\mathrm{d}y \tag{12-12}$$

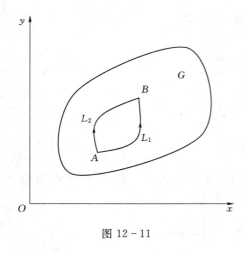

图 12 - 11

恒成立，则称曲线积分 $\int_L P\mathrm{d}x + Q\mathrm{d}y$ 在 G 内与路径无关. 由于

$$\int_{L_2} P\mathrm{d}x + Q\mathrm{d}y = -\int_{L_2^-} P\mathrm{d}x + Q\mathrm{d}y$$

所以

$$\int_{L_1} P\mathrm{d}x + Q\mathrm{d}y = -\int_{L_2^-} P\mathrm{d}x + Q\mathrm{d}y$$

$$\int_{L_1} P\mathrm{d}x + Q\mathrm{d}y + \int_{L_2^-} P\mathrm{d}x + Q\mathrm{d}y = 0$$

从而 $\int_{L_1 + L_2^-} P\mathrm{d}x + Q\mathrm{d}y = 0$

这里 $L_1 + L_2^-$ 是一条有向闭曲线，说明曲线积分与路径无关意味着在 G 内沿闭曲线的积分与零，即

$$\int_L P\mathrm{d}x + Q\mathrm{d}y = 0 \tag{12-13}$$

定理 12 - 5 设 G 是单连通区域，$P(x,y)$、$Q(x,y)$ 在 G 内具有一阶连续偏导数，且 $\dfrac{\partial P}{\partial y} = \dfrac{\partial Q}{\partial x}$，则在 G 内：

（1） 曲线积分 $\int_L P\mathrm{d}x + Q\mathrm{d}y$ 与路径无关.

（2） 存在函数 $u(x,y)$，使 $P\mathrm{d}x + Q\mathrm{d}y$ 是 $u(x,y)$ 的全微分，即 $\mathrm{d}u = P\mathrm{d}x + Q\mathrm{d}y$. 反之亦是.

证：（1） 在 G 内任取一闭曲线 L，因 G 是单连通区域，所以闭曲线 L 所围成的闭区域 D 全在 G 内，于是 D 上恒有 $\dfrac{\partial P}{\partial y} = \dfrac{\partial Q}{\partial x}$，由格林公式，有

$$\int_L P\mathrm{d}x + Q\mathrm{d}y = \iint\limits_D \left(\frac{\partial Q}{\partial x} - \frac{\partial P}{\partial y}\right)\mathrm{d}x\mathrm{d}y = 0$$

由（1）可知，起点为 $M_0(x_0,y_0)$、终点为 $M(x,y)$ 的曲线积分在 D 内与路径无关，只与起点和终点有关，可记为 $\int_{(x_0,y_0)}^{(x,y)} p(x,y)\mathrm{d}x + Q(x,y)\mathrm{d}y$.

当起点 $M_0(x_0,y_0)$ 固定时，这个积分只取决于终点 $M(x,y)$，是 x、y 的函数，记为 $u(x,y)$，即

$$u(x,y) = \int_{(x_0,y_0)}^{(x,y)} p(x,y)\mathrm{d}x + Q(x,y)\mathrm{d}y$$

下面证明 $\dfrac{\partial u}{\partial x} = P(x,y)$，$\dfrac{\partial u}{\partial y} = Q(x,y)$

即 $\mathrm{d}u = \dfrac{\partial u}{\partial x}\mathrm{d}x + \dfrac{\partial u}{\partial y}\mathrm{d}y = P(x,y)\mathrm{d}x + Q(x,y)\mathrm{d}y$

由于此曲线积分与路径无关，可以取如下路径：先从 M_0 到 M，后沿平行于 x 轴的直线从 M 到 N （图 12 - 12），于是有

$$u(x+\Delta x,y)=u(x,y)+\int_{(x,y)}^{(x+\Delta x,y)}P(x,y)\mathrm{d}x+Q(x,y)\mathrm{d}y$$

即
$$u(x+\Delta x,y)-u(x,y)=\int_{(x,y)}^{(x+\Delta x,y)}P(x,y)\mathrm{d}x+Q(x,y)\mathrm{d}y$$
$$=\int_{x}^{x+\Delta x}P(x,y)\mathrm{d}x$$
$$=P(\xi,y)\Delta x\ (\xi\ \text{在}\ x\ \text{与}\ x+\Delta x\ \text{之间})$$

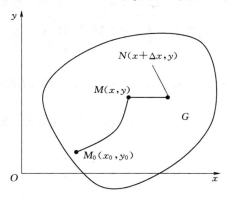

图 12 - 12

故
$$\frac{\partial u}{\partial x}=\lim_{\Delta x\to 0}\frac{u(x+\Delta x)-u(x,y)}{\Delta x}=\lim_{\Delta x\to 0}\frac{P(\xi,y)\Delta x}{\Delta x}=P(x,y)$$

同理可证
$$\frac{\partial u}{\partial y}=Q(x,y)$$

于是
$$\mathrm{d}u=\frac{\partial u}{\partial x}\mathrm{d}x+\frac{\partial u}{\partial y}\mathrm{d}y=P(x,y)\mathrm{d}x+Q(x,y)\mathrm{d}y$$

（2）反之，由（1），若曲线积分与路径无关，即 $\int_{L}P\mathrm{d}x+Q\mathrm{d}y=0$，则必有 $\frac{\partial P}{\partial y}-\frac{\partial Q}{\partial x}=0$.
假设至少有一点 $M_0\in D$，$\left(\frac{\partial Q}{\partial x}-\frac{\partial P}{\partial y}\right)\Big|_{M_0}=\eta>0.$

由于 $\frac{\partial P}{\partial y}$、$\frac{\partial Q}{\partial x}$ 在 D 内连续，则存在圆心为 M_0、半径为 δ、面积为 σ、正向边界曲线为 r 的圆域 K，使 K 上恒有 $\frac{\partial Q}{\partial x}-\frac{\partial P}{\partial y}\geqslant\frac{\eta}{2}$，于是

$$\oint_{r}P\mathrm{d}x+Q\mathrm{d}y=\iint_{K}\left(\frac{\partial Q}{\partial x}-\frac{\partial P}{\partial Y}\right)\mathrm{d}x\mathrm{d}y\geqslant\frac{\eta}{2}\sigma$$

这与沿 D 内任意闭曲线的曲线积分为零的假定矛盾，说明假设不成立，即 $\frac{\partial P}{\partial y}=\frac{\partial Q}{\partial x}$.

由（2），假设存在函数 $u(x,y)$，使
$$\mathrm{d}u=P(x,y)\mathrm{d}x+Q(x,y)\mathrm{d}y$$

则必有 $\frac{\partial u}{\partial x}=p(x,y)$，$\frac{\partial u}{\partial y}=Q(x,y)$，从而 $\frac{\partial^2 u}{\partial x\partial y}=\frac{\partial P}{\partial y}$，$\frac{\partial^2 u}{\partial y\partial x}=\frac{\partial Q}{\partial x}$. 由于 P、Q 具有一阶连续偏导数，所以 $\frac{\partial^2 u}{\partial x\partial y}$、$\frac{\partial^2 u}{\partial y\partial x}$ 连续. 因此 $\frac{\partial^2 u}{\partial x\partial y}=\frac{\partial^2 u}{\partial y\partial x}$，即 $\frac{\partial P}{\partial y}=\frac{\partial Q}{\partial x}$. 说明若 $P(x,y)\mathrm{d}x+$

$Q(x,y)\mathrm{d}y$ 是 $u(x,y)$ 的全微分时，必有 $\dfrac{\partial P}{\partial y}=\dfrac{\partial Q}{\partial x}$ 这个条件.

根据上述定理，若函数 $P(x,y)$、$Q(x,y)$ 在单连通区域 D 内具有一阶连续偏导数，且 $\dfrac{\partial P}{\partial y}=\dfrac{\partial Q}{\partial x}$，则 $P\mathrm{d}x+Q\mathrm{d}y$ 是某个函数 $u(x,y)$ 的全微分，即 $P(x,y)\mathrm{d}x+Q(x,y)\mathrm{d}y=\mathrm{d}u$，且 $u(x,y)=\displaystyle\int_{(x_0,y_0)}^{(x,y)}P(x,y)\mathrm{d}x+Q(x,y)\mathrm{d}y$. 因为积分与路径无关，可取完全位于 D 内且平行于坐标轴的直线段连成的折线 M_0RM 或 M_0SM 作为积分曲线（图 12 - 13），则有

$$u(x,y)=\int_{x_0}^{x}P(x,y_0)\mathrm{d}x+\int_{y_0}^{y}Q(x,y)\mathrm{d}y \quad（取 M_0RM 为积分曲线） \quad (12-14)$$

$$u(x,y)=\int_{y_0}^{y}Q(x_0,y)\mathrm{d}y+\int_{x}^{x_0}P(x,y)\mathrm{d}x \quad（取 M_0SM 为积分曲线） \quad (12-15)$$

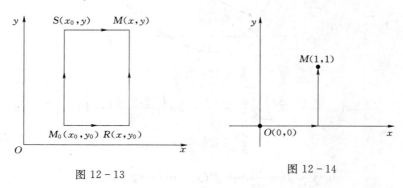

图 12 - 13　　　　　　　图 12 - 14

【例 12 - 12】 计算积分 $\displaystyle\int_L (x^2-y)\mathrm{d}x-(x+\sin^2 y)\mathrm{d}y$，其中 L 为圆周 $y=\sqrt{2x-x^2}$ 上点 $(0,0)$ 到点 $(1,1)$ 的一段弧.

解：$P=x^2-y$，$Q=-x-\sin^2 y$，$\dfrac{\partial P}{\partial y}=-1$，$\dfrac{\partial Q}{\partial x}=-1$，即 $\dfrac{\partial P}{\partial y}=\dfrac{\partial Q}{\partial x}$，此曲线积分与路径无关. 取积分路线（图 12 - 14），利用式（12 - 14）得

$$\int_L (x^2-y)\mathrm{d}x-(x+\sin^2 y)\mathrm{d}y=\int_0^1 x^2\mathrm{d}x-\int_0^1 (1+\sin^2 y)\mathrm{d}y$$
$$=\frac{1}{3}x^3\Big|_0^1-\int_0^1\Big(1+\frac{1-\cos 2y}{2}\Big)\mathrm{d}y$$
$$=\frac{1}{3}-\Big(\frac{3}{2}y-\frac{1}{4}\sin 2y\Big)\Big|_0^1=-\frac{7}{6}+\frac{1}{4}\sin 2$$

【例 12 - 13】 验证在整个 xOy 平面内，$(x+2y)\mathrm{d}x+(2x+y)\mathrm{d}y$ 是某个函数 $u(x,y)$ 的全微分，并求出 $u(x,y)$.

解：$P=x+2y$，$Q=2x+y$，$\dfrac{\partial P}{\partial y}=2$，$\dfrac{\partial Q}{\partial x}=2$，即 $\dfrac{\partial P}{\partial y}=\dfrac{\partial Q}{\partial x}$，故 $(x+2y)\mathrm{d}x+(2x+y)\mathrm{d}y$ 是函数 $u(x,y)$ 的全微分. 取积分路线如图 12 - 15 所示.

利用式（12 - 14），有

$$u(x,y) = \int_{(0,0)}^{(x,y)} (x+2y)\mathrm{d}x + (2x+y)\mathrm{d}y$$

$$= \int_0^x x\mathrm{d}x + \int_0^y (2x+y)\mathrm{d}y$$

$$= \frac{1}{2}x^2 + 2xy + \frac{1}{2}y^2$$

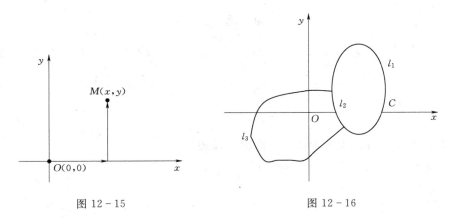

图 12－15　　　　　　　　　　　图 12－16

*【例 12－14】　（2005）设函数 $\varphi(y)$ 具有连续导数，在围绕原点的任意分段光滑简单闭曲线 L 上，曲线积分 $\oint_L \dfrac{\phi(y)\mathrm{d}x + 2xy\mathrm{d}x}{2x^2 + y^4}$ 的值恒为同一常数.

（1）证明：对右半平面 $x>0$ 内的任意分段光滑简单闭曲线 C，有 $\oint_C \dfrac{\phi(y)\mathrm{d}x + 2xy\mathrm{d}y}{2x^2 + y^4} = 0$.

（2）求函数 $\varphi(y)$ 的表达式.

解： 证明（1）的关键是如何将封闭曲线 C 与围绕原点的任意分段光滑简单闭曲线相联系，这可利用曲线积分的可加性将 C 进行分解讨论；而（2）中求 $\varphi(y)$ 的表达式，显然应用积分与路径无关即可.

（1）如图 12－16 所示，将 C 分解为：$C = l_1 + l_2$，另做一条曲线 l_3 围绕原点且与 C 相接，则

$$\oint_C \frac{\phi(y)\mathrm{d}x + 2xy\mathrm{d}y}{2x^2 + y^4} = \oint_{l_1 + l_3} \frac{\varphi(y)\mathrm{d}x + 2xy\mathrm{d}y}{2x^2 + y^4}$$

$$-\oint_{l_2 + l_3} \frac{\phi(y)\mathrm{d}x + 2xy\mathrm{d}y}{2x^2 + y^4} = 0$$

（2）设 $P = \dfrac{\varphi(y)}{2x^2 + y^4}$，$Q = \dfrac{2xy}{2x^2 + y^4}$，$P$、$Q$ 在单连通区域 $x>0$ 内具有一阶连续偏导数，由（1）知，曲线积分 $\displaystyle\int_L \frac{\varphi(y)\mathrm{d}x + 2xy\mathrm{d}y}{2x^2 + y^4}$ 在该区域内与路径无关，故当 $x>0$ 时，总有 $\dfrac{\partial Q}{\partial x} = \dfrac{\partial P}{\partial y}$.

$$\frac{\partial Q}{\partial x} = \frac{2y(2x^2 + y^4) - 4x \cdot 2xy}{(2x^2 + y^4)^2} = \frac{-4x^2 y + 2y^5}{(2x^2 + y^4)^2} \tag{12-16}$$

$$\frac{\partial P}{\partial y} = \frac{\varphi'(y)(2x^2 + y^4) - 4\varphi(y)y^3}{(2x^2 + y^4)^2} = \frac{2x^2 \varphi'(y) + \varphi'(y)y^4 - 4\varphi(y)y^3}{(2x^2 + y^4)^2} \tag{12-17}$$

比较式（12-16）、式（12-17）两式的右端，得

$$\varphi'(y) = -2y \tag{12-18}$$

$$\varphi'(y)y^4 - 4\varphi(y)y^3 = 2y^5 \tag{12-19}$$

由式（12-18）得 $\varphi(y) = -y^2 + c$，将 $\varphi(y)$ 代入式（12-19）得 $2y^5 - 4cy^3 = 2y^5$，所以 $c=0$，从而 $\varphi(y) = -y^2$.

习 题 12-3

*1. 设 L_1：$x^2 + y^2 = 1$，L_2：$x^2 + y^2 = 2$，L_3：$x^2 + 2y^2 = 2$，L_4：$2x^2 + y^2 = 2$ 为四条逆时针方向的平面曲线，记 $I_i = \oint_{L_i}\left(y + \dfrac{y^3}{6}\right)\mathrm{d}x + \left(2x - \dfrac{x^3}{3}\right)\mathrm{d}y$ $(i = 1,2,3,4)$，则 $\max\{I_1, I_2, I_3, I_4\} = ($ $)$.

A. I_1 B. I_2 C. I_3 D. I_4

2. 利用曲线积分，求下列曲线所围图形面积：

（1）星形线 $x = a\cos^3 t$，$y = a\sin^3 t$；

（2）椭圆 $9x^2 + 16y^2 = 144$；

（3）圆 $x^2 + y^2 = 2ax$.

3. 证明曲线积分 $\displaystyle\int_{(1,2)}^{(3,4)} (6xy^2 - y^3)\mathrm{d}x + (6x^2y - 3xy^2)\mathrm{d}y$ 在整个 xOy 平面内与路径无关，并计算积分值.

4. 利用格林公式或曲线积分与路径无关性，计算下列曲线积分：

（1）$\displaystyle\oint_L (2xy - x^2)\mathrm{d}x + (x + y^2)\mathrm{d}y$，其中 L 是由 $y = x^2$ 和 $y^2 = x$ 所围区域的正向边界；

（2）$\displaystyle\oint_L (2x - y + 4)\mathrm{d}x + (5y + 3x - 6)\mathrm{d}y$，其中 L 为三个顶点分别为 $(0,0)$、$(3,0)$、$(3,2)$ 的三角形的正向边界；

（3）$\displaystyle\int_L (2xy^3 - y^2\cos x)\mathrm{d}x + (1 - 2y\sin x + 3x^2y^2)\mathrm{d}y$，其中 L 是 $2x = \pi y^2$ 上由点 $(0,0)$ 到点 $\left(\dfrac{\pi}{2}, 1\right)$ 的一段弧；

（4）$\displaystyle\int_L (x^2 - y)\mathrm{d}x - (x + \sin^2 y)\mathrm{d}y$，其中 L 是 $y = \sqrt{2x - x^2}$ 上由点 $(0,0)$ 到点 $(1,1)$ 的一段弧；

（5）（1989）已知 $\displaystyle\int_L xy^2\mathrm{d}x + y\varphi(x)\mathrm{d}y$ 与路径无关，$\varphi(x)$ 有连续导数，$\varphi(0) = 0$，求 $\displaystyle\int_{(0,0)}^{(1,1)} xy^2\mathrm{d}x + y\varphi(x)\mathrm{d}y$；

*（6）（2006）设在上半平面 $D = \{(x,y) \mid y > 0\}$ 内，函数 $f(x,y)$ 是有连续偏导数，且对任意的 $t > 0$ 都有 $f(tx, ty) = t^{-2}f(x,y)$. 证明：对 D 内的任意分段光滑的有向简单闭曲线 L，都有 $\displaystyle\oint_L yf(x,y)\mathrm{d}x - xf(x,y)\,\mathrm{d}y = 0$；

*（7）（2012）计算曲线积分 $I = \displaystyle\int_L 3x^2y\mathrm{d}x + (x^3 + x - 2y)\mathrm{d}y$，其中 L 是第一象限中从点

$(0,0)$ 沿圆周 $x^2+y^2=2x$ 到点 $(2,0)$，再沿圆周 $x^2+y^2=4$ 到点 $(0,2)$ 曲线段；

*(8)（2016）设函数 $f(x,y)$ 满足 $\dfrac{\partial f(x,y)}{\partial x}=(2x+1)\mathrm{e}^{2x-y}$，且 $f(0,y)=y+1$，L_t 是从点 $(0,0)$ 到点 $(1,t)$ 的光滑曲线，计算积分 $I(t)=\displaystyle\int_{L_t}\dfrac{\partial f(x,y)}{\partial x}\mathrm{d}x+\dfrac{\partial f(x,y)}{\partial y}\mathrm{d}y$，并求 $I(t)$ 的最小值.

5. 验证 $(3x^2y+8xy^2)\mathrm{d}x+(x^3+8x^2y+12y\mathrm{e}^y)\mathrm{d}y$ 在整个 xOy 平面内是某函数 $u(x,y)$ 的全微分，并求这样的一个 $u(x,y)$.

6.（2011）求方程 $(2x+y-4)\mathrm{d}x+(x+y-1)\mathrm{d}y=0$ 的通解.

*第四节　第一类曲面积分——对面积的曲面积分

一、第一类曲面积分的定义

引进第一类曲面积分的目的是为了求解曲面质量这样一类的问题. 已知曲面 S 方程为 $z=z(x,y)$，面密度为 $\rho(x,y,z)$，面积为 S，如图 12-17 所示，如何求此曲面的质量呢？

若质量分布均匀，则面密度 ρ 为常数，于是 S 的质量 $m=\rho S$. 若质量分布不均匀，面密度 $\rho(x,y,z)$ 随 x、y、z 连续变化，求 S 的质量就不能用上述公式，但可以先将 S 任意分成无穷多个微块，其中包含点 (x,y,z) 的微块及其面积记为 $\mathrm{d}S$，显然对任意一点 $(\xi,\eta,\zeta)\in\mathrm{d}S$，$(\xi,\eta,\zeta)\rightarrow(x,y,z)$，$\rho(\xi,\eta,\zeta)\rightarrow\rho(x,y,z)$，即此微块上任意一点的面密度都一样，都等于 $\rho(x,y,z)$，于是此微块的质量可用上述公式表示为 $\mathrm{d}m=\rho(x,y,z)\mathrm{d}S$. 再将这无穷多个微块的质量相加，若此无穷和存在，则此和即为曲面 S 的质量.

抽去上述实例的物理意义，一般地定义第一类曲面积分如下：

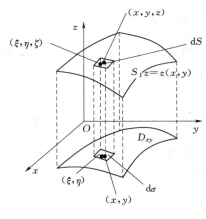

图 12-17

定义 12-3　设曲面 S 光滑，函数 $f(x,y,z)$ 在 S 上有界，将 S 任意分成无穷多个微块，其中含任意一点 (x,y,z) 的微块及其面积记为 $\mathrm{d}S$，作函数值 $f(x,y,z)$ 与微块面积 $\mathrm{d}S$ 的乘积 $f(x,y,z)\mathrm{d}S$，求和. 若此无穷和收敛、有和，则称此和为 $f(x,y,z)$ 在 S 上的第一类曲面积分或对面积的曲面积分，记为 $\displaystyle\iint_S f(x,y,z)\mathrm{d}S$，其中 $f(x,y,z)$ 称为被积函数，S 称为积分曲面.

可以证明，当 $f(x,y,z)$ 在 S 上连续时，积分 $\displaystyle\iint_S f(x,y,z)\mathrm{d}S$ 一定存在，以后总假定 $f(x,y,z)$ 在 S 上连续.

根据上述定义，光滑曲面 S 的面密度 $\rho(x,y,z)$ 连续时，其质量 m 可表示为 $\rho(x,y,z)$ 在 S 上的第一类曲面积分：

$$m = \iint\limits_{S} \rho(x,y,z)\mathrm{d}S$$

二、第一类曲面积分的性质

第一类曲面积分的性质与第一类曲线积分类似.

性质 1　$\iint\limits_{S} kf(x,y,z\mathrm{d}S) = k\iint\limits_{S} f(x,y,z)\mathrm{d}S$.

性质 2　$\iint\limits_{S}[f(x,y,z)+g(x,y,z)]\mathrm{d}S = \iint\limits_{S} f(x,y)\mathrm{d}S + \iint\limits_{S} g(x,y)\mathrm{d}S$.

性质 3　若 S 可分成两段光滑曲面 S_1 和 S_2，则

$$\iint\limits_{S} f(x,y,z)\mathrm{d}S = \iint\limits_{S_1} f(x,y,z)\mathrm{d}S + \iint\limits_{S_2} f(x,y,z)\mathrm{d}S$$

性质 4　若 $f(x,y,z) \equiv 1$，则 $\iint\limits_{S}\mathrm{d}S = S$.

性质 5　若 $f(x,y,z) \leqslant g(x,y,z)$，则 $\iint\limits_{S} f(x,y,z)\mathrm{d}S \leqslant \iint\limits_{S} g(x,y,z)\mathrm{d}S$.

性质 6　在 S 上若 $m \leqslant f(x,y,z) \leqslant M$，则 $mS \leqslant \iint\limits_{S} f(x,y,z)\mathrm{d}S \leqslant MS$.

性质 7　若 $f(x,y,z)$ 在光滑曲面 S 上连续，则存在一点 $(\xi,\eta,\zeta) \in S$，使得

$$\iint\limits_{S} f(x,y,z)\mathrm{d}S = f(\xi,\mu,\zeta) \cdot S$$

三、第一类曲面积分的计算

定理 12-6　设曲面 S 的方程为 $z = z(x,y)$，若 S 在 xOy 面上的投影为 D_{xy}，$z = z(x,y)$ 在 D_{xy} 上具有连续偏导数，$f(x,y,z)$ 在 S 上连续，则

$$\iint\limits_{S} f(x,y,z)\mathrm{d}S = \iint\limits_{D_{xy}} [x,y,z(x,y)]\sqrt{1+z_x^2+z_y^2}\,\mathrm{d}x\mathrm{d}y \qquad (12-20)$$

若 S 在 yOz 面，zOx 面的投影分别是 D_{yz}、D_{zx}，则

$$\iint\limits_{S} f(x,y,z)\mathrm{d}S = \iint\limits_{D_{yz}} f[x(y,z),y,z]\sqrt{1+x_y^2+x_z^2}\,\mathrm{d}y\mathrm{d}z \qquad (12-21)$$

$$\iint\limits_{S} f(x,y,z)\mathrm{d}S = \iint\limits_{D_{zx}} f[x,y(z,x),z]\sqrt{1+y_x^2+y_z^2}\,\mathrm{d}z\mathrm{d}x \qquad (12-22)$$

定理 12-6 表明，第一类曲面积分的计算思路也是"一投二代"，即把曲面 S 投影到 xOy 面上得投影区域 D_{xy}，再把曲面 S 的方程［如 $z = z(x,y)$］和微曲面元公式（如 $\mathrm{d}S = \sqrt{1+z_x^2+z_y^2}\,\mathrm{d}x\mathrm{d}y$）代入，于是第一类曲面积分就变成了投影 D_{xy} 上的重积分.

定理 12-7　若 $f(x,y,z)$ 与 S 满足定理 12-6 的条件，且 S 关于 $z=0$ 对称，$\dfrac{1}{2}S$ 表示 S 位于 $z=0$ 上方的部分，则

$$\iint\limits_{S} f(x,y,z)\mathrm{d}S = \begin{cases} 0 & f(x,y,-z)=-f(x,y,z)\text{（图 }12-18\text{）} \\ 2\iint\limits_{\frac{1}{2}S} f(x,y,z)\mathrm{d}S & f(x,y,-z)=f(x,y,z) \end{cases}$$

【例 12 - 15】　计算 $\iint\limits_{S}(x^2+y^2)\mathrm{d}S$，其中 S 是锥面 $z=\sqrt{x^2+y^2}$ 及平面 $z=1$ 所围成的整个边界曲面（如图 $12-18$ 所示上半部分）.

解： 设 S_1 的方程为 $z=\sqrt{x^2+y^2}$，S_2 的方程为 $z=1$、$S=S_1+S_2$ 在 xOy 面上的投影 $D_{xy}=\{(x,y)\mid x^2+y^2\leqslant 1\}$.

对 S_1：$z_x=\dfrac{x}{\sqrt{x^2+y^2}}$，$z_y=\dfrac{x}{\sqrt{x^2+y^2}}$，$\sqrt{1+z_x^2+z_y^2}=\sqrt{2}$

对 S_2：$z_x=0$，$z_y=0$，$\sqrt{1+z_x^2+z_y^2}=1$

$$\begin{aligned}
\iint\limits_{S}(x^2+y^2)\mathrm{d}S &= \iint\limits_{S_1}(x^2+y^2)\mathrm{d}S+\iint\limits_{S_2}(x^2+y^2)\mathrm{d}S \\
&= \iint\limits_{D_{xy}}(x^2+y^2)\sqrt{2}\mathrm{d}x\mathrm{d}y+\iint\limits_{D_{xy}}(x^2+y^2)\mathrm{d}x\mathrm{d}y \\
&= (\sqrt{2}+1)\iint\limits_{D_{xy}}(x^2+y^2)\mathrm{d}x\mathrm{d}y=(\sqrt{2}+1)\int_0^{2\pi}\mathrm{d}\theta\int_0^1\rho^2\cdot\rho\mathrm{d}\rho \\
&= (\sqrt{2}+1)\cdot 2\pi\cdot\frac{1}{4}=\frac{\sqrt{2}+1}{2}\pi
\end{aligned}$$

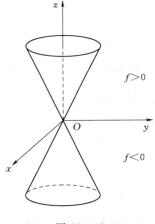

图 12 - 18

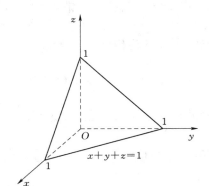

图 12 - 19

【例 12 - 16】　计算 $\oiint\limits_{S}xyz\mathrm{d}S$，其中 S 由平面 S_1：$x=0$，S_2：$y=0$，S_3：$z=0$ 和 S_4：$x+y+z=1$ 所围成（图 $12-19$）.

解： 在 S_1、S_2、S_3 上被积函数 $f(x,y,z)=xyz=0$，所以

$$\iint\limits_{S_1}xyz\mathrm{d}S=\iint\limits_{S_2}xyz\mathrm{d}S=\iint\limits_{S_3}xyz\mathrm{d}S=0$$

在 S_4 上　　　　　　　　　　　　　　$z=1-x-y$

$$\sqrt{1+Z_x^2+Z_y^2}=\sqrt{1+(-1)^2+(-1)^2}=\sqrt{3}$$

所以　$\oiint\limits_S xyz\,\mathrm{d}S=\iint\limits_{S_1}xyz\,\mathrm{d}S+\iint\limits_{S_2}xyz\,\mathrm{d}S+\iint\limits_{S_3}xyz\,\mathrm{d}S+\iint\limits_{S_4}xyz\,\mathrm{d}S=0+0+0+\iint\limits_{S_4}xyz\,\mathrm{d}S$

$$=\iint\limits_{D_{xy}}xy(1-x-y)\sqrt{3}\,\mathrm{d}x\mathrm{d}y$$

$$=\sqrt{3}\int_0^1 x\,\mathrm{d}x\int_0^{1-x}y(1-x-y)\,\mathrm{d}y$$

$$=\sqrt{3}\int_0^1 x\left[(1-x)\frac{y^2}{2}-\frac{y^3}{3}\right]\Big|_0^{1-x}\mathrm{d}x$$

$$=\sqrt{3}\int_0^1 x\frac{(1-x)^3}{6}\mathrm{d}x=\frac{\sqrt{3}}{6}\int_0^1(x-3x^2+3x^3-x^4)\mathrm{d}x=\frac{\sqrt{3}}{120}$$

习　题　12－4

计算下列第一类曲面积分：

1. $\iint\limits_S\left(z+2x+\dfrac{4}{3}y\right)\mathrm{d}S$，其中 S 为平面 $\dfrac{x}{2}+\dfrac{y}{3}+\dfrac{z}{4}=1$ 在第一卦限中的部分.

2. $\iint\limits_S(x^2+y^2)\mathrm{d}S$，其中 S 为曲面 $z=2-(x^2+y^2)$ 在 xOy 面上方的部分.

3. $\iint\limits_S z^2\mathrm{d}S$，其中 S 为圆柱面 $x^2+y^2=R^2$ 在 $0\leqslant z\leqslant h$ 的部分.

4. $\iint\limits_S\dfrac{1}{(1+x+y)^2}\mathrm{d}S$，其中 S 为平面 $x+y+z=1$ 在第一卦限中的部分.

5. （1995）$\iint\limits_S z\,\mathrm{d}S$，其中 S 为锥面 $z=\sqrt{x^2+y^2}$ 在柱体 $x^2+y^2\leqslant 2x$ 内的部分.

*6. （1999）设 S 为椭球面 $\dfrac{x^2}{2}+\dfrac{y^2}{2}+z^2=1$ 的上半部分，点 $P(x,y,z)\in S$，π 为 S 上点 P 处的切平面，$\rho(x,y,z)$ 为点 $O(0,0,0)$ 到平面 π 的距离，求 $\iint\limits_S\dfrac{z}{\rho(x,y,z)}\mathrm{d}S$.

*7. （2007）$\oiint\limits_S(x+|y|)\mathrm{d}S$，其中 S：$|x|+|y|+|z|=1$.

*8. （2012）设曲面 $\Sigma=\{(x,y,z)\mid x+y+z=1,\ x\geqslant 0,\ y\geqslant 0,\ z\geqslant 0\}$，求 $\iint\limits_\Sigma y^2\mathrm{d}S$.

*第五节　第二类曲面积分——对坐标的曲面积分

一、第二类曲面积分的定义

引进第二类曲面积分的目的是为了求解流过曲面 S 的流量这样一类问题. 已知体密度为 1 的不可压缩流体流过 S 的流速为

$$\vec{v}(x,y,z)=P(x,y,z)\vec{i}+Q(x,y,z)\vec{j}+R(x,y,z)\vec{k}$$

曲面方程为 $z=z(x,y)$，面积为 S，$z=z(x,y)$ 随 x、y 连续变化，单位法向量 $\vec{n}=(\cos\alpha,\cos\beta,\cos\gamma)$，如何求流过 S 的流量呢？

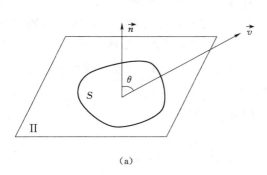

(a)

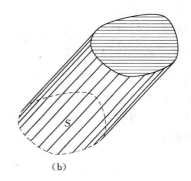

(b)

图 12-20

若 S 是平面，面积为 S，流体在平面上各点处的流速 $\vec{v}$ 是常向量，$\vec{n}$ 为该平面的单位法向量（图 12-20），则单位时间流过 S 的流体组成一个以 S 为底，$|\vec{v}|$ 为斜高的斜柱体，其流量为

$$\Phi=S|\vec{v}|\cos\theta=S(\vec{v}\cdot\vec{n})=(P\cos\alpha+Q\cos\beta+R\cos\gamma)S$$

若 S 是曲面 $z=z(x,y)$，流体在 S 上的流速 $\vec{v}(x,y,z)$ 随 x、y、z 连续变化，此时求流量就不能用上述公式，但可以先将 S 任意分成无穷多个微面积元，其中包含点 (x,y,z) 的微面积元及其面积记为 ds，显然 ds 为一平面，对任意一点 $(\xi,\eta,\zeta)\in ds$，$(\xi,\eta,\zeta)\to(x,y,z)$，$\vec{v}(\xi,\eta,\zeta)\to\vec{v}(x,y,z)$，即 ds 上任意一点的流速都一样，都等于 $\vec{v}(x,y,z)$，于是流过 dS 的流量可用上述公式表示为 $(\vec{v}\cdot\vec{n})dS=(P\cos\alpha+$

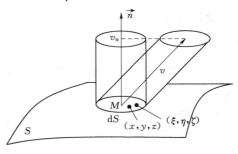

图 12-21

$Q\cos\beta+R\cos\gamma)dS$（图 12-21），再将这无穷多个微面积元上的流量相加，若此无穷和存在，则此和即为流过 S 的流量.

抽去上述实例的物理意义，一般地定义第二类曲面积分如下：

定义 12-4 设 S 为光滑的有向曲面，向量函数 $\vec{v}(x,y,z)$ 的分量 $P(x,y,z)$、$Q(x,y,z)$、$R(x,y,z)$ 在 S 上有界，将 S 任意分成无穷多个微面积元，其中包含点 (x,y,z) 的微面积元及其面积记为 dS，其单位法向量 $\vec{n}=(\cos\alpha,\cos\beta,\cos\gamma)$，作 $\vec{v}$ 与 $\vec{n}$ 的内积再乘以 dS，即 $(\vec{v}\cdot\vec{n})dS$，求和，若此无穷和存在，则称此和为 $\vec{v}(x,y,z)$ 在 S 上的第二类曲面积分，记为

$$\iint_S(\vec{v}\cdot\vec{n})dS=\iint_S(P\cos\alpha+Q\cos\beta+R\cos\gamma)dS$$

其中 $P(x,y,z)$、$Q(x,y,z)$、$R(x,y,z)$ 称为被积函数，S 称为积分曲面.

可以证明，当 $p(x,y,z)$、$Q(x,y,z)$、$R(x,y,z)$ 在 S 上连续时，积分 $\iint_S(\vec{v}\cdot\vec{n})dS$

一定存在. 以后总假定 $p(x,y,z)$、$Q(x,y,z)$、$R(x,y,z)$ 在 S 上连续.

需要说明的是,第二类曲面积分中的曲面 S 是指定了侧的有向曲面,通常我们遇到的曲面都是双侧的,如 $z=z(x,y)$ 表示的曲面,有上侧与下侧之分;$x=x(y,z)$ 表示的曲面有前侧与后侧之分;$y=y(z,x)$ 表示的曲面有左侧与右侧之分;闭曲面则有外侧与内侧之分. 曲面的侧,一般是通过取法线的指向来定. 例如,对曲面 $z=z(x,y)$,如果取 $\vec{n}$ 的指向朝上,就认为取定了曲面的上侧,又如,对闭曲面,如果取 $\vec{n}$ 的指向朝外,就认为取定了曲面的外侧. 这种取定了法向量指向的曲面,称为有向曲面.

第二类曲面积分具有与第二类曲线积分相类似的性质.

性质 1 若把 S 分成 S_1 和 S_2,则有

$$\iint\limits_{S}(\vec{v}\cdot\vec{n})\mathrm{d}S=\iint\limits_{S_1}(\vec{v}\cdot\vec{n})\mathrm{d}S+\iint\limits_{S_2}(\vec{v}\cdot\vec{n})\mathrm{d}S$$

性质 2 若 S^- 表示 S 的相反侧,则有

$$\iint\limits_{S^-}(\vec{v}\cdot\vec{n})\mathrm{d}S=-\iint\limits_{S}(\vec{v}\cdot\vec{n})\mathrm{d}S$$

二、第二类曲面积分的计算

设曲面 S 在 xOy 面、yOz 面、zOx 面的投影分别是 D_{xy}、D_{yz}、D_{zx},且 $\mathrm{d}S$ 在 xOy 面、yOz 面、zOx 面的投影分别是 $\mathrm{d}\sigma_{xy}$、$\mathrm{d}\sigma_{yz}$、$\mathrm{d}\sigma_{zx}$. 由第十一章可知:

$$\cos\alpha=\frac{\mathrm{d}\sigma_{yz}}{\mathrm{d}S}=\frac{\mathrm{d}y\mathrm{d}z}{\mathrm{d}S},\quad \cos\beta=\frac{\mathrm{d}\sigma_{zx}}{\mathrm{d}S}=\frac{\mathrm{d}z\mathrm{d}x}{\mathrm{d}S},\quad \cos\gamma=\frac{\mathrm{d}\sigma_{xy}}{\mathrm{d}S}=\frac{\mathrm{d}x\mathrm{d}y}{\mathrm{d}S}$$

于是

$$\iint\limits_{S}(\vec{v}\cdot\vec{n})\mathrm{d}S=\iint\limits_{S}[P(x,y,z)\cos\alpha+Q(x,y,z)\cos\beta+R(x,y,z)\cos\gamma]\mathrm{d}S$$

$$=\iint\limits_{S}P(x,y,z)\mathrm{d}y\mathrm{d}z+Q(x,y,z)\mathrm{d}z\mathrm{d}x+R(x,y,z)\mathrm{d}x\mathrm{d}y \quad (12-23)$$

计算第二类曲面积分,基本思路也是**"一投二代"**,但怎样投,怎样代,关键要看曲面 S 如何表示,S 的方向如何选定.

若曲面 S 表示为:$z=z(x,y)$,则把 S 投影到 xOy 面,得投影 D_{xy},再把 $z=z(x,y)$ 代入被积函数,于是曲面积分就变成了投影 D_{xy} 上的重积分,即

$$\iint\limits_{S}R(x,y,z)\mathrm{d}x\mathrm{d}y=\pm\iint\limits_{D_{xy}}R[x,y,z(x,y)]\mathrm{d}x\mathrm{d}y \quad (12-24)$$

当 S 为上侧时,因为 $0\leqslant\alpha\leqslant\frac{\pi}{2}$;故选取 "+";为下侧时,$\frac{\pi}{2}<\alpha\leqslant\pi$,选取 "−".

若曲面 S 表示为:$y=y(z,x)$,则把 S 投影到 zOx 面,得投影 D_{zx},再把 $y=y(z,x)$ 代入,于是有

$$\iint\limits_{S}Q(x,y,z)\mathrm{d}z\mathrm{d}x=\pm\iint\limits_{D_{zx}}Q[x,y(z,x),z]\mathrm{d}z\mathrm{d}x \quad (12-25)$$

当 S 为右侧时,选取 "+";为左侧时,选取 "−".

若曲面 S 表示为：$x = x(y, z)$，则把 S 投影到 yOz 面，得投影 D_{yz}，再把 $x = x(y, z)$ 代入，于是有

$$\iint\limits_{S} P(x, y, z) \mathrm{d}y \mathrm{d}z = \pm \iint\limits_{D_{yz}} P[x(y, z), y, z] \mathrm{d}y \mathrm{d}z \qquad (12-26)$$

当 S 为前侧时，选取"$+$"；为后侧时，选取"$-$".

上述投影称为多面投影，即将 S 分别投影到 xOy 面、yOz 面和 zOx 面上. 若将 S 只投影到某个坐标面上（如 xOy 面），则称为单面投影. 此时 $z = z(x, y)$ 的法向量为 $\left(\dfrac{\partial z}{\partial x}, \dfrac{\partial z}{\partial y}, -1 \right)$，单位法向量 $\vec{n}$ 为

$$\vec{n} = \left(\frac{\dfrac{\partial z}{\partial x}}{\sqrt{1 + \left(\dfrac{\partial z}{\partial x}\right)^2 + \left(\dfrac{\partial z}{\partial y}\right)^2}}, \frac{\dfrac{\partial z}{\partial y}}{\sqrt{1 + \left(\dfrac{\partial z}{\partial x}\right)^2 + \left(\dfrac{\partial z}{\partial y}\right)^2}}, \frac{-1}{\sqrt{1 + \left(\dfrac{\partial z}{\partial x}\right)^2 + \left(\dfrac{\partial z}{\partial y}\right)^2}} \right)$$

$$= (\cos\alpha, \cos\beta, \cos\gamma)$$

于是
$$\cos\alpha = -\frac{\partial z}{\partial x}\cos\gamma, \qquad \cos\beta = -\frac{\partial z}{\partial y}\cos\gamma$$

$$\iint\limits_{S} (\vec{v} \cdot \vec{n}) \mathrm{d}S = \iint\limits_{S} (P\cos\alpha + Q\cos\beta + R\cos\gamma) \mathrm{d}S$$

$$= \iint\limits_{S} \left(-P\frac{\partial z}{\partial x} - Q\frac{\partial z}{\partial y} + R \right) \cos\gamma \mathrm{d}S$$

$$= \iint\limits_{D_{xy}} \left\{ P[x, y, z(x, y)]\left(-\frac{\partial z}{\partial x}\right) + Q[x, y, z(x, y)]\left(-\frac{\partial z}{\partial y}\right) + R[x, y, z(x, y)] \right\} \mathrm{d}S$$

若 S 关于 $z = 0$ 面对称，$\dfrac{1}{2}S$ 表示位于 $z = 0$ 面上方的部分，$R(x, y, z)$ 关于 z 是奇函数，即 $R(x, y, -z) = -R(x, y, z)$，则 $\iint\limits_{S} R(x, y, z) \mathrm{d}x \mathrm{d}y = 2\iint\limits_{\frac{1}{2}S} R(x, y, z) \mathrm{d}x \mathrm{d}y$. 若 $R(x, y, z)$ 关于 z 是偶函数，则 $\iint\limits_{S} R(x, y, z) \mathrm{d}x \mathrm{d}y = 0$（图 12-22）.

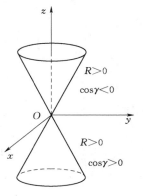

图 12-22

【例 12-17】 求 $\oiint\limits_{S} xyz \mathrm{d}x \mathrm{d}y$，其中 S 为球面 $x^2 + y^2 + z^2 = 1$ 外侧在 $x \geqslant 0$、$y \geqslant 0$ 的部分.

解： 把 S 分成 S_1 和 S_2 两个部分（图 12-23）由于 S 关于 $z = 0$ 面对称，$R(x, y, z) = xyz$ 关于 z 轴是奇函数，故

$$\iint\limits_{S} xyz \mathrm{d}x \mathrm{d}y = 2\iint\limits_{\frac{1}{2}S} xyz \mathrm{d}x \mathrm{d}y = 2\iint\limits_{D_{xy}} xy\sqrt{1 - x^2 - y^2}\, \mathrm{d}x \mathrm{d}y$$

$$= 2\int_{0}^{\frac{\pi}{2}} \mathrm{d}\theta \int_{0}^{1} \rho\cos\theta \cdot \rho\sin\theta \sqrt{1 - \rho^2}\, \rho \mathrm{d}\rho$$

$$= \int_{0}^{\frac{\pi}{2}} \sin 2\theta \mathrm{d}\theta \int_{0}^{1} \rho^3 \sqrt{1 - \rho^2}\, \rho \mathrm{d}\rho = 1 \times \frac{2}{15} = \frac{2}{15}$$

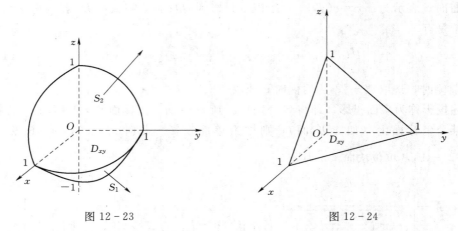

图 12 - 23　　　　　　　　　　　　图 12 - 24

【例 12 - 18】 求 $\oiint\limits_{S} xz\,\mathrm{d}x\mathrm{d}y + xy\,\mathrm{d}y\mathrm{d}z + yz\,\mathrm{d}z\mathrm{d}x$，其中 S 是平面 $x=0$、$y=0$、$z=0$，$x+y+z=1$ 所围成的空间区域的边界曲面的外侧（图 12 - 24）.

解：设 S_1：$x=0$，S_2：$y=0$，S_3：$z=0$ 和 S_4：$x+y+z=1$，则 $S=S_1+S_2+S_3+S_4$，对 $\oiint\limits_{S} xz\,\mathrm{d}x\mathrm{d}y$，因 S_1，S_2 在 xOy 面的投影为 0，故

$$\oiint\limits_{S} xz\,\mathrm{d}x\mathrm{d}y = \oiint\limits_{S_3} x \cdot 0\,\mathrm{d}x\mathrm{d}y + \oiint\limits_{S_4} xz\,\mathrm{d}x\mathrm{d}y$$

$$= \oiint\limits_{D_{xy}} x(1-x-y)\,\mathrm{d}x\mathrm{d}y$$

$$= \int_0^1 \mathrm{d}x \int_0^{1-x} x(1-x-y)\,\mathrm{d}y = \int_0^1 x\,\mathrm{d}x \int_0^{1-x} (1-x-y)\,\mathrm{d}y$$

$$= \int_0^1 x\left[(1-x)y - \frac{1}{2}y^2\right]\Big|_0^{1-x}\,\mathrm{d}x = \int_0^1 x \cdot \frac{1}{2}(1-x)^2\,\mathrm{d}x = \frac{1}{24}$$

同理

$$\oiint\limits_{S} xy\,\mathrm{d}y\mathrm{d}z = \oiint\limits_{S_4} xy\,\mathrm{d}y\mathrm{d}z = \oiint\limits_{D_{yz}} y(1-y-z)\,\mathrm{d}y\mathrm{d}z = \frac{1}{24}$$

$$\oiint\limits_{S} yz\,\mathrm{d}z\mathrm{d}x = \oiint\limits_{S_4} yz\,\mathrm{d}z\mathrm{d}x = \oiint\limits_{D_{zx}} z(1-x-z)\,\mathrm{d}z\mathrm{d}x = \frac{1}{24}$$

所以

$$\text{原式} = \frac{1}{24} + \frac{1}{24} + \frac{1}{24} = \frac{1}{8}$$

习　题　12 - 5

计算下列第二类曲面积分：

1. $\iint\limits_{S} x^2 y^2 z\,\mathrm{d}x\mathrm{d}y$，其中 S 为球面 $x^2+y^2+z^2=R^2$ 的下半部分的下侧.

2. $\iint\limits_{S} z\,\mathrm{d}x\mathrm{d}y + x\,\mathrm{d}y\mathrm{d}z + y\,\mathrm{d}z\mathrm{d}x$，其中 S 是柱面 $x^2+y^2=1$ 在 $0 \leqslant z \leqslant 3$ 的且在第一卦限内的部分的前侧.

3. $\iint\limits_{S} x^2 \mathrm{d}y\mathrm{d}z + y^2 \mathrm{d}z\mathrm{d}x + z^2 \mathrm{d}x\mathrm{d}y$，其中 S 为球面 $x^2+y^2+z^2=a^2\,(z\geqslant 0)$ 的上侧.

4. $\iint\limits_{S} \mathrm{e}^y \mathrm{d}y\mathrm{d}z + y\mathrm{e}^x \mathrm{d}z\mathrm{d}x + x^2 y\mathrm{d}x\mathrm{d}y$，其中 S 为抛物面 $z=x^2+y^2$ 被 $x=0$，$x=1$；$y=0$，$y=1$ 所截部分的上侧.

5. （1994）$\iint\limits_{S} \dfrac{x\mathrm{d}y\mathrm{d}z + z^2 \mathrm{d}x\mathrm{d}y}{x^2+y^2+z^2}$，其中 S 为 $x^2+y^2=R^2$ 及 $z=R$，$z=-R$ 所围柱体表面的外侧.

*第六节　高斯公式、斯托克斯公式

一、高斯公式

高斯公式揭示了空间立体 V 上的三重积分与其边界曲面 S 上的曲面积分之间的关系，这个关系可陈述如下：

定理 12－8　设空间闭区域 V 由分片光滑闭曲面 S 所围成，函数 $P(x,y,z)$、$Q(x,y,z)$、$R(x,y,z)$ 在 V 上具有一阶连续偏导数，则有

$$\iiint\limits_{V} \left(\frac{\partial P}{\partial x} + \frac{\partial Q}{\partial y} + \frac{\partial R}{\partial z}\right)\mathrm{d}v = \oiint\limits_{S} P\mathrm{d}y\mathrm{d}z + Q\mathrm{d}z\mathrm{d}x + R\mathrm{d}x\mathrm{d}y \tag{12－27}$$

或

$$\iiint\limits_{V} \left(\frac{\partial P}{\partial x} + \frac{\partial Q}{\partial y} + \frac{\partial R}{\partial z}\right)\mathrm{d}v = \oiint\limits_{S} (P\cos\alpha + Q\cos\beta + R\cos\gamma)\mathrm{d}s \tag{12－28}$$

这里 S 是 V 的整个边界曲面的外侧，$\cos\alpha$、$\cos\beta$、$\cos\gamma$ 是 S 上点 (x,y,z) 处法向量的方向余弦.

证：设闭区域 V 在 xOy 面上的投影为 D_{xy}，假定穿过 V 内部且平行于 z 轴的直线与 V 的边界曲面的交点恰为两个，设 S 由 S_1、S_2、S_3 组成（图 12－25），其中 S_1：$z=z_1(x,y)$ 取下侧；S_2：$z=z_2(x,y)$ 取上侧；S_3 是以 D_{xy} 的边界曲线为准线，母线平行于 z 轴的柱面上的一部分，取外侧.

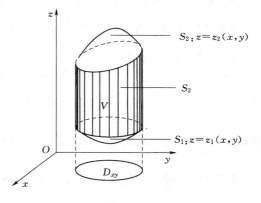

图 12－25

根据三重积分的计算法，有

$$\iiint\limits_{V} \frac{\partial R}{\partial z}\mathrm{d}v = \iint\limits_{D_{xy}} \mathrm{d}x\mathrm{d}y \int_{z_1(x,y)}^{z_2(x,y)} \frac{\partial R}{\partial z}\mathrm{d}z$$

$$= \iint\limits_{D_{xy}} \{R[x,y,z_2(x,y)] - R[x,y,z_1(x,y)]\}\mathrm{d}x\mathrm{d}y \tag{12－29}$$

根据曲面积分的计算法，有

$$\iint\limits_{S_1}R(x,y,z)\mathrm{d}x\mathrm{d}y=-\iint\limits_{D_{xy}}R[x,y,z_1(x,y)]\mathrm{d}x\mathrm{d}y$$

$$\iint\limits_{S_2}R(x,y,z)\mathrm{d}x\mathrm{d}y=\iint\limits_{D_{xy}}R[x,y,z_2(x,y)]\mathrm{d}x\mathrm{d}y$$

因 S_3 上任意一块曲面在 xOy 面上的投影为零，故

$$\iint\limits_{S_2}R(x,y,z)\mathrm{d}x\mathrm{d}y=0$$

把以上三式相加，得

$$\iint\limits_{S}R(x,y,z)\mathrm{d}x\mathrm{d}y=\iint\limits_{D_{xy}}\{R[x,y,z_2(x,y]-R[x,y,z_1(x,y)]\}\mathrm{d}x\mathrm{d}y \qquad (12-30)$$

比较式（12-29）、式（12-30）两式，得

$$\iiint\limits_{V}\frac{\partial R}{\partial z}\mathrm{d}V=\oiint\limits_{S}R(x,y,z)\mathrm{d}x\mathrm{d}y$$

类似地，若穿过 V 内部且平行于 x 轴的直线及平行于 y 轴的直线与 V 的边界曲面 S 的交点也都恰好是两个，则同样有

$$\iiint\limits_{V}\frac{\partial P}{\partial x}\mathrm{d}V=\oiint\limits_{S}P(x,y,z)\mathrm{d}y\mathrm{d}z$$

$$\iiint\limits_{V}\frac{\partial Q}{\partial y}\mathrm{d}V=\oiint\limits_{S}Q(x,y,z)\mathrm{d}z\mathrm{d}x$$

把以上三式两端分别相加，即得高斯公式.

　　若 V 不满足恰好两个交点的条件，可以引进辅助曲面把 V 分成有限个符合上述条件的闭区域，注意到沿辅助曲面相反两侧的两个曲面积分值正好抵消，高斯公式仍然成立.

　　【例 12-19】　利用高斯公式计算曲面积分 $\oiint\limits_{S}x\mathrm{d}y\mathrm{d}z+y\mathrm{d}z\mathrm{d}x+z\mathrm{d}x\mathrm{d}y$，其中 S 为球面 $x^2+y^2+z^2=R^2$ 的外侧.

　　解：
$$P=x,\ Q=y,\ R=z$$
$$\frac{\partial p}{\partial x}=1,\ \frac{\partial Q}{\partial y}=1,\ \frac{\partial R}{\partial z}=1$$

所以　　$\oiint\limits_{S}x\mathrm{d}y\mathrm{d}z+y\mathrm{d}z\mathrm{d}x+z\mathrm{d}x\mathrm{d}y=\iiint\limits_{V}(1+1+1)\mathrm{d}x\mathrm{d}y\mathrm{d}z=3\cdot\frac{4}{3}\pi R^3=4\pi R^3$

　　【例 12-20】　利用高斯公式计算曲面积分 $\iint\limits_{S}x\mathrm{d}y\mathrm{d}z+y\mathrm{d}z\mathrm{d}x+z\mathrm{d}x\mathrm{d}y$，其中 S 为圆柱面 $x^2+y^2=a^2(-h\leqslant z\leqslant h)$ 的外侧.

　　解：因 S 不是封闭曲面，不能应用高斯公式，添上上顶 $S_1=\{(x,y)|x^2+y^2\leqslant a^2,z=h\}$，取上侧，添上下底 $S_2=\{(x,y)|x^2+y^2\leqslant a^2,z=-h\}$，取下侧，则 $S+S_1+S_2$ 为封闭曲面的外侧，记其所围区域为 V，则

$$\iint\limits_{S+S_1+S_2}x\mathrm{d}y\mathrm{d}z+y\mathrm{d}z\mathrm{d}x+z\mathrm{d}x\mathrm{d}y=\iiint\limits_{V}(1+1+1)\mathrm{d}x\mathrm{d}y\mathrm{d}z=3\pi a^2\cdot2h=6\pi a^2h$$

　　因 S_1、S_2 在 yOz 面，zOx 面上的投影面积为零，在 xOy 面上的投影 $D_{xy}=\{(x,y)|$

$x^2+y^2\leqslant a^2,z=0\}$，故

$$\iint\limits_{S_1}x\mathrm{d}y\mathrm{d}z+y\mathrm{d}z\mathrm{d}x+z\mathrm{d}x\mathrm{d}y=\iint\limits_{S_1}z\mathrm{d}x\mathrm{d}y=\iint\limits_{D_{xy}}h\mathrm{d}x\mathrm{d}y=h\cdot\pi a^2$$

$$\iint\limits_{S_2}x\mathrm{d}y\mathrm{d}z+y\mathrm{d}z\mathrm{d}x+z\mathrm{d}x\mathrm{d}y=\iint\limits_{S_2}z\mathrm{d}x\mathrm{d}y=-\iint\limits_{D_{xy}}-h\mathrm{d}x\mathrm{d}y=h\cdot\pi a^2$$

所以
$$\iint\limits_{S}x\mathrm{d}y\mathrm{d}z+y\mathrm{d}z\mathrm{d}x+z\mathrm{d}x\mathrm{d}y=6\pi a^2h-\pi a^2h-\pi a^2h=4\pi a^2h$$

*【例 12－21】　计算曲面积分 $I=\iint\limits_{S}\dfrac{x\mathrm{d}y\mathrm{d}z+z^2\mathrm{d}x\mathrm{d}y}{x^2+y^2+z^2}$，其中 S 是由曲面 $x^2+y^2=R^2$ 及两平面 $z=R$，$z=-R(R>0)$ 所围成立体表面的外侧.

解析：求第二类曲面积分的基本方法：套公式将第二类曲面积分化为第一类曲面积分，再化为二重积分；或用高斯公式转化为求相应的三重积分或简单的曲面积分.

这里曲面块的个数不多，积分项也不多，某些积分取零值，如若 S 垂直 yOz 平面，则 $\iint\limits_{\Sigma}P\mathrm{d}y\mathrm{d}z=0$. 化为二重积分时要选择投影平面，注意利用对称性与奇偶性.

先把积分化简后利用高斯公式也很方便的.

解：

方法1：注意 $\iint\limits_{S}\dfrac{z^2\mathrm{d}x\mathrm{d}y}{x^2+y^2+z^2}=0$（因为 S 关于 xOy 平面对称，被积函数关于 z 是偶函数）. 所以

$$I=\iint\limits_{S}\frac{x\mathrm{d}y\mathrm{d}z}{x^2+y^2+z^2}$$

S 由上下底圆及圆柱面组成. 分别记为 S_1、S_2、S_3，S_1、S_2 与平面 yOz 垂直 $\Rightarrow$

$$\iint\limits_{S_1}\frac{x\mathrm{d}y\mathrm{d}z}{x^2+y^2+z^2}=\iint\limits_{S_2}\frac{x\mathrm{d}y\mathrm{d}z}{x^2+y^2+z^2}=0$$

在 S_3 上将 $x^2+y^2=R^2$ 代入被积表达式得 $I=\iint\limits_{S_3}\dfrac{x\mathrm{d}y\mathrm{d}z}{R^2+z^2}$.

S_3 在 yOz 平面上投影区域为 D_{yz}：$-R\leqslant y\leqslant R$，$-R\leqslant z\leqslant R$，在 S_3 上，$x=\pm\sqrt{R^2-y^2}$，S_3 关于 yz 平面对称，被积函数对 x 为奇函数，可以推出

$$I=2\iint\limits_{D_{yz}}\frac{\sqrt{R^2-y^2}}{R^2+z^2}\mathrm{d}y\mathrm{d}z=2\times2\times2\int_0^R\sqrt{R^2-y^2}\mathrm{d}y\int_0^R\frac{\mathrm{d}z}{R^2+z^2}$$

$$=8\cdot\frac{\pi}{4}R^2\cdot\frac{1}{R}\arctan\frac{z}{R}\Big|_0^R=\frac{1}{2}\pi^2R$$

方法2：S 是封闭曲面，它围成的区域记为 Ω，记 $I=\iint\limits_{S}\dfrac{x\mathrm{d}y\mathrm{d}z}{R^2+z^2}$，再用高斯公式得

$$I=\iiint\limits_{\Omega}\frac{\partial}{\partial x}\Big(\frac{x}{R^2+z^2}\Big)\mathrm{d}V$$

$$=\iiint\limits_{\Omega}\frac{1}{R^2+z^2}\mathrm{d}V=\int_{-R}^{R}\mathrm{d}z\iint\limits_{D(z)}\frac{\mathrm{d}x\mathrm{d}y}{R^2+z^2}$$

$$= 2\pi R^2 \int_0^R \frac{1}{R^2 + z^2} \mathrm{d}z = \frac{1}{2}\pi^2 R \text{（先二后一的方法求三重积分）}$$

其中 $D(z)$ 是圆域：$x^2 + y^2 \leqslant R^2$.

二、斯托克斯公式

斯托克斯公式是格林公式的推广，即把格林公式中的平面区域 D 推广到空间曲面 S，揭示出了曲面 S 上的曲面积分与沿 S 的边界曲线 L 的曲线积分之间的关系．这个关系可陈述如下：

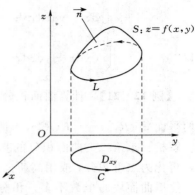

图 12 - 26

定理 12 - 9 设 L 为分段光滑的空间有向闭曲线，S 是以 L 为边界的分片光滑的有向曲面，L 的方向和 S 的方向符合右手法则（图 12 - 26），函数 $P(x,y,z)$、$Q(x,y,z)$、$R(x,y,z)$ 在曲面 S 及曲线 L 上具有一阶连续偏导数，则有

$$\oint_L P\mathrm{d}x + Q\mathrm{d}y + R\mathrm{d}z = \iint_S \left(\frac{\partial R}{\partial y} - \frac{\partial Q}{\partial z}\right)\mathrm{d}y\mathrm{d}z + \left(\frac{\partial P}{\partial z} - \frac{\partial R}{\partial x}\right)\mathrm{d}z\mathrm{d}x + \left(\frac{\partial Q}{\partial x} - \frac{\partial P}{\partial y}\right)\mathrm{d}x\mathrm{d}y$$

$$= \iint_S \left[\left(\frac{\partial R}{\partial y} - \frac{\partial Q}{\partial z}\right)\cos\alpha + \left(\frac{\partial P}{\partial z} - \frac{\partial R}{\partial x}\right)\cos\beta + \left(\frac{\partial Q}{\partial x} - \frac{\partial P}{\partial y}\right)\cos\gamma\right]\mathrm{d}S$$

$$(12 - 31)$$

式（12 - 31）称为斯托克斯公式.

证： 先假定 S 是曲面 $z = f(x,y)$ 的上侧，与平行于 z 轴的直线不多于一个交点，S 的边界是有向曲线 L，S 和 L 在 xOy 面上的投影分别为 D_{xy} 和有向曲线 C（图 12 - 26）．S 的法向量 $\vec{n}$ 的方向余弦为

$$\cos\alpha = \frac{-f_x}{\sqrt{1 + f_x^2 + f_y^2}}, \quad \cos\beta = \frac{-f_y}{\sqrt{1 + f_x^2 + f_y^2}}, \quad \cos\gamma = \frac{1}{\sqrt{1 + f_x^2 + f_y^2}}$$

显然
$$\cos\beta = -f_y\cos\gamma$$

因 $P(x,y,z)$ 在 L 上的点 (x,y,z) 处的值等于 $P[x,y,f(x,y)]$ 在 C 上对应点 (x,y) 处的值，且两曲线上的对应弧段在 x 轴上的投影也一样，于是有

$$\oint_L P(x,y,z)\mathrm{d}x = \oint_C P[x,y,f(x,y)]\mathrm{d}x$$

$$= \iint_{D_{xy}} \left\{0 - \frac{\partial}{\partial y}P[x,y,f(x,y)]\right\}\mathrm{d}x\mathrm{d}y \text{（根据格林公式）}$$

$$= -\iint_{D_{xy}} \frac{\partial}{\partial y}P[x,y,f(x,y)]\mathrm{d}x\mathrm{d}y$$

另一方面
$$\iint_S \left(\frac{\partial P}{\partial z}\cos\beta - \frac{\partial P}{\partial y}\cos\gamma\right)\mathrm{d}S$$

$$= -\iint_S \left(\frac{\partial P}{\partial y} + \frac{\partial P}{\partial z}f_y\right)\cos\gamma\mathrm{d}S \quad \text{（因 } \cos\beta = -f_y\cos\gamma\text{）}$$

$$=-\iint\limits_{D_{xy}} \frac{\partial}{\partial y}P[x,y,f(x,y)]\mathrm{d}x\mathrm{d}y\,（根据复合函数求导法则）$$

所以
$$\iint\limits_{S}\left(\frac{\partial P}{\partial z}\cos\beta-\frac{\partial P}{\partial y}\cos\gamma\right)\mathrm{d}S=\oint_{L}P(x,y,z)\mathrm{d}x$$

同理可证
$$\iint\limits_{S}\left(\frac{\partial Q}{\partial x}\cos\gamma-\frac{\partial Q}{\partial z}\cos\alpha\right)\mathrm{d}S=\oint_{L}Q(x,y,z)\mathrm{d}x$$

$$\iint\limits_{S}\left(\frac{\partial R}{\partial y}\cos\alpha-\frac{\partial R}{\partial x}\cos\gamma\right)\mathrm{d}S=\oint_{L}R(x,y,z)\mathrm{d}x$$

三式相加便得到斯托克斯公式.

若 S 与平行于 z 轴的直线多于一个交点，可作辅助曲线把 S 分成若干部分，使每一部分与平行于 z 轴的直线不多于一个交点，应用斯托克斯公式于每一部分再相加，由于辅助曲线相反方向的两个曲线积分正好抵消，故斯托克斯公式在这样的曲面 S 上仍然成立.

为了便于记忆，斯托克斯公式可写成如下行列式形式：

$$\oint_{L}P\mathrm{d}x+Q\mathrm{d}y+R\mathrm{d}z=\iint\limits_{S}\begin{vmatrix}\cos\alpha & \cos\beta & \cos\gamma\\ \dfrac{\partial}{\partial x} & \dfrac{\partial}{\partial y} & \dfrac{\partial}{\partial z}\\ P & Q & R\end{vmatrix}\mathrm{d}S=\iint\limits_{S}\begin{vmatrix}\mathrm{d}y\mathrm{d}z & \mathrm{d}z\mathrm{d}x & \mathrm{d}x\mathrm{d}y\\ \dfrac{\partial}{\partial x} & \dfrac{\partial}{\partial y} & \dfrac{\partial}{\partial z}\\ P & Q & R\end{vmatrix}$$

$$(12-32)$$

如果 S 是 xOy 面上的一块平面闭区域 D，则斯托克斯公式就成了格林公式. 因此，格林公式是斯托克斯公式的一种特殊形式.

【**例 12-22**】 设 S 为球面 $x^2+y^2+z^2=R^2$ 在第一卦限部分的外侧（图 12-27），$\vec{v}=y\vec{i}+z\vec{j}+x\vec{k}$，试验证斯托克斯公式.

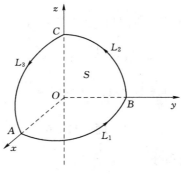

图 12-27

解：注意到 S 的法向量与三个坐标轴都成锐角，

$$L=L_1+L_2+L_3$$

$$\oint_{L}\vec{v}\cdot\mathrm{d}\vec{L}=\oint_{L_1+L_2+L_3}\vec{v}\cdot\mathrm{d}\vec{L}$$

而

$$\int_{L_1} \vec{v} \cdot \mathrm{d}\vec{L} = \int_{L_1} y\mathrm{d}x = \int_0^{\frac{\pi}{2}} R\sin\theta \mathrm{d}(R\cos\theta) = -\frac{1}{4}\pi R^2$$

同理
$$\int_{L_2} \vec{v} \cdot \mathrm{d}\vec{L} = \int_{L_3} \vec{v} \cdot \mathrm{d}\vec{L} = -\frac{1}{4}\pi R^2$$

于是
$$\oint_L \vec{v} \cdot \mathrm{d}\vec{L} = -\frac{3}{4}\pi R^2$$

另一方面
$$\iint_S \begin{vmatrix} \mathrm{d}y\mathrm{d}z & \mathrm{d}z\mathrm{d}x & \mathrm{d}x\mathrm{d}y \\ \dfrac{\partial}{\partial x} & \dfrac{\partial}{\partial y} & \dfrac{\partial}{\partial z} \\ P & Q & R \end{vmatrix} = -\left[\iint_{D_{yz}} \mathrm{d}y\mathrm{d}z + \iint_{D_{zx}} \mathrm{d}z\mathrm{d}x + \iint_{D_{xy}} \mathrm{d}x\mathrm{d}y \right] = -\frac{3}{4}\pi R^2$$

于是有
$$\oint_L \vec{v} \cdot \mathrm{d}\vec{L} = \iint_S \begin{vmatrix} \mathrm{d}y\mathrm{d}z & \mathrm{d}z\mathrm{d}x & \mathrm{d}x\mathrm{d}y \\ \dfrac{\partial}{\partial x} & \dfrac{\partial}{\partial y} & \dfrac{\partial}{\partial z} \\ P & Q & R \end{vmatrix}$$

【例 12 - 23】 利用斯托克斯公式计算曲线积分 $\oint_L z\mathrm{d}x + x\mathrm{d}y + y\mathrm{d}z$，其中 L 为平面 $x+y+z=1$ 被三个坐标面所截成的三角形的整个边界，L 的正向与三角形上侧的法向量符合右手规则（图 12-28）.

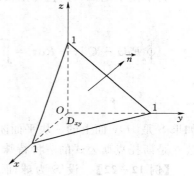

图 12-28

解：按斯托克斯公式有

$$\oint_L z\mathrm{d}x + x\mathrm{d}y + y\mathrm{d}z = \iint_S \mathrm{d}y\mathrm{d}z + \mathrm{d}z\mathrm{d}x + \mathrm{d}x\mathrm{d}y$$

由于 S 的法向量的三个方向余弦都正，又由于对称性，上式右端等于

$$3\iint_S \mathrm{d}x\mathrm{d}y = 3\int_0^1 \mathrm{d}x \int_0^{1-x} \mathrm{d}y = 3\int_0^1 (1-x)\mathrm{d}x$$

$$= 3\left(x - \frac{1}{2}x^2\right)\Big|_0^1 = \frac{3}{2}$$

故
$$\oint_L z\mathrm{d}x + x\mathrm{d}y + y\mathrm{d}z = \frac{3}{2}$$

习 题 12-6

1. 利用高斯公式计算曲面积分：

（1）$\oiint_S x^2\mathrm{d}y\mathrm{d}z + y^2\mathrm{d}z\mathrm{d}x + z^2\mathrm{d}x\mathrm{d}y$，其中 S 为 $x=0$，$x=a$；$y=0$，$y=a$；$z=0$，$z=a$ 所围立体表面的外侧；

（2）（1988）$\oiint_S x^3\mathrm{d}y\mathrm{d}z + y^3\mathrm{d}z\mathrm{d}x + z^3\mathrm{d}x\mathrm{d}y$，其中 S 为球面 $x^2+y^2+z^2=1$ 的外侧；

（3）$\oiint_S xz^2\mathrm{d}y\mathrm{d}z + (x^2y - z^3)\mathrm{d}z\mathrm{d}x + (2xy + y^2z)\mathrm{d}x\mathrm{d}y$，其中 S 为上半球体 $x^2+y^2\leqslant a^2$，

$0 \leqslant z \leqslant \sqrt{a^2 - x^2 - y^2}$ 的表面的外侧；

(4) $\oiint\limits_{S} x \mathrm{d}y\mathrm{d}z + y\mathrm{d}z\mathrm{d}x + z\mathrm{d}x\mathrm{d}y$，其中 S 是介于 $z=0$ 和 $z=3$ 之间的圆柱体 $x^2 + y^2 \leqslant 9$ 的整个表面的外侧；

(5) (2005) $\oiint\limits_{S} x\mathrm{d}y\mathrm{d}z + y\mathrm{d}z\mathrm{d}x + z\mathrm{d}x\mathrm{d}y$，设 V 是由锥面 $z = \sqrt{x^2 + y^2}$ 与半球面 $z = \sqrt{R^2 - x^2 - y^2}$ 围成的空间区域，S 是 V 的整个边界的外侧；

(6) (2008) $\iint\limits_{\Sigma} xy\mathrm{d}y\mathrm{d}z + x\mathrm{d}z\mathrm{d}x + x^2\mathrm{d}x\mathrm{d}y$，设曲面 Σ 是 $z = \sqrt{4 - x^2 - y^2}$ 的上侧；

(7) (2014) 计算曲面积分 $I = \iint\limits_{\Sigma}(x-1)^3 \mathrm{d}y\mathrm{d}z + (y-1)^3 \mathrm{d}z\mathrm{d}x + (z-1)\mathrm{d}x\mathrm{d}y$，设 Σ 为曲面 $z = x^2 + y^2 (z \leqslant 1)$ 的上侧；

(8) (2016) $I = \iint\limits_{\Sigma}(x^2 + 1)\mathrm{d}y\mathrm{d}z - 2y\mathrm{d}z\mathrm{d}x + 3z\mathrm{d}x\mathrm{d}y$，设有界区域 Ω 由平面 $2x + y + 2z = 2$ 与三个坐标平面围成，Σ 为 Ω 整个表面的外侧.

2. 利用斯托克斯公式，计算下列曲线积分：

(1) $\oint\limits_{L} y\mathrm{d}x + z\mathrm{d}y + x\mathrm{d}z$，其中 L 为圆周 $x^2 + y^2 + z^2 = a^2$，$x + y + z = 0$，若从 x 轴正向看去，该圆周取逆时针方向；

(2) $\oint\limits_{L} 3y\mathrm{d}x - xz\mathrm{d}y + yz^2\mathrm{d}z$，其中 L 为圆周 $x^2 + y^2 = 2z$，$z = 2$，若从 z 轴正向看去，该圆周取逆时针方向.

总 习 题 十 二

1. 选择题

(1) 对于格林公式 $\oint\limits_{L} P\mathrm{d}x + Q\mathrm{d}y = \iint\limits_{D}\left(\frac{\partial Q}{\partial x} - \frac{\partial P}{\partial y}\right)\mathrm{d}x\mathrm{d}y$，下述说法正确的是（　　）.

A. L 取逆时针方向，函数 P、Q 在闭区域 D 上存在一阶偏导数且 $\frac{\partial Q}{\partial x} = \frac{\partial P}{\partial y}$

B. L 取顺时针方向，函数 P、Q 在闭区域 D 上存在一阶偏导数且 $\frac{\partial Q}{\partial x} = \frac{\partial P}{\partial y}$

C. L 为 D 的正向边界，函数 P、Q 在闭区域 D 上存在一阶连续偏导数

D. L 取顺时针方向，函数 P、Q 在闭区域 D 上存在一阶连续偏导数

(2) 取定闭曲面 Σ 的外侧，如果 Σ 所围成的立体的体积是 V，那么曲面积分 $=V$ 的是（　　）.

A. $\oiint\limits_{\Sigma} x\mathrm{d}y\mathrm{d}z + y\mathrm{d}z\mathrm{d}x + z\mathrm{d}x\mathrm{d}y$

B. $\oiint\limits_{\Sigma}(x+y)\mathrm{d}y\mathrm{d}z + (y+z)\mathrm{d}z\mathrm{d}x + (z+x)\mathrm{d}x\mathrm{d}y$

C. $\oiint\limits_{\Sigma}(x+y+z)(\mathrm{d}y\mathrm{d}z+\mathrm{d}z\mathrm{d}x+\mathrm{d}x\mathrm{d}y)$

D. $\oiint\limits_{\Sigma}\dfrac{1}{3}(x+y+z)(\mathrm{d}y\mathrm{d}z+\mathrm{d}z\mathrm{d}x+\mathrm{d}x\mathrm{d}y)$

（3）C 为任意一条不通过且不包含原点的正向光滑简单闭曲线，则 $\oint_{C}\dfrac{x\mathrm{d}y-y\mathrm{d}x}{x^{2}+4y^{2}}=$（　　）.

  A. 4π B. 0 C. 2π D. π

（4）设 Σ 为 $x^{2}+y^{2}+z^{2}=a^{2}$ 在 $z\geqslant h(0<h<a)$ 部分，则 $\iint\limits_{\Sigma}z\mathrm{d}S=$（　　）.

  A. $\displaystyle\int_{0}^{2\pi}\mathrm{d}\theta\int_{0}^{a^{2}-h^{2}}\sqrt{a^{2}-r^{2}}r\mathrm{d}r$ B. $\displaystyle\int_{0}^{2\pi}\mathrm{d}\theta\int_{0}^{\sqrt{a^{2}-h^{2}}}ar\mathrm{d}r$

  C. $\displaystyle\int_{0}^{2\pi}\mathrm{d}\theta\int_{-\sqrt{a^{2}-h^{2}}}^{\sqrt{a^{2}-h^{2}}}ar\mathrm{d}r$ D. $\displaystyle\int_{0}^{2\pi}\mathrm{d}\theta\int_{0}^{\sqrt{a^{2}-h^{2}}}\sqrt{a^{2}-r^{2}}r\mathrm{d}r$

2. 填空题

（1）设 C 为依逆时针方向沿椭圆 $\dfrac{x^{2}}{a^{2}}+\dfrac{y^{2}}{b^{2}}=1$ 一周路径，则 $\oint_{C}(x+y)\mathrm{d}x-(x-y)\mathrm{d}y=$
_____.

（2）设 Σ 为球心在原点，半径为 R 的球面的外侧，$\oiint\limits_{\Sigma}x\mathrm{d}y\mathrm{d}z+y\mathrm{d}z\mathrm{d}x+z\mathrm{d}x\mathrm{d}y=$
_____.

（3）设 C 为圆周 $x=a\cos t$，$y=a\sin t(0\leqslant t\leqslant 2\pi)$，则 $\oint_{C}(x^{2}+y^{2})\mathrm{d}s=$ _____.

（4）设 Ω 是由锥面 $z=\sqrt{x^{2}+y^{2}}$ 与半球面 $z=\sqrt{R^{2}-x^{2}-y^{2}}$ 围成的空间区域，Σ 是 Ω 的整个边界的外侧，则 $\oiint\limits_{\Sigma}x\mathrm{d}y\mathrm{d}z+y\mathrm{d}z\mathrm{d}x+z\mathrm{d}x\mathrm{d}y=$ _____.

（5）设有力场 $\overrightarrow{F}=(x^{2}+y^{2})^{k}(y\overrightarrow{i}-x\overrightarrow{j})(y>0)$，已知质点在此力场内运动时，场力 $\overrightarrow{F}$ 所做的功与路径的选择无关，则 $k=$ _____.

3. 计算题

（1）计算 $\oint_{L}(x+y)\mathrm{d}s$，其中 L 是以 $O(0,0)$、$A(1,0)$、$B(0,1)$ 为顶点的三角形的周界.

（2）计算 $\displaystyle\int_{L}(x^{2}+y^{2})\mathrm{d}x+(x^{2}-y^{2})\mathrm{d}y$，其中 L 为沿曲线 $y=1-|1-x|$ 从点 $O(0,0)$ 到 $B(2,0)$ 的一段.

（3）计算 $I=\displaystyle\int_{C}\dfrac{x\mathrm{d}y-y\mathrm{d}x}{x^{2}+y^{2}}$，其中 C 是沿曲线 $x^{2}=2(y+2)$ 从点 $A(-2\sqrt{2},2)$ 到点 $B(2\sqrt{2},2)$ 的一段.

（4）设曲线积分 $\displaystyle\int_{L}xy^{2}\mathrm{d}x+y\varphi(x)\mathrm{d}y$ 在全平面上与路径无关，其中 $\varphi(x)(-\infty<x<\infty)$

具有一阶连续导数，且 $\varphi(0)=0$，计算 $\displaystyle\int_{(0,0)}^{(1,1)} xy^2 \, \mathrm{d}x + y\varphi(x) \, \mathrm{d}y$.

（5）计算 $\displaystyle\iint\limits_{\Sigma}\left(z+2x+\frac{4}{3}y\right)\mathrm{d}S$，其中 Σ 为平面 $\dfrac{x}{2}+\dfrac{y}{3}+\dfrac{z}{4}=1$ 在第一卦限中的部分.

（6）设 $f(u)$ 具有连续导函数，计算曲面积分 $I=\displaystyle\oiint\limits_{\Sigma} x^3 \, \mathrm{d}y\mathrm{d}z + \left[\dfrac{1}{z}f\left(\dfrac{y}{z}\right)+y^3\right]\mathrm{d}z\mathrm{d}x +$

$\left[\dfrac{1}{y}f\left(\dfrac{y}{z}\right)+z^3\right]\mathrm{d}x\mathrm{d}y$，而 Σ 为 $x>0$ 的锥面 $x^2=y^2+z^2$ 与球面 $x^2+y^2+z^2=1$、$x^2+y^2+z^2=4$ 所围成立体表面的外侧.

第十三章　无　穷　级　数

高等数学与初等数学最本质的区别之一，是无限与有限的区别，级数理论十分清楚地反映了这种区别．我们知道怎样求有限个数或函数的和，但从可操作性讲，人们是无法完成无限多次加法计算的，那么无限多个数或者函数怎样求和呢？这个和又是否存在呢？级数就能解决这个问题．与微分、积分一样，级数是又一个重要的数学工具，在自然科学、工程技术和数学的许多分支中都有广泛的应用．

比如我们在中学课程中遇到过"无穷项之和"的运算，等比数列求和

$$a + ar + ar^2 + \cdots + ar^{n-1} + \cdots$$

在微分学中，我们曾讲过函数 $f(x)$ 的麦克劳林展开式：

$$f(x) = f(0) + f'(0)x + \frac{f''(0)}{2!}x^2 + \cdots + \frac{f^{(n)}(0)}{n!}x^n + r_n(x)$$

若 n 无限增大时 $r_n(x) \to 0$，则上式就会变成无穷项和的形式：

$$f(x) = f(0) + f'(0)x + \frac{f''(0)}{2!}x^2 + \cdots + \frac{f^{(n)}(0)}{n!}x^n + \cdots$$

上述"无穷项之和"是一个未知的新概念，不能简单地引用有限项相加的概念，而必须建立一套严格的理论，即无穷级数．

第一节　常数项级数的概念和性质

一、引例

【实例 13-1】 阿基里斯悖论

古希腊著名哲学家芝诺曾论证了一个很有名的悖论——阿基里斯悖论．该悖论的大意是：古希腊跑得最快的阿基里斯永远追不上跑得最慢的乌龟．这悖论也许令人可笑，但芝诺的论证却使历史上许多哲学家无法反驳．

芝诺是这样论证他的观点的（图 13-1）：

图 13-1

假设开始时阿基里斯在 A 点，乌龟在 B 点．当阿基里斯追到乌龟的出发点 B 时，乌龟向前爬到了 C；当阿基里斯追到 C 时，乌龟又爬到了 D，如此下去，阿基里斯总是越追越近，但永远追不上乌龟．

设阿基里斯从 A 到 B 的时间为 t_1，从 B 到 C 的时间为 t_2，从 C 到 D 的时间为 t_3，…… 则阿基里斯追赶乌龟的时间组成了一个如下的时间序列：

$$t_1, t_2, t_3, \cdots, t_n, \cdots$$

不难看出，这个时间序列是无限的，也就是说，阿基里斯要一直这么追下去，永远有那么一点差距，永远也追不上.

显然这个结论有悖于常识，故称之为悖论. 要破解这个悖论，关键的问题不是时间序列是有限还是无限，而是时间序列之和是有限还是无限，即要计算出

$$t_1 + t_2 + t_3 + \cdots + t_n + \cdots$$

看这个和是有限还是无限，以确定阿基里斯是追得上乌龟还是永远追不上乌龟. 这是一个无穷时间序列求和问题，即无穷和问题.

【实例 13-2】

$$1 - 1 + 1 - 1 + \cdots + (-1)^{n+1} + \cdots$$

历史上曾有三种不同看法，得出三种不同的"和".

第一种：$(1-1) + (1-1) + \cdots (1-1) + \cdots = 0$

第二种：$1 - (1-1) - (1-1) - \cdots - (1-1) - \cdots = 1$

第三种：设 $1 - 1 + 1 - 1 + \cdots + (-1)^{n+1} + \cdots = s$，则 $1 - [1 - 1 + 1 - 1 + \cdots] = s$，

$$1 - s = s, 2s = 1, s = \frac{1}{2}$$

这种争论说明对无穷多项相加缺乏一种正确的认识. 什么是无穷多项相加？如何考虑？无穷多项相加是否一定有"和"？无穷多项相加，什么情形有结合律，什么情形有交换律等性质. 因此对无穷级数的基本概念和性质需要作详细的讨论.

二、常数项级数的概念

定义 13-1 给定一个数列 $\{u_n\}$，将它的各项依次相加所得到的表达式

$$u_1 + u_2 + \cdots + u_n + \cdots$$

称作（常数项）无穷级数，简称（常数项）级数，记为 $\sum_{n=1}^{\infty} u_n$，即

$$\sum_{n=1}^{\infty} u_n = u_1 + u_2 + \cdots + u_n + \cdots \tag{13-1}$$

其中，u_1，u_2，……称为级数 $\sum_{n=1}^{\infty} u_n$ 的项，u_n 称为级数 $\sum_{n=1}^{\infty} u_n$ 的一般项或通项.

级数是"无限多个数的和"，那么怎样由我们熟知的有限个数和的计算转化到"无限个数的和"的计算呢？我们借助极限这个工具来实现.

设级数 $\sum_{n=1}^{\infty} u_n$ 的前 n 项的和为 s_n，即

$$s_n = u_1 + u_2 + \cdots + u_n \tag{13-2}$$

或

$$s_n = \sum_{k=1}^{n} u_k$$

我们称 s_n 为级数的部分和. 显然，级数的所有前 n 项部分和 s_n 构成一个数列 $\{s_n\}$，我们

称此数列为级数的部分和数列.

定义 13-2 若级数 $\sum\limits_{n=1}^{\infty} u_n$ 的部分和数列 $\{s_n\}$ 收敛于 s（即 $\lim\limits_{n\to\infty} s_n = s$），则级数收敛，

称 s 为级数 $\sum\limits_{n=1}^{\infty} u_n$ 的和，记作

$$s = u_1 + u_2 + \cdots + u_n + \cdots$$

或

$$s = \sum_{n=1}^{\infty} u_n$$

而

$$r_n = s - s_n = u_{n+1} + u_{n+2} + \cdots$$

称为级数 $\sum\limits_{n=1}^{\infty} u_n$ 的余项，显然有

$$\lim_{n\to\infty} r_n = \lim_{n\to\infty}(s - s_n) = 0$$

若部分和数列 $\{s_n\}$ 是发散数列，则称级数 $\sum\limits_{n=1}^{\infty} u_n$ 发散，此时级数的和不存在.

由此可知，级数的收敛与发散是借助于级数的部分和数列的收敛与发散来定义的，于是研究级数及其和就是研究与其相对应的一个部分和数列及其极限.

【例 13-1】 讨论等比级数（几何级数）$\sum\limits_{n=0}^{\infty} aq^n = a + aq + aq^2 + \cdots + aq^n + \cdots$ 的敛散性，其中 $a \neq 0$，q 叫作级数的公比.

解：（1）当 $q = 1$ 时，等比级数的部分和为 $s_n = na$，所以 $\lim\limits_{n\to\infty} s_n = \lim\limits_{n\to\infty} na = \infty$，即 $\sum\limits_{n=1}^{\infty} aq^{n-1}$ 发散.

（2）当 $q = -1$ 时，等比级数的部分和为

$$S_n = a - a + a - \cdots + (-1)^{n-1} = \begin{cases} 0, & n = 2k \\ a, & n = 2k-1 \end{cases}$$

所以 $\lim\limits_{n\to\infty} s_n$ 不存在，即该级数发散.

（3）当 $|q| \neq 1$ 时，等比级数的部分和为 $s_n = \dfrac{a(1-q^n)}{1-q}$；

当 $|q| > 1$ 时，所以 $\lim\limits_{n\to\infty} s_n$ 不存在，即该级数发散；

当 $|q| < 1$ 时，$\lim\limits_{n\to\infty} s_n = \dfrac{a}{1-q}$，即该级数收敛.

综上所述：等比级数 $\sum\limits_{n=1}^{\infty} aq^{n-1}$ 当 $|q| \geqslant 1$ 时发散，当 $|q| < 1$ 时收敛，其和为 $\dfrac{a}{1-q}$.

【例 13-2】 证明级数 $\sum\limits_{n=1}^{\infty} n = 1 + 2 + 3 + \cdots + n + \cdots$ 是发散的.

证： 该级数的部分和为

$$s_n = 1 + 2 + 3 + \cdots + n = \frac{n(1+n)}{2}$$

当 $n \to \infty$ 时，$s_n \to \infty$，因此所给级数是发散的.

【例 13 - 3】 证明级数 $\dfrac{1}{1\times3}+\dfrac{1}{3\times5}+\cdots+\dfrac{1}{(2n-1)(2n+1)}+\cdots$ 收敛，并求其和.

证： 由于

$$u_n=\frac{1}{(2n-1)\times(2n+1)}=\frac{1}{2}\left(\frac{1}{2n-1}-\frac{1}{2n+1}\right)$$

因此

$$s_n=\frac{1}{1\times3}+\frac{1}{3\times5}+\cdots+\frac{1}{(2n-1)(2n+1)}$$

$$=\frac{1}{2}\left(1-\frac{1}{3}\right)+\frac{1}{2}\left(\frac{1}{3}-\frac{1}{5}\right)+\cdots+\frac{1}{2}\left(\frac{1}{2n-1}-\frac{1}{2n+1}\right)$$

$$=\frac{1}{2}\left(1-\frac{1}{2n+1}\right)$$

从而 $\lim\limits_{n\to\infty}s_n=\dfrac{1}{2}$，所以该级数收敛，它的和为 $\dfrac{1}{2}$.

三、常数项级数的性质

性质 1 若级数 $\sum\limits_{n=1}^{\infty}u_n$ 收敛于和 s，k 为任意常数，则 $\sum\limits_{n=1}^{\infty}ku_n$ 也收敛，且其和为 ks.

证： 设级数 $\sum\limits_{n=1}^{\infty}u_n$ 与级数 $\sum\limits_{n=1}^{\infty}ku_n$ 的部分和分别为 s_n 与 σ_n.

$$\lim_{n\to\infty}\sigma_n=\lim_{n\to\infty}(ku_1+ku_2+\cdots ku_n)=k\lim_{n\to\infty}(u_1+u_2+\cdots+u_n)=k\lim_{n\to\infty}s_n=ks$$

这表明级数 $\sum\limits_{n=1}^{\infty}ku_n$ 收敛，且和为 ks.

需要指出，若级数 $\sum\limits_{n=1}^{\infty}u_n$ 发散，且 k 为非零常数，那么 $\{\sigma_n\}$ 不可能存在极限，即 $\sum\limits_{n=1}^{\infty}ku_n$ 也发散. 因此可以得出如下结论：级数的每一项同乘以一个不为零的常数后，所得新级数其敛散性不变.

性质 2 若级数 $\sum\limits_{n=1}^{\infty}u_n$，$\sum\limits_{n=1}^{\infty}v_n$ 分别收敛于 s 和 σ，则级数 $\sum\limits_{n=1}^{\infty}(u_n\pm v_n)$ 也收敛，且其和为 $s\pm\sigma$.

可以利用数列极限的运算法则给出证明.

性质 2 的结果表明：两个收敛级数可以逐项相加或逐项相减. 那么，两个发散级数的和是收敛还是发散的呢？请考虑.

性质 3 在级数中去掉、增加或改变有限项，不改变级数的敛散性.

【例 13 - 4】 讨论级数 $\sum\limits_{n=1}^{\infty}\dfrac{1}{n+3}$ 的敛散性.

解： $\sum\limits_{n=1}^{\infty}\dfrac{1}{n+3}=\dfrac{1}{4}+\dfrac{1}{5}+\cdots+\dfrac{1}{n+3}+\cdots$

相当于调和级数 $\sum\limits_{n=1}^{\infty}\dfrac{1}{n}$ 去掉了前三项，由于调和级数 $\sum\limits_{n=1}^{\infty}\dfrac{1}{n}$ 是发散的，则根据性质 3 可知级数 $\sum\limits_{n=1}^{\infty}\dfrac{1}{n+3}$ 也发散.

性质 4 收敛级数加括号后所成的级数仍收敛，且其和不变.

注意：加括号后所成的级数收敛，但是原级数不一定收敛.

例如，$(1-1)+(1-1)+\cdots(1-1)+\cdots$ 收敛于 0，但级数 $\sum_{n=1}^{\infty}(-1)^{n-1}=1-1+1-1$ $+\cdots$ 却是发散的.

推论：若加括号后所成的级数发散，则原来的级数也发散，用反证法可得证.

性质 5（级数收敛的必要条件） 若级数 $\sum_{n=1}^{\infty}u_n$ 收敛，则它的一般项 u_n 趋于 0，即 $\lim\limits_{n\to\infty}u_n=0$.

证：设级数 $\sum_{n=1}^{\infty}u_n$ 的部分和为 s_n，且 $s_n\to s(n\to\infty)$，则

$$\lim_{n\to\infty}u_n=\lim_{n\to\infty}(s_n-s_{n-1})=\lim_{n\to\infty}s_n-\lim_{n\to\infty}s_{n-1}=s-s=0$$

由性质 5 可知，若 $n\to\infty$ 时级数的一般项不趋于零，则该级数必定发散. 例如，级数 $\sum_{n=1}^{\infty}\dfrac{n}{2n+1}$ 的一般项 $u_n=\dfrac{n}{2n+1}$，$\lim\limits_{n\to\infty}u_n=\lim\limits_{n\to\infty}\dfrac{n}{2n+1}=\dfrac{1}{2}\neq 0$，因此该级数是发散的.

注意：级数的一般项趋于零只是级数收敛的必要条件，而非充要条件.

例如，调和级数 $\sum_{n=1}^{\infty}\dfrac{1}{n}$，虽然它的一般项 $u_n=\dfrac{1}{n}\to 0(n\to\infty)$，但它是发散的，因为该级数的部分和

$$s_{2n}-s_n=\frac{1}{n+1}+\frac{1}{n+2}+\cdots+\frac{1}{2n}\geqslant\frac{1}{2}$$

反证，若 $\sum_{n=1}^{\infty}\dfrac{1}{n}$ 收敛，则 $\lim\limits_{n\to\infty}s_n=\lim\limits_{n\to\infty}s_{2n}=s$.

$\lim\limits_{n\to\infty}(s_{2n}-s_n)=0\geqslant\dfrac{1}{2}$ 矛盾，故调和级数 $\sum_{n=1}^{\infty}\dfrac{1}{n}$ 发散.

习 题 13-1

1. 写出下列级数的一般项：

(1) $1+\dfrac{1}{3}+\dfrac{1}{5}+\dfrac{1}{7}+\cdots$;

(2) $\dfrac{\sqrt{x}}{2}+\dfrac{x}{2\times 4}+\dfrac{x\sqrt{x}}{2\times 4\times 6}+\cdots$;

(3) $\dfrac{a^3}{3}-\dfrac{a^5}{5}+\dfrac{a^7}{7}-\dfrac{a^9}{9}+\cdots$.

2. 求下列级数的和：

(1) $\sum_{n=1}^{\infty}(\sqrt{n+2}-2\sqrt{n+1}+\sqrt{n})$;

(2) $\dfrac{1}{5}+\dfrac{1}{5^2}+\dfrac{1}{5^3}+\cdots$.

3. 判定下列级数的敛散性：

(1) $\displaystyle\sum_{n=1}^{\infty}(\sqrt{n+1}-\sqrt{n})$；　　　　(2) $\dfrac{1}{1\times6}+\dfrac{1}{6\times11}+\dfrac{1}{11\times16}+\cdots\dfrac{1}{(5n-4)(5n+1)}+\cdots$；

(3) $\dfrac{2}{3}-\dfrac{2^2}{3^2}+\dfrac{2^3}{3^3}-\cdots+(-1)^{n-1}\dfrac{2^n}{3^n}+\cdots$；　　　　(4) $\dfrac{1}{5}+\dfrac{1}{\sqrt{5}}+\dfrac{1}{\sqrt[3]{5}}+\cdots+\dfrac{1}{\sqrt[n]{5}}+\cdots$.

第二节　正项级数敛散性判别法

本节我们讨论级数的各项都大于等于零的级数，这种级数称为正项级数. 研究正项级数的敛散性十分重要，因为许多其他级数的敛散性问题都可归结为正项级数的敛散性问题.

设级数
$$u_1+u_2+\cdots+u_n+\cdots \tag{13-3}$$
是一个正项级数，即 $u_n\geqslant0$，它的部分和为 s_n，显然，数列 $\{s_n\}$ 满足
$$s_1\leqslant s_2\leqslant\cdots\leqslant s_n\leqslant\cdots$$
即 $\{s_n\}$ 是单调增加的数列. 根据单调数列有界数列必有极限，单调增加的数列收敛的充要条件是该数列有界，可以得到下面的定理.

定理 13 - 1　正项级数 $\displaystyle\sum_{n=1}^{\infty}u_n$ 收敛的充分必要条件是：它的部分和数列 $\{s_n\}$ 有界.

以这个定理为基础，可以导出判断正项级数是否收敛的几种方法.

定理 13 - 2（比较审敛法）　设 $\displaystyle\sum_{n=1}^{\infty}u_n$ 和 $\displaystyle\sum_{n=1}^{\infty}v_n$ 都是正项级数，且存在自然数 N 和正常数 k，当 $n\geqslant N$ 时，有 $u_n\leqslant kv_n$，则有：

(1) 若级数 $\displaystyle\sum_{n=1}^{\infty}v_n$ 收敛，则级数 $\displaystyle\sum_{n=1}^{\infty}u_n$ 也收敛.

(2) 若级数 $\displaystyle\sum_{n=1}^{\infty}u_n$ 发散，则级数 $\displaystyle\sum_{n=1}^{\infty}v_n$ 也发散.

证：根据级数的性质，改变级数前面有限项并不改变级数的敛散性，因此，不妨设对任意自然数 n 都有 $u_n\leqslant kv_n (n=1,2,3,\cdots)$. 设级数 $\displaystyle\sum_{n=1}^{\infty}u_n$ 与 $\displaystyle\sum_{n=1}^{\infty}v_n$ 的部分和分别为 A_n 与 B_n，由上面的不等式有
$$A_n=u_1+u_2+\cdots+u_n\leqslant kv_1+kv_2+\cdots+kv_n=kB_n$$

(1) 若级数 $\displaystyle\sum_{n=1}^{\infty}v_n$ 收敛，根据定理 13-1 的必要性，数列 $\{B_n\}$ 有界，由不等式 $A_n\leqslant kB_n$ 知，数列 $\{A_n\}$ 也有界，于是 $\displaystyle\sum_{n=1}^{\infty}u_n$ 收敛.

(2) 采用反证法. 若 $\displaystyle\sum_{n=1}^{\infty}v_n$ 收敛，则由（1）知 $\displaystyle\sum_{n=1}^{\infty}u_n$ 收敛，与已知矛盾，因此 $\displaystyle\sum_{n=1}^{\infty}v_n$ 发散.

推论：设 $\displaystyle\sum_{n=1}^{\infty}u_n$ 和 $\displaystyle\sum_{n=1}^{\infty}v_n$ 都是正项级数，且
$$\lim_{n\to\infty}\dfrac{u_n}{v_n}=k \quad (0\leqslant k\leqslant+\infty,v_n\neq0)$$

则有

（1）若 $0 < k < +\infty$，则级数 $\sum_{n=1}^{\infty} u_n$ 与 $\sum_{n=1}^{\infty} v_n$ 同时收敛或同时发散.

（2）若 $k = 0$，则当 $\sum_{n=1}^{\infty} v_n$ 收敛时，$\sum_{n=1}^{\infty} u_n$ 收敛.

（3）若 $k = +\infty$，则当 $\sum_{n=1}^{\infty} v_n$ 发散时，$\sum_{n=1}^{\infty} u_n$ 发散.

证：（1）由极限定义，对 $\varepsilon = \dfrac{k}{2}$，存在自然数 N，当 $n > N$ 时有不等式

$$k - \frac{k}{2} < \frac{u_n}{v_n} < k + \frac{k}{2}$$

即

$$\frac{k}{2} v_n < u_n < \frac{3k}{2} v_n$$

再根据比较审敛法，即得所要证的结论.

（2）当 $k = 0$ 时，对 $\varepsilon = 1$，由极限的定义，存在自然数 N，当 $n > N$ 时，有 $0 \leqslant \dfrac{u_n}{v_n} < 1$，

从而 $u_n < v_n$. 再根据比较审敛法，当 $\sum_{n=1}^{\infty} v_n$ 收敛时，$\sum_{n=1}^{\infty} u_n$ 收敛.

（3）当 $k = +\infty$ 时，由极限的定义，存在自然数 N，当 $n > N$ 时，有 $\dfrac{u_n}{v_n} > 1$，从而 $u_n > v_n$.

再根据比较审敛法，当 $\sum_{n=1}^{\infty} v_n$ 发散时，$\sum_{n=1}^{\infty} u_n$ 发散.

【例 13-5】 讨论 p-级数 $\sum_{n=1}^{\infty} \dfrac{1}{n^p} (p > 0)$ 的收敛性.

解： 当 $p \leqslant 1$ 时，因为 $\dfrac{1}{n^p} \geqslant \dfrac{1}{n}$，而调和级数 $\sum_{n=1}^{\infty} \dfrac{1}{n}$ 发散，由比较审敛法知，级数

$\sum_{n=1}^{\infty} \dfrac{1}{n^p}$ 发散.

当 $p > 1$ 时，则有

$$\sum_{n=1}^{\infty} \frac{1}{n^p} = 1 + \frac{1}{2^p} + \frac{1}{3^p} + \cdots + \frac{1}{n^p} + \cdots$$

$$= 1 + \left(\frac{1}{2^p} + \frac{1}{3^p}\right) + \left(\frac{1}{4^p} + \frac{1}{5^p} + \frac{1}{6^p} + \frac{1}{7^p}\right) + \left(\frac{1}{8^p} + \frac{1}{9^p} + \cdots + \frac{1}{15^p}\right) + \cdots$$

$$\leqslant 1 + \left(\frac{1}{2^p} + \frac{1}{2^p}\right) + \left(\frac{1}{4^p} + \frac{1}{4^p} + \frac{1}{4^p} + \frac{1}{4^p}\right) + \left(\frac{1}{8^p} + \frac{1}{8^p} + \cdots + \frac{1}{8^p}\right) + \cdots$$

$$= 1 + \frac{1}{2^{p-1}} + \left(\frac{1}{2^{p-1}}\right)^2 + \left(\frac{1}{2^{p-1}}\right)^3 + \cdots = \sum_{n=1}^{\infty} \left(\frac{1}{2^{p-1}}\right)^{n-1}$$

而级数 $\sum_{n=1}^{\infty} \left(\dfrac{1}{2^{p-1}}\right)^{n-1}$ 是公比 $q = \dfrac{1}{2^{p-1}} < 1$ 的等比级数，它是收敛的，根据比较审敛法

可知，级数 $\sum_{n=1}^{\infty} \dfrac{1}{n^p}$ 收敛.

综上所述，p-级数 $\sum\limits_{n=1}^{\infty}\dfrac{1}{n^p}$ 当 $p\leqslant 1$ 时发散，当 $p>1$ 时收敛.

【例 13-6】 证明级数 $\sum\limits_{n=1}^{\infty}\dfrac{1}{\sqrt{n(n+1)}}$ 是发散的.

证： 因为

$$\dfrac{1}{\sqrt{n(n+1)}} > \dfrac{1}{\sqrt{(n+1)^2}} = \dfrac{1}{n+1}$$

而级数 $\sum\limits_{n=1}^{\infty}\dfrac{1}{n+1} = \dfrac{1}{2} + \dfrac{1}{3} + \cdots + \dfrac{1}{n+1} + \cdots$ 是发散的，根据比较审敛法可知所给级数也是发散的.

【例 13-7】 判别下列正项级数的敛散性：

(1) $\sum\limits_{n=1}^{\infty} \sin\dfrac{1}{n}$；　　　　　　(2) $\sum\limits_{n=1}^{n} \ln\left(1 + \dfrac{1}{n^2}\right)$.

解： (1) 因为 $\lim\limits_{n\to\infty}\dfrac{\sin\dfrac{1}{n}}{\dfrac{1}{n}} = 1$，而 $\sum\limits_{n=1}^{\infty}\dfrac{1}{n}$ 发散，根据推论 1，该级数发散.

(2) 考察 $\lim\limits_{n\to\infty}\dfrac{\ln\left(1+\dfrac{1}{n^2}\right)}{\dfrac{1}{n^2}}$，用实变量 x 代替 n，并应用洛必达法则，有

$$\lim_{x\to\infty}\dfrac{\ln\left(1+\dfrac{1}{x^2}\right)}{\dfrac{1}{x^2}} = \lim_{t\to 0}\dfrac{\ln(1+t)}{t} = \lim_{t\to 0}\dfrac{1}{1+t} = 1 \quad \left(t = \dfrac{1}{x^2}\right)$$

因此 $\lim\limits_{n\to\infty}\dfrac{\ln\left(1+\dfrac{1}{n^2}\right)}{\dfrac{1}{n^2}} = 1$，而 $\sum\limits_{n=1}^{\infty}\dfrac{1}{n^2}$ 收敛，故该级数收敛.

定理 13-3 [**比值审敛法，达朗贝尔（D′Alembert)判别法**]　若对正项级数 $\sum\limits_{n=1}^{\infty} u_n$ 有

$$\lim_{n\to\infty}\dfrac{u_{n+1}}{u_n} = \rho$$

则当 $\rho < 1$ 时，级数收敛；

当 $\rho > 1$ 或 $\lim\limits_{n\to\infty}\dfrac{u_{n+1}}{u_n} = +\infty$ 时，级数发散；

当 $\rho = 1$ 时级数可能收敛，也可能发散.

证： (1) 当 $\rho < 1$ 时，取一个适当小的正数 ε，使得 $\rho + \varepsilon = r < 1$，根据极限定义，存在自然数 N，当 $n > N$ 时有

$$\dfrac{u_{n+1}}{u_n} < \rho + \varepsilon = r$$

由此，并利用归纳法，容易证明

$$u_{N+k} = r^k u_N \quad (k = 1, 2, \cdots)$$

而 $r<1$ 时，等比级数 $\sum\limits_{k=1}^{\infty} r^k u_N$ 是收敛的．所以 $\sum\limits_{k=1}^{\infty} u_{N+k}$ 也收敛．由于级数 $\sum\limits_{n=1}^{\infty} u_n$ 只比 $\sum\limits_{k=1}^{\infty} u_{N+k}$ 多前 N 项，因此级数 $\sum\limits_{n=1}^{\infty} u_n$ 也收敛．

（2）当 $\rho>1$ 时，取一个适当小的正数 ε，使得 $\rho-\varepsilon>1$，根据极限定义，存在自然数 N，当 $n \geqslant N$ 时，有不等式

$$\frac{u_{n+1}}{u_n}>\rho-\varepsilon>1$$

也就是 $u_{n+1}>u_n$，所以当 $n \geqslant N$ 时，级数的一般项 u_n 是逐渐增大的，从而 $\lim\limits_{n\to\infty} u_n \neq 0$，根据级数收敛的必要条件可知级数 $\sum\limits_{n=1}^{\infty} u_n$ 发散．

类似地，可以证明当 $\lim\limits_{n\to\infty} \dfrac{u_{n+1}}{u_n} = +\infty$ 时，级数 $\sum\limits_{n=1}^{\infty} u_n$ 发散．

（3）当 $\rho=1$ 时，级数可能收敛也可能发散．例如，p-级数 $\sum\limits_{n=1}^{\infty} \dfrac{1}{n^p}$，不论 p 为何值都有

$$\lim_{n\to\infty} \frac{u_{n+1}}{u_n} = \lim_{n\to\infty} \frac{\dfrac{1}{(n+1)^p}}{\dfrac{1}{n^p}} = 1$$

但我们知道，当 $p>1$ 时，级数收敛；当 $p \leqslant 1$ 时，级数发散．

【例 13-8】　判断下列正项级数的敛散性：

（1）$\sum\limits_{n=1}^{\infty} \dfrac{n}{2^{n-1}}$ ；（2）$\sum\limits_{n=1}^{\infty} \dfrac{6^n}{n^6}$ ．

解：（1）$\lim\limits_{n\to\infty} \dfrac{u_{n+1}}{u_n} = \lim\limits_{n\to\infty} \dfrac{\dfrac{n+1}{2^n}}{\dfrac{n}{2^{n-1}}} = \lim\limits_{n\to\infty} \dfrac{n+1}{2n} = \dfrac{1}{2} < 1$，故级数收敛．

（2）$\lim\limits_{n\to\infty} \dfrac{u_{n+1}}{u_n} = \lim\limits_{n\to\infty} \dfrac{\dfrac{6^{n+1}}{(n+1)^6}}{\dfrac{6^n}{n^6}} = \lim\limits_{n\to\infty} 6 \left(\dfrac{n}{n+1} \right)^6 = 6 > 1$，故级数发散．

定理 13-4（根值判别法，柯西判别法）　若对正项级数 $\sum\limits_{n=1}^{\infty} u_n$ 有

$$\lim_{n\to\infty} \sqrt[n]{u_n} = \rho$$

则当 $\rho<1$ 时，级数收敛；$\rho>1$（或 $\lim\limits_{n\to\infty} \sqrt[n]{u_n} = +\infty$）时，级数发散；$\rho=1$ 时，级数可能收敛也可能发散．

证明方法与比值判别法类似，不再详述．但应该注意的是，当 $\rho=1$ 时根值判别法失效．

【例 13-9】　判断下列正项级数的敛散性：

(1) $\displaystyle\sum_{n=2}^{\infty}\frac{1}{(\ln n)^n}$;　　　　　　(2) $\displaystyle\sum_{n=1}^{\infty}\frac{5^n}{3^{\ln n}}$.

解: (1) $\displaystyle\lim_{n\to\infty}\sqrt[n]{u_n}=\lim_{n\to\infty}\frac{1}{\ln n}=0<1$,故级数收敛.

(2) $\displaystyle\lim_{n\to\infty}\sqrt[n]{u_n}=\lim_{n\to\infty}\frac{5}{3^{\frac{\ln n}{n}}}=5>1$,故级数发散.

【例 13－10】 判定级数 $\displaystyle\sum_{n=1}^{\infty}\left(\frac{na}{n+1}\right)^n(a>0)$ 的敛散性.

解: 因为

$$\lim_{n\to\infty}\sqrt[n]{u_n}=\lim_{n\to\infty}\sqrt[n]{\left(\frac{na}{n+1}\right)^n}=\lim_{n\to\infty}\frac{na}{n+1}=a$$

所以,当 $0<a<1$ 时,级数收敛;当 $a>1$ 时,级数发散;当 $a=1$ 时,

因为

$$\lim_{n\to\infty}u_n=\lim_{n\to\infty}\left(\frac{n}{n+1}\right)^n=\lim_{n\to\infty}\frac{1}{\left(1+\frac{1}{n}\right)^n}=\mathrm{e}^{-1}\neq0$$

所以,级数发散.

习　题　13－2

1. 用比较审敛法判别下列级数的敛散性:

(1) $\dfrac{1}{4\times6}+\dfrac{1}{5\times7}+\cdots+\dfrac{1}{(n+3)(n+5)}+\cdots$;　(2) $1+\dfrac{1+2}{1+2^2}+\dfrac{1+3}{1+3^2}+\cdots+\dfrac{1+n}{1+n^2}+\cdots$;

(3) $\displaystyle\sum_{n=1}^{\infty}\sin\frac{\pi}{3^n}$;　　　　　　　(4) $\displaystyle\sum_{n=1}^{\infty}\frac{1}{\sqrt{2+n^3}}$;

(5) $\displaystyle\sum_{n=1}^{\infty}(\sqrt{n+2}-\sqrt{n+1})(a>0)$;　　(6) $\displaystyle\sum_{n=1}^{\infty}(2^{\frac{1}{n}}-1)$.

2. 用比值判别法判别下列级数的敛散性:

(1) $\displaystyle\sum_{n=1}^{\infty}\frac{n^2}{3^n}$;　　　　　　　(2) $\displaystyle\sum_{n=1}^{\infty}\frac{n!}{3^n+1}$;

(3) $\dfrac{3}{1\times2^2}+\dfrac{3^2}{2\times2^2}+\dfrac{3^3}{3\times2^2}+\cdots+\dfrac{3^n}{n\times2^2}+\cdots$;　(4) $\displaystyle\sum_{n=1}^{\infty}\frac{2^n n!}{3^n+1}$;

(5) $\displaystyle\sum_{n=1}^{\infty}\frac{e^n}{n^e}$.

3. 用根值判别法判别下列级数的敛散性:

(1) $\displaystyle\sum_{n=1}^{\infty}\left(\frac{5n}{3n+1}\right)^n$; (2) $\displaystyle\sum_{n=1}^{\infty}\frac{1}{[\ln(n+1)]^n}$; (3) $\displaystyle\sum_{n=1}^{\infty}\left(\frac{n}{3n-1}\right)^{2n-1}$; (4) $\displaystyle\sum_{n=1}^{\infty}\left(\frac{b}{a_n}\right)^n$,其中

$a_n\to a(n\to\infty)$, a_n 、 b 、 a 均为正数.

第三节　任意项级数敛散性判别法

上一节我们讨论了正项级数的敛散性判别问题. 对于任意项级数的敛散性判别要比正项级数复杂,这里先讨论一种特殊的非正项级数的收敛性问题.

一、交错级数收敛性判别法

定义 13 - 3 如果级数的各项是正负交错的，即

$$\sum_{n=1}^{\infty}(-1)^{n-1}u_n=u_1-u_2+u_3-u_4+\cdots \tag{13-4}$$

或

$$\sum_{n=1}^{\infty}(-1)^{n}u_n=-u_1+u_2-u_3+u_4-\cdots \tag{13-5}$$

其中，$u_n\geqslant0,n=1,2,\cdots$，则称此级数为交错级数.

定理 13 - 5（莱布尼茨判别法） 如果交错级数 $\sum\limits_{n=1}^{\infty}(-1)^{n-1}u_n$ 满足条件：

(1) $u_n\geqslant u_{n+1}$ $(n=1,2,\cdots)$；(2) $\lim\limits_{n\to\infty}u_n=0$.

则级数收敛，且其和 $s\leqslant u_1$，其余项 r_n 的绝对值 $|r_n|\leqslant u_{n+1}$.

证： 先证明级数前 $2n$ 项的和 s_{2n} 的极限存在. 为此把 s_{2n} 写成两种形式：

$$s_{2n}=(u_1-u_2)+(u_3-u_4)+\cdots(u_{2n-1}-u_{2n})$$

及

$$s_{2n}=u_1-(u_2-u_3)-(u_4-u_5)-\cdots-(u_{2n-2}-u_{2n-1})-u_{2n}$$

根据条件（1）知道所有括弧中的差都是非负的，由第一种形式可见数列 $\{s_{2n}\}$ 是单调增加的，由第二种形式可见 $s_{2n}\leqslant u_1$. 于是由"单调有界数列必有极限"的准则知 $\lim\limits_{n\to\infty}s_{2n}$ 存在，记为 s，则有 $\lim\limits_{n\to\infty}s_{2n}=s\leqslant u_1$.

下面证明级数的前 $2n+1$ 项的和 s_{2n+1} 的极限也是 s. 事实上，我们有

$$s_{2n+1}=s_{2n}+u_{2n+1}$$

由条件（2）知 $\lim\limits_{n\to\infty}u_{2n+1}=0$，因此

$$\lim_{n\to\infty}s_{2n+1}=\lim_{n\to\infty}(s_{2n}+u_{2n+1})=s$$

由数列 $\{s_{2n}\}$ 与 $\{s_{2n+1}\}$ 趋于同一极限 s，不难证明级数 $\sum\limits_{n=1}^{\infty}(-1)^{n-1}u_n$ 的部分和数列 $\{s_{2n}\}$ 收敛，且其极限为 s，因此级数 $\sum\limits_{n=1}^{\infty}(-1)^{n-1}u_n$ 收敛于和 s，并且有 $s\leqslant u_1$.

最后，由于 $\quad r_n=u_{n+1}-u_{n+2}+\cdots$ 或 $r_n=-u_{n+1}+u_{n+2}-\cdots$

从而 $\quad |r_n|=u_{n+1}-u_{n+2}+\cdots$

这也是一个满足定理条件的交错级数，根据上面所证，有 $|r_n|\leqslant u_{n+1}$.

【例 13 - 11】 判别下列交错级数的收敛性：

(1) $\sum\limits_{n=1}^{\infty}(-1)^{n-1}\dfrac{1}{n}$；　(2) $\sum\limits_{n=1}^{\infty}(-1)^{n-1}\dfrac{n}{10^n}$.

解： (1) 因 $u_n=\dfrac{1}{n}>u_{n+1}=\dfrac{1}{n+1}$，$\lim\limits_{n\to\infty}u_n=\lim\limits_{n\to\infty}\dfrac{1}{n}=0$，根据莱布尼茨判别法，级数收敛.

(2) 易证 $\dfrac{n}{10^n}>\dfrac{n+1}{10^{n+1}}$（利用 $10n>n+1$），且 $\lim\limits_{n\to\infty}\dfrac{n}{10^n}=0$，根据莱布尼茨判别法，级数

收敛.

二、绝对收敛与条件收敛

现在讨论任意项级数 $\sum\limits_{n=1}^{\infty} u_n$ 的敛散性.

定义 13 - 4　如果级数 $\sum\limits_{n=1}^{\infty} |u_n|$ 收敛，则称级数 $\sum\limits_{n=1}^{\infty} u_n$ 绝对收敛；如果级数 $\sum\limits_{n=1}^{\infty} u_n$ 收敛，而级数 $\sum\limits_{n=1}^{\infty} |u_n|$ 发散，则称级数 $\sum\limits_{n=1}^{\infty} u_n$ 条件收敛.

定理 13 - 6　如果级数 $\sum\limits_{n=1}^{\infty} u_n$ 绝对收敛，则级数 $\sum\limits_{n=1}^{\infty} u_n$ 必定收敛.

证： 设级数 $\sum\limits_{n=1}^{\infty} |u_n|$ 收敛，令 $v_n = \frac{1}{2}(u_n + |u_n|)(n = 1, 2, 3, \cdots)$. 显然 $v_n \geqslant 0$，且 $v_n \leqslant |u_n| (n = 1, 2, 3, \cdots)$. 由比较审敛法知级数 $\sum\limits_{n=1}^{\infty} v_n$ 收敛，从而级数 $\sum\limits_{n=1}^{\infty} 2v_n$ 也收敛，而 $u_n = 2v_n - |u_n|$，由收敛级数的性质可知

$$\sum_{n=1}^{\infty} u_n = \sum_{n=1}^{\infty} 2v_n - \sum_{n=1}^{\infty} |u_n|$$

也收敛，定理证毕.

注意上述定理的逆定理不成立.

定理 13 - 6 说明，对于任意项级数 $\sum\limits_{n=1}^{\infty} u_n$，若用正项级数的审敛法判定出级数 $\sum\limits_{n=1}^{\infty} |u_n|$ 收敛，则 $\sum\limits_{n=1}^{\infty} u_n$ 亦收敛，这就使得一大类级数的收敛性判别问题可以转化为正项级数的收敛性判别问题.

一般说来，如果级数 $\sum\limits_{n=1}^{\infty} |u_n|$ 发散，我们不能断定级数 $\sum\limits_{n=1}^{\infty} u_n$ 也发散，但是，如果我们是用比值审敛法或根值审敛法判定级数 $\sum\limits_{n=1}^{\infty} |u_n|$ 发散，则可以断定级数 $\sum\limits_{n=1}^{\infty} u_n$ 必发散. 这是因为上述两种审敛法判定 $\sum\limits_{n=1}^{\infty} |u_n|$ 发散的依据都是 $\lim\limits_{n \to \infty} |u_n| \neq 0$，从而 $\lim\limits_{n \to \infty} u_n \neq 0$，因此级数 $\sum\limits_{n=1}^{\infty} u_n$ 也发散.

【例 13 - 12】　判别级数 $\sum\limits_{n=1}^{\infty} \frac{\cos nx}{n^2}$ 的收敛性.

解： 因为 $\left| \frac{\cos nx}{n^2} \right| \leqslant \frac{1}{n^2}$，而级数 $\sum\limits_{n=1}^{\infty} \frac{1}{n^2}$ 收敛. 所以级数 $\sum\limits_{n=1}^{\infty} \left| \frac{\cos nx}{n^2} \right|$ 也收敛，由定义 13 - 4 可知，级数 $\sum\limits_{n=1}^{\infty} \frac{\cos nx}{n^2}$ 绝对收敛.

【例 13-13】 判别级数 $\displaystyle\sum_{n=1}^{\infty}(-1)^n\frac{3^n}{2^n}\left(1+\frac{1}{n}\right)^{n^2}$ 的收敛性.

解：由 $|u_n|=\dfrac{3^n}{2^n}\left(1+\dfrac{1}{n}\right)^{n^2}$ 有

$$\sqrt[n]{u_n}=\frac{3}{2}\left(1+\frac{1}{n}\right)^n\to\frac{3}{2}\mathrm{e}\ (n\to\infty)$$

由于 $\dfrac{3}{2}\mathrm{e}>1$，故由正项级数的根值审敛法知级数 $\displaystyle\sum_{n=1}^{\infty}\frac{3^n}{2^n}\left(1+\frac{1}{n}\right)^{n^2}$ 发散，所以原级数发散.

绝对收敛级数有一些很好的性质，这是条件收敛级数所不具备的.

【例 13-14】 判别级数 $\displaystyle\sum_{n=1}^{\infty}(-1)^n\frac{\ln(n+1)}{n+1}$ 的敛散性，若收敛是绝对收敛还是条件收敛？

解：先考虑正项级数 $\displaystyle\sum_{n=1}^{\infty}\frac{\ln(n+1)}{n+1}$.

将级数 $\displaystyle\sum_{n=1}^{\infty}\frac{\ln(n+1)}{n+1}$ 与级数 $\displaystyle\sum_{n=1}^{\infty}\frac{1}{n+1}$ 进行比较，因为 $\dfrac{1}{n+1}<\dfrac{\ln(n+1)}{n+1}(n>2)$，由级数 $\displaystyle\sum_{n=1}^{\infty}\frac{1}{n+1}$ 发散，即可得级数 $\displaystyle\sum_{n=1}^{\infty}\frac{\ln(n+1)}{n+1}$ 发散.

但是交错级数 $\displaystyle\sum_{n=1}^{\infty}(-1)^n\frac{\ln(n+1)}{n+1}$ 满足条件：

(1) $\displaystyle\lim_{n\to\infty}\frac{\ln(n+1)}{n+1}=\lim_{x\to+\infty}\frac{\ln(x+1)}{x+1}=\lim_{x\to+\infty}\frac{1}{x+1}=0$；

(2) $u_{n+1}<u_n$.

以下证明之.

令 $$u_n=f(n)=f(x)=\frac{\ln(x+1)}{x+1},\ f(n)=f(x)$$

因为导数 $f'(x)=\dfrac{1-\ln(x+1)}{x+1}<0(x\geqslant 3)$，所以函数 $f(x)$ 当 $x\geqslant 3$ 时，是单调减少的，从而 $u_{n+1}\leqslant u_n(n=3,4,\cdots)$.

于是，由莱布尼茨判别法知级数 $\displaystyle\sum_{n=1}^{\infty}(-1)^n\frac{\ln(n+1)}{n+1}$ 条件收敛.

习　题　13-3

1. 判定下列级数是否收敛，若收敛，是绝对收敛还是条件收敛：

(1) $1-\dfrac{1}{\sqrt{2}}+\dfrac{1}{\sqrt{3}}-\dfrac{1}{\sqrt{4}}+\cdots$；

(2) $\displaystyle\sum_{n=1}^{\infty}(-1)^{n-1}\frac{1}{\ln(n+1)}$ ；

(3) $\dfrac{1}{5}\times\dfrac{1}{3}-\dfrac{1}{5}\times\dfrac{1}{3^2}+\dfrac{1}{5}\times\dfrac{1}{3^3}-\dfrac{1}{5}\times\dfrac{1}{3^4}+\cdots$；

(4) $\displaystyle\sum_{n=1}^{\infty}(-1)^{n-1}\frac{n}{2^n-1}$；

(5) $1.1-1.01+1.001-1.0001+\cdots$；

(6) $\displaystyle\sum_{n=1}^{\infty}\frac{(-1)^{n-1}n}{n^2+1}$.

第四节 幂 级 数

本节中我们进一步研究级数的各项都是某一个变量的函数的情况，即函数项级数.

一、函数项级数的概念

定义 13-5 设 $\{u_n(x)\}: u_1(x), u_2(x), \cdots, u_n(x), \cdots$ 为定义在数集 I 上的一个函数序列，则由此函数列的和构成的表达式

$$\sum_{n=1}^{\infty} u_n(x) = u_1(x) + u_2(x) + \cdots + u_n(x) + \cdots \qquad (13-6)$$

称为定义在数集 I 上的（函数项）无穷级数，简称（函数项）级数.

对于每一个确定的值 $x_0 \in I$，函数项级数 $\sum\limits_{n=1}^{\infty} u_n(x)$ 成为常数项级数

$$\sum_{n=1}^{\infty} u_n(x_0) = u_1(x_0) + u_2(x_0) + \cdots + u_n(x_0) + \cdots \qquad (13-7)$$

若级数 $\sum\limits_{n=1}^{\infty} u_n(x_0)$ 收敛，则称点 x_0 是函数项级数 $\sum\limits_{n=1}^{\infty} u_n(x)$ 的收敛点；若级数 $\sum\limits_{n=1}^{\infty} u_n(x_0)$ 发散，则称点 x_0 为函数项级数 $\sum\limits_{n=1}^{\infty} u_n(x)$ 的发散点. 这些收敛点的全体构成的集合称为函数项级数的收敛域，发散点的全体构成的集合称为发散域.

对应于收敛域内的任意一个数 x，函数项级数成为一个收敛的常数项级数，因而有一确定的和，记为 $s(x)$. 于是，在收敛域上，函数项级数的和是 x 的函数 $s(x)$，通常称 $s(x)$ 为函数项级数的和函数. 和函数的定义域是级数的收敛域，在收敛域内有

$$s(x) = u_1(x) + u_2(x) + \cdots + u_n(x) + \cdots = \sum_{n=1}^{\infty} u_n(x)$$

把函数项级数的部分和记作 $s_n(x)$，$\{s_n(x)\}$ 称为函数项级数的部分和函数列. 在函数项级数的收敛域上有

$$\lim_{n \to \infty} s_n(x) = s(x)$$

我们把 $r_n(x) = s(x) - s_n(x)$ 称为函数项级数的余项［当然，只有 x 在收敛域内 $r_n(x)$ 才有意义］. 显然有

$$\lim_{n \to \infty} r_n(x) = 0$$

与常数项级数一样，函数项级数的敛散性就是指它的部分和函数列的敛散性.

【例 13-15】 判断下列级数的收敛性，并求其收敛域与和函数：

(1) $\sum\limits_{n=1}^{\infty} x^{n-1}$； (2) $\sum\limits_{n=1}^{\infty} \left(\dfrac{1}{x}\right)^n (x \neq 0)$.

解：(1) 此级数为几何级数（即等比级数），由［例 13-1］可知 $|x| < 1$ 时，级数收敛，$|x| \geqslant 1$ 时级数发散. 故其收敛域为 $(-1, 1)$，和函数为

$$s(x) = \lim_{n \to \infty} s_n(x) = \lim_{n \to \infty} \frac{1 - x^n}{1 - x} = \frac{1}{1 - x} \quad (-1 < x < 1)$$

（2）此级数也为几何级数，公比为 $\dfrac{1}{x}$，由（1）可知 $\left|\dfrac{1}{x}\right|<1$ 时，级数收敛. $\left|\dfrac{1}{x}\right|\geqslant 1$ 时级数发散，其收敛域为 $(-\infty,-1)\bigcup(1,+\infty)$，和函数为

$$s(x)=\frac{\dfrac{1}{x}}{1-\dfrac{1}{x}}=\frac{1}{x-1}\quad(|x|>1)$$

二、幂级数及其收敛性

函数项级数中简单而应用广泛的一类级数就是各项都是幂函数的级数，它的形式为

$$\sum_{n=0}^{\infty}a_n(x-x_0)^n=a_0+a_1(x-x_0)+a_2(x-x_0)^2+\cdots+a_n(x-x_0)^n+\cdots$$

$$(13-8)$$

其中 $a_0,a_1,\cdots,a_n,\cdots$ 是常数，称为幂级数的系数，x_0 为常数. 特别地，当 $x_0=0$ 时，

$$\sum_{n=0}^{\infty}a_nx^n=a_0+a_1x+a_2x^2+\cdots+a_nx^n+\cdots\tag{13-9}$$

对于第一种形式的幂级数，只需作代换 $t=x-x_0$，就可以化为第二种形式的幂级数. 因此我们主要讨论第二种形式的幂级数.

显然，$x=0$ 时幂级数 $\sum\limits_{n=0}^{\infty}a_nx^n$ 收敛于 a_0，即幂级数 $\sum\limits_{n=0}^{\infty}a_nx^n$ 至少有一个收敛点 $x=0$. 除 $x=0$ 以外，幂级数在数轴上其他点的敛散性如何呢？

先看下面的例子：

考虑幂级数 $\sum\limits_{n=0}^{n}x^n=1+x+x^2+\cdots+x^n+\cdots$，由［例 13-14］可知，该级数的收敛域是开区间 $(-1,1)$，发散域是 $(-\infty,-1]\bigcup[1,+\infty)$.

从这个例子可以看到，这个幂级数的收敛域是一个区间. 事实上，这个结论对于一般的幂级数也是成立的.

定理 13-7［阿贝尔（Abel）定理］ 若幂级数 $\sum\limits_{n=0}^{\infty}a_nx^n$ 在 $x=x_0(x_0\neq 0)$ 处收敛，则对满足 $|x|<|x_0|$ 的一切 x 该级数绝对收敛；反之，若级数 $\sum\limits_{n=0}^{\infty}a_nx^n$ 在 $x=x_0$ 时发散，则对满足 $|x|>|x_0|$ 的一切 x 该级数也发散.

证：先证第一部分. 即要证明若幂级数在 $x=x_0(x_0\neq 0)$ 收敛，则对满足 $|x|<|x_0|$ 的每一个固定的 x 都有 $\sum\limits_{n=0}^{\infty}|a_nx^n|$ 收敛. 因为

$$|a_nx^n|=|a_nx_0^n|\left|\frac{x}{x_0}\right|^n,\quad\text{且}\left|\frac{x}{x_0}\right|<1$$

故 $\sum\limits_{n=0}^{\infty}\left|\dfrac{x}{x_0}\right|^n$ 是收敛的等比级数，而由 $\sum\limits_{n=0}^{\infty}a_nx_0^n$ 收敛可知 $\lim\limits_{n\to\infty}a_nx_0^n=0$. 根据极限的性质，存在 $M>0$，使得 $|a_nx_0^n|\leqslant M(n=0,1,2,\cdots)$. 因此，对 $n=0,1,2,\cdots$ 有

$$\left| a_n x^n \right| = \left| a_n x_0^n \right| \left| \frac{x}{x_0} \right|^n \leqslant M \left| \frac{x}{x_0} \right|^n$$

因此，$\sum\limits_{n=0}^{\infty} M \left| \dfrac{x}{x_0} \right|^n$ 是收敛的等比级数，根据比较审敛法知 $\sum\limits_{n=0}^{\infty} a_n x^n$ 收敛，也就是 $\sum\limits_{n=0}^{\infty} a_n x^n$ 绝对收敛.

定理的第二部分可用反证法证明. 若幂级数在 $x = x_0$ 发散，而有一点 x_1 使 $|x_1| > |x_0|$，且幂级数在 x_1 处收敛，则根据本定理的第一部分，级数在 $x = x_0$ 应收敛，这与所设矛盾，定理得证.

定理 13－7 告诉我们，若幂级数在 $x = x_0 (x_0 \neq 0)$ 处收敛，则对于开区间 $(-|x_0|, |x_0|)$ 内的任何 x，幂级数都收敛，若级数在 $x = x_0$ 处发散，则对于区间 $(-\infty, -|x_0|]$ $\cup [|x_0|, +\infty)$ 上的任何 x，幂级数都发散.

设已给幂级数在数轴上既有异于零的收敛点，也有发散点. 现在从原点沿数轴向右方延拓来考虑该幂级数在正半数轴上各点的敛散性，最初只遇到收敛点，然后就只遇到发散点，这两部分的界点可能是收敛点也可能是发散点. 从原点沿数轴向左方延拓考虑该幂级数在负半数轴上各点的敛散性，情形也是如此. 两个界点 P 与 P' 在原点的两侧. 且由定理可知它们到原点的距离是相等的，如图 13－2 所示.

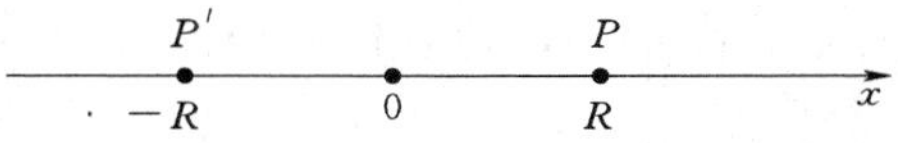

图 13－2

从上面的几何说明可得以下推论：

推论 13－1　若幂级数 $\sum\limits_{n=0}^{\infty} a_n x^n$ 在 $(-\infty, +\infty)$ 内既有异于零的收敛点，也有发散点，则必有一个确定的正数 R 存在，使得

当 $|x| < R$ 时，幂级数在绝对收敛；

当 $|x| > R$ 时，幂级数在发散；

当 $|x| = R$ 时，幂级数在可能收敛也可能发散.

我们称上述的正数 R 为幂级数的收敛半径，称 $(-R, +R)$ 为幂级数的收敛区间. 幂级数的收敛区间加上它的收敛端点，就算是幂级数的收敛域.

若幂级数仅在 $x = 0$ 收敛，为方便计，规定这时收敛半径 $R = 0$，并且收敛区间只有一点 $x = 0$；若幂级数对一切 $x \in (-\infty, +\infty)$ 都收敛，则规定收敛半径 $R = +\infty$，这时收敛区间为 $(-\infty, +\infty)$.

关于幂级数的收敛半径的求法，有下面的定理.

定理 13－8　若 $\lim\limits_{n \to \infty} \left| \dfrac{a_{n+1}}{a_n} \right| = \rho$，则幂级数 $\sum\limits_{n=0}^{\infty} a_n x^n$ 的收敛半径：

$$R = \begin{cases} \dfrac{1}{\rho}, & \rho \neq 0 \\ +\infty, & \rho = 0 \\ 0, & \rho = +\infty \end{cases}$$

证：考察 $\sum\limits_{n=0}^{\infty} a_n x^n$ 的各项取绝对值所成的级数

$$|a_0| + |a_1 x| + |a_2 x^2| + \cdots + |a_n x^n| + \cdots \qquad (13-10)$$

该级数相邻两项之比为

$$\left| \frac{a_{n+1} x^{n+1}}{a_n x^n} \right| = \left| \frac{a_{n+1}}{a_n} \right| |x|$$

(1) 若 $\lim\limits_{n \to \infty} \left| \dfrac{a_{n+1}}{a_n} \right| = \rho (\rho \neq 0)$ 存在，根据正项级数的比值审敛法，当 $\rho |x| < 1$，即

$|x| < \dfrac{1}{\rho}$ 时，级数收敛，从而 $\sum\limits_{n=0}^{\infty} a_n x^n$ 绝对收敛；当 $\rho |x| > 1$，即 $|x| > \dfrac{1}{\rho}$ 时，级数 (13-

10) 发散. 再由定理 13-6 的说明可知 $\sum\limits_{n=0}^{\infty} a_n x^n$ 也发散.

这是因为此时有 $\lim\limits_{n \to \infty} |a_n x^n| \neq 0$，从而 $\lim\limits_{n \to \infty} a_n x^n \neq 0$.

(2) 若 $\rho = 0$，则对任何 $x \neq 0$，有 $\left| \dfrac{a_{n+1} x^{n+1}}{a_n x^n} \right| \to 0 \ (n \to \infty)$，所以级数 $\sum\limits_{n=0}^{\infty} a_n x^n$ 收敛，

从而级数 $\sum\limits_{n=0}^{\infty} a_n x^n$ 绝对收敛，于是 $R = +\infty$.

(3) 若 $\rho = +\infty$，则除掉 $x = 0$ 外，对任意 $x \neq 0$ 都有 $\lim\limits_{n \to \infty} \left| \dfrac{a_{n+1} x^{n+1}}{a_n x^n} \right| = \lim\limits_{n \to \infty} \left| \dfrac{a_{n+1}}{a_n} \right| \cdot$

$|x| = +\infty > 1$，即对一切 $x \neq 0$，级数 $\sum\limits_{n=0}^{\infty} a_n x^n$ 都发散，于是 $R = 0$.

【例 13-16】 求幂级数 $\sum\limits_{n=0}^{\infty} (-1)^n \dfrac{x^{n+1}}{n+1} = x - \dfrac{x^2}{2} + \dfrac{x^3}{3} + \cdots + (-1)^{n-1} \dfrac{x^n}{n} + \cdots$ 的收

敛区间与收敛域.

解：因为

$$\rho = \lim\limits_{n \to \infty} \left| \frac{a_{n+1}}{a_n} \right| = \lim\limits_{n \to \infty} \frac{\dfrac{1}{n+1}}{\dfrac{1}{n}} = 1$$

所以收敛半径为 $R = \dfrac{1}{\rho} = 1$，于是收敛区间为 $(-1, 1)$. 对于端点 $x = 1$，级数成为交错级

数 $\sum\limits_{n=1}^{\infty} (-1)^{n-1} \dfrac{1}{n}$，它是收敛的. 对于端点 $x = -1$，级数成为 $\sum\limits_{n=1}^{\infty} \dfrac{-1}{n} = -\sum\limits_{n=1}^{\infty} \dfrac{1}{n}$，它是

发散的. 因此原幂级数的收敛域为 $(-1, 1]$.

【例 13-17】 求幂级数 $\sum\limits_{n=0}^{\infty} n! x^n$ 的收敛半径（这里 $0! = 1$）.

解：因为

$$\rho = \lim\limits_{n \to \infty} \left| \frac{a_{n+1}}{a_n} \right| = \lim\limits_{n \to \infty} \frac{(n+1)!}{n!} = +\infty$$

所以收敛半径 $R = 0$，即级数仅在 $x = 0$ 收敛.

【例 13-18】 求幂级数 $1 + x + \dfrac{1}{2!} x^2 + \cdots + \dfrac{1}{n!} x^n + \cdots$ 的收敛区间以及收敛域.

解：因为

$$\rho = \lim\limits_{n \to \infty} \left| \frac{a_{n+1}}{a_n} \right| = \lim\limits_{n \to \infty} \frac{\dfrac{1}{(n+1)!}}{\dfrac{1}{n!}} = \lim\limits_{n \to \infty} \frac{1}{n+1} = 0$$

所以收敛半径 $R = +\infty$，从而收敛区间为 $(-\infty, +\infty)$，收敛域也是 $(-\infty, +\infty)$.

【例 13 - 19】 求幂级数 $\sum\limits_{n=0}^{\infty} (-1)^n \dfrac{x^{2n}}{2^n}$ 的收敛区间以及收敛域.

解： 级数缺少奇次幂的项，定理 13 - 8 不能直接应用，我们根据比值审敛法求收敛半径. 因为

$$\lim_{n \to \infty} \left| \frac{(-1)^{n+1} \dfrac{x^{2n+2}}{2^{n+1}}}{(-1)^n \dfrac{x^{2n}}{2^n}} \right| = \lim_{n \to \infty} \frac{x^2}{2} = \frac{x^2}{2}$$

所以当 $\dfrac{x^2}{2} < 1$，即 $|x| < \sqrt{2}$ 时，级数收敛；$\dfrac{x^2}{2} > 1$，$|x| > \sqrt{2}$ 时级数发散，所以收敛半径为 $R = \sqrt{2}$.

$x = \pm\sqrt{2}$ 时，级数均为 $\sum\limits_{n=0}^{\infty} (-1)^n$ 发散，所以原幂级数收敛区间与收敛域均为 $(-\sqrt{2}, \sqrt{2})$.

【例 13 - 20】 求幂级数 $\sum\limits_{n=1}^{\infty} \dfrac{(x+1)^n}{2^n n}$ 的收敛区间以及收敛域.

解： 令 $t = x + 1$，上述级数成为 $\sum\limits_{n=1}^{\infty} \dfrac{t^n}{2^n n}$. 因为

$$\rho = \lim_{n \to \infty} \left| \frac{a_{n+1}}{a_n} \right| = \lim_{n \to \infty} \frac{2^n n}{2^{n+1}(n+1)} = \frac{1}{2}$$

所以收敛半径为 $R = 2$.

当 $t = 2$ 时，级数成为 $\sum\limits_{n=1}^{\infty} \dfrac{1}{n}$，发散；当 $t = -2$ 时，级数成为 $\sum\limits_{n=1}^{\infty} \dfrac{(-1)^n}{n}$，故收敛. 因此级数 $\sum\limits_{n=1}^{\infty} \dfrac{t^n}{2^n n}$ 在区间 $[-2, 2)$ 收敛，即 $-3 \leqslant x < 1$，所以原级数的收敛区间为 $(-3, 1)$，收敛域为 $[-3, 1)$.

三、幂级数的运算

设幂级数

$$\sum_{n=0}^{\infty} a_n x^n = a_0 + a_1 x + a_2 x^2 + \cdots + a_n x^n + \cdots \qquad (13 - 11)$$

及

$$\sum_{n=0}^{\infty} b_n x^n = b_0 + b_1 x + b_2 x^2 + \cdots + b_n x^n + \cdots \qquad (13 - 12)$$

分别在区间 $(-R_1, R_1)$ 及 $(-R_2, R_2)$ 内收敛.

令 $R = \min\{R_1, R_2\}$，根据收敛级数的性质，我们在区间 $(-R, R)$ 上对幂级数式 (13 - 11) 和式 (13 - 12) 可进行下面的加法、减法和乘法运算.

1. 加法　$\sum\limits_{n=0}^{\infty} a_n x^n + \sum\limits_{n=0}^{\infty} b_n x^n = \sum\limits_{n=0}^{\infty} (a_n + b_n) x^n$，　$x \in (-R, R)$

2. 减法　$\sum\limits_{n=0}^{\infty} a_n x^n - \sum\limits_{n=0}^{\infty} b_n x^n = \sum\limits_{n=0}^{\infty} (a_n - b_n) x^n$，　$x \in (-R, R)$

3. 乘法
$$\sum_{n=0}^{\infty} a_n x^n \sum_{n=0}^{\infty} b_n x^n = \sum_{n=0}^{\infty} c_n x^n, \quad x \in (-R, R)$$

其中
$$c_n = \sum_{k=0}^{n} a_k b_{n-k}$$

4. 除法
$$\frac{\sum_{n=0}^{\infty} a_n x^n}{\sum_{n=0}^{\infty} b_n x^n} = \sum_{n=0}^{\infty} c_n x^n$$

这里假设 $b_0 \neq 0$. 为了决定系数 $c_0, c_1, c_2, \cdots, c_n, \cdots$ 可以将级数 $\sum_{n=0}^{\infty} b_n x^n$ 与 $\sum_{n=0}^{\infty} c_n x^n$ 相乘（柯西乘积），并令乘积中各项的系数分别等于级数 $\sum_{n=0}^{\infty} a_n x^n$ 中同次幂的系数，即得

$$a_0 = b_0 c_0$$
$$a_1 = b_1 c_0 + b_0 c_1$$
$$a_2 = b_2 c_0 + b_1 c_1 + b_0 c_2$$
$$\vdots$$

由这些方程就可以顺次地求出 $c_0, c_1, c_2, \cdots, c_n, \cdots$

值得注意的是：幂级数 $\sum_{n=0}^{\infty} a_n x^n$ 与 $\sum_{n=0}^{\infty} b_n x^n$ 相除后所得的幂级数 $\sum_{n=0}^{\infty} c_n x^n$ 的收敛区间可能比原来两级数的收敛区间小得多.

四、和函数的性质

定理 13-9 设幂级数 $\sum_{n=0}^{\infty} a_n x^n$ 的收敛半径为 $R > 0$，则其和函数 $s(x)$ 在区间 $(-R, R)$ 内连续，若幂级数在 $x = R$（或 $x = -R$）也收敛，则和函数 $s(x)$ 在 $(-R, R]$（或 $[-R, R)$）上连续；若幂级数在 $x = \pm R$ 均收敛，则和函数 $s(x)$ 在 $[-R, R]$ 上连续.

此定理的证明由定理 13-3 及定理 13-8 可得.

定理 13-10 若幂级数 $\sum_{n=0}^{\infty} a_n x^n$ 的收敛半径为 $R > 0$，则其和函数 $s(x)$ 在 $(-R, R)$ 内可导，且有逐项求导公式

$$s'(x) = \left(\sum_{n=0}^{\infty} a_n x^n\right)' = \sum_{n=0}^{\infty} (a_n x^n)' = \sum_{n=0}^{\infty} n a_n x^{n-1}$$

逐项求导后所得的幂级数与原级数有相同的收敛半径.

根据 $\lim_{n \to \infty} \dfrac{\frac{a_{n+1}}{n+2}}{\frac{a_n}{n+1}} = \lim_{n \to \infty} \dfrac{a_{n+1}}{a_n}$（如果两极限之一存在或为 ∞），易知定理的后一结论也成立.

定理 13-11 设幂级数 $\sum_{n=0}^{\infty} a_n x^n$ 的收敛半径为 $R > 0$，则其和函数 $s(x)$ 在区间 $(-R, R)$ 内是可积的，且有逐项积分公式

$$\int_0^x S(t)\,\mathrm{d}t = \int_0^x (\sum_{n=0}^{\infty} a_n t^n)\,\mathrm{d}t = \sum_{n=0}^{\infty}\int_0^x a_n t^n\,\mathrm{d}t = \sum_{n=0}^{\infty}\frac{a_n}{n+1}x^{n+1}$$

其中 $|x|<R$，且逐项积分后得到的幂级数和原级数有相同的收敛半径.

【**例 13 - 21**】　求幂级数 $\sum_{n=0}^{\infty}(-1)^n(n+1)x^n$ 的和函数及其收敛域.

解：易知，所给幂级数的收敛半径 $R=1$，设幂级数的和函数为 $s(x)$，则

$$s(x) = \sum_{n=0}^{\infty}(-1)^n(n+1)x^n = 1 - 2x + 3x^2 - 4x^3 + \cdots + (-1)^n(n+1)x^n + \cdots$$

则由幂级数的逐项可积性可得

$$\int_0^x s(t)\,\mathrm{d}t = \int_0^x \Big[\sum_{n=0}^{\infty}(-1)^n(n+1)t^n\Big]\mathrm{d}t = \sum_{n=0}^{\infty}\int_0^x (-1)^n(n+1)t^n\,\mathrm{d}t$$

$$= x - x^2 + x^3 - x^4 + \cdots + (-1)^n x^{n+1} + \cdots$$

$$= \frac{x}{1+x},\quad x\in(-1,1)$$

两边关于 x 求导得

$$\Big[\int_0^x s(t)\,\mathrm{d}t\Big]' = \Big(\frac{x}{1+x}\Big)' = \frac{1}{(1+x)^2}$$

则
$$s(x) = \frac{1}{(1+x)^2}$$

所以，$\sum_{n=0}^{\infty}(-1)^n(n+1)x^n$ 的和函数为 $\frac{1}{(1+x)^2}$.

而当 $x=\pm 1$ 时，上式左端的幂级数发散，所以幂级数的收敛域为 $(-1,1)$.

习　题　13 - 4

1. 求下列幂级数的收敛半径及收敛域：

（1）$x + 2x^2 + 3x^3 + \cdots + nx^n + \cdots$;

（2）$\sum_{n=1}^{\infty}\frac{(-1)^n}{n^n}x^n$;

（3）$\sum_{n=1}^{\infty}\frac{x^{2n+1}}{2^{n-1}}$;

（4）$\sum_{n=1}^{\infty}\frac{(x-1)^n}{2^n n}$.

2. 利用幂级数的性质，求下列级数的和函数：

（1）$\sum_{n=0}^{\infty}\frac{x^{2n+1}}{2n+1}$;

（2）$\sum_{n=1}^{\infty}(-1)^{n-1}\frac{x^{2n-1}}{2n-1}$;

（3）$\sum_{n=1}^{\infty}(n+1)x^n$;

（4）$\sum_{n=1}^{\infty}nx^{2n}$.

3. 设级数 $\sum_{n=1}^{\infty}u_n$ 的部分和 $s_n=\frac{3n}{n+1}$，试写出级数，并求其和.

第五节 函数展开成幂级数

一、泰勒级数

由第四节的讨论我们知道，幂级数及其收敛域内的和函数有许多非常好的性质. 在本节中，我们研究如下问题：对已给定的函数 $f(x)$，是否可以在一个给定的区间上"展开"为幂级数，即是否能找到这样一个幂级数，它在某区间内收敛，且其和函数恰好就是 $f(x)$.

我们已经知道，若函数 $f(x)$ 在点 x_0 的某一邻域内具有直到 $n+1$ 阶的导数，则在该邻域内 $f(x)$ 的 n 阶泰勒公式为

$$f(x)=f(x_0)+f'(x_0)(x-x_0)+\frac{f''(x_0)}{2!}(x-x_0)^2+\cdots+\frac{f^{(n)}(x_0)}{n!}(x-x_0)^n+R_n(x)$$

$$(13-13)$$

式中，$R_n(x)$ 为拉格朗日型余项：

$$R_n(x)=\frac{f^{(n+1)}(\xi)}{(n+1)!}(x-x_0)^{n+1}$$

ξ 是 x 与 x_0 之间的某个值. 此时，在该邻域内 $f(x)$ 可以用 n 次多项式：

$$P_n(x)=f(x_0)+f'(x_0)(x-x_0)+\frac{f''(x_0)}{2!}(x-x_0)^2+\cdots+\frac{f^{(n)}(x_0)}{n!}(x-x_0)^n$$

$$(13-14)$$

来近似表达，并且误差随着 n 的增大而减小. 这样，我们一般可以用增加多项式的项数的办法来提高精确度.

若 $f(x)$ 在点 x_0 的某邻域内存在各阶导数 $f^{(n)}(x)(n=1,2,3\cdots)$ 则我们可以构造下面的幂级数：

$$f(x_0)+f'(x_0)(x-x_0)+\frac{f''(x_0)}{2!}(x-x_0)^2+\cdots+\frac{f^{(n)}(x_0)}{n!}(x-x_0)^n+\cdots \quad (13-15)$$

幂级数式 (13-15) 称为函数 $f(x)$ 在 x_0 处的泰勒级数. 显然，当 $x=x_0$ 时，$f(x)$ 的泰勒级数收敛于 $f(x_0)$，但在 $x\neq x_0$ 处，它是否一定收敛？如果收敛，它是否一定收敛于 $f(x)$?关于这些问题，有下列定理.

定理 13-12 设函数 $f(x)$ 在点 x_0 的某一邻域 $U(x_0)$ 内具有各阶导数，则 $f(x)$ 在该邻域内能展开成泰勒级数的充分必要条件是 $f(x)$ 的泰勒公式中的余项 $R_n(x)$ 当 $n\to\infty$ 时的极限为零，即

$$\lim_{n\to\infty}R_n(x)=0, \quad x\in U(x_0)$$

证： 先证必要性.

设 $f(x)$ 在点 x_0 的某一邻域内能展开为泰勒级数，即

$$f(x)=f(x_0)+f'(x_0)(x-x_0)+\frac{f''(x_0)}{2!}(x-x_0)^2+\cdots+\frac{f^{(n)}(x_0)}{n!}(x-x_0)^n+\cdots$$

$$(13-16)$$

对一切 $x \in U(x_0)$ 成立. 把 $f(x)$ 的 n 阶泰勒公式写成

$$f(x) = s_{n+1}(x) + R_n(x) \tag{13-17}$$

式中，$s_{n+1}(x)$ 是 $f(x)$ 的泰勒级数式（13-16）的前 $n+1$ 项之和. 由式（13-16）有 $\lim\limits_{n \to \infty} s_{n+1}(x) = f(x)$，于是

$$\lim_{n \to \infty} R_n(x) = \lim_{n \to \infty} [f(x) - s_{n+1}(x)] = f(x) - f(x) = 0$$

这就证明了条件是必要的.

再证充分性.

设 $\lim\limits_{n \to \infty} R_n(x) = 0$ 对一切 $x \in U(x_0)$ 成立. 由 $f(x)$ 的 n 阶泰勒公式（13-17）有

$$s_{n+1}(x) = f(x) - R_n(x)$$

令 $n \to \infty$，取上式的极限得

$$\lim_{n \to \infty} s_{n+1}(x) = \lim_{n \to \infty} [f(x) - R_n(x)] = f(x)$$

即 $f(x)$ 的泰勒级数在 $U(x_0)$ 内收敛，并且收敛于 $f(x)$. 充分性获证.

在式（13-15）中取 $x_0 = 0$，得

$$f(0) + f'(0)x + \frac{f''(0)}{2!}x^2 + \cdots + \frac{f^{(n)}(0)}{n!}x^n + \cdots \tag{13-18}$$

级数式（13-18）称为函数 $f(x)$ 的麦克劳林级数.

下面我们证明，如果 $f(x)$ 在某点 x_0 处能展开成幂级数，那么这种展开式是唯一的.

我们仅对 $x_0 = 0$ 的情形给出证明，因为 $x_0 \neq 0$ 时可转化为此情形考虑. 若 $f(x)$ 在点 $x_0 = 0$ 的某邻域 $(-R, R)$ 内能展开成 x 的幂级数，即

$$f(x) = a_0 + a_1 x + a_2 x^2 + \cdots + a_n x^n + \cdots \tag{13-19}$$

对一切 $x \in (-R, R)$ 成立. 根据幂级数的性质，在收敛区间内逐项求导得

$$f'(x) = a_1 + 2a_2 x + 3a_3 x^2 + \cdots + na_n x^{n-1} + \cdots$$

$$f''(x) = 2! \, a_2 + 3 \cdot 2a_3 x + \cdots + n(n-1)a_n x^{n-2} + \cdots$$

$$f'''(x) = 3! \, a_3 x + \cdots + n(n-1)(n-2)a_n x^{n-3} + \cdots$$

$$\vdots$$

$$f^{(n)}(x) = n! \, a_n + (n+1)n(n-1) \cdots 2 a_{n+1} x + \cdots$$

把 $x = 0$ 代入以上各式得

$$f(0) + f'(0)x + \frac{f''(0)}{2!}x^2 + \cdots + \frac{f^{(n)}(0)}{n!}x^n + \cdots$$

$$a_0 = f(0), \quad a_1 = f'(0), \quad a_2 = \frac{f''(0)}{2!}, \quad \cdots, \quad a_n = \frac{f^{(n)}(0)}{n!}, \quad \cdots$$

于是我们证明了这样的论断：若函数能够展开为 x 的幂级数时，则它的展开式是唯一的，即这个幂级数就是 $f(x)$ 的麦克劳林级数.

二、函数展开成幂级数

1. 直接方法

设 $f(x)$ 在 x_0 处存在各阶导数，要把 $f(x)$ 在 x_0 处展开为幂级数，可以按照下列步骤进行：

第一步：求出 $f(x)$ 的各阶导数 $f^{(n)}(x)(n=1,2,3,\cdots)$.

第二步：求 $f(x)$ 及其各阶导数 $f^{(n)}(x)$ 在 $x=x_0$ 处的值 $f(x_0)$，$f^{(n)}(x_0)(n=1,2,3,\cdots)$.

第三步：写出幂级数

$$f(x)=f(x_0)+f'(x_0)(x-x_0)+\frac{f''(x_0)}{2!}(x-x_0)^2+\cdots+\frac{f^{(n)}(x_0)}{n!}(x-x_0)^n+\cdots$$

并求出其收敛半径 R.

第四步：考察当 x 在区间 (x_0-R,x_0+R) 内时余项 $R_n(x)$ 的极限：

$$\lim_{n\to\infty}R_n(x)=\lim_{n\to\infty}\frac{f^{(n+1)}(\xi)}{(n+1)!}(x-x_0)^{n+1}\quad(\xi \text{ 在 } x_0 \text{ 与 } x \text{ 之间})$$

是否为零. 如果为零，则函数 $f(x)$ 在 x_0 处的幂级数展开式为

$$f(x)=f(x_0)+f'(x_0)(x-x_0)+\frac{f''(x_0)}{2!}(x-x_0)^2+\cdots+\frac{f^{(n)}(x_0)}{n!}(x-x_0)^n+\cdots$$

其中，$-R<x-x_0<R$.

如果不为零，则只能说明第三步求出的幂级数在其收敛区间上收敛，但它的和并不是函数 $f(x)$.

这种直接计算 $f(x)$ 在 x_0 处各阶导数的幂级数展开方法称为直接法.

【例 13－22】 将函数 $f(x)=e^x$ 展开成 x 的幂级数.

解：$f(x)=e^x$ 的各阶导数为：

$$f^{(n)}(x)=e^x\quad(n=1,2,\cdots)$$

因此有

$$f^{(n)}(0)=1\quad(n=1,2,\cdots)$$

于是得级数

$$1+x+\frac{x^2}{2!}+\frac{x^3}{3!}+\cdots+\frac{x^n}{n!}+\cdots$$

它的收敛半径 $R=+\infty$.

对于任何有限的数 x，余项的绝对值为

$$|R_n(x)|=\left|\frac{e^\xi}{(n+1)!}x^{n+1}\right|<|e^x|\frac{|x|^{n+1}}{(n+1)!}\quad(\xi \text{ 在 } 0 \text{ 与 } x \text{ 之间})$$

因 $|e^x|$ 有限，而 $\frac{|x|^{n+1}}{(n+1)!}$ 为收敛级数 $\sum\limits_{k=0}^{n}\frac{|x|^{n+1}}{(n+1)!}$ 的一般项，所以当 $n\to\infty$ 时，

$|e^x|\frac{|x|^{n+1}}{(n+1)!}\to0$，即 $\lim\limits_{n\to\infty}R_n(x)=\lim\limits_{n\to\infty}\frac{e^\xi}{(n+1)!}x^{n+1}=0$，于是得展开式

$$e^x=1+x+\frac{x^2}{2!}+\frac{x^3}{3!}+\cdots+\frac{x^n}{n!}+\cdots\quad x\in(-\infty,+\infty)$$

【例 13－23】 将函数 $f(x)=\sin x$ 展开成 x 的幂级数.

解：$f(0)=\sin0=0$. $f(x)$ 的各阶导数为

$$f^{(n)}(x)=\sin\left(x+\frac{n\pi}{2}\right)\quad(n=1,2,\cdots)$$

因此有

$$f^{(n)}(x)=\begin{cases}(-1)^{k-1}&(n=2k-1)\\0&(n=2k)\end{cases}\quad(k=1,2,\cdots)$$

于是得级数

$$x - \frac{x^3}{3!} + \frac{x^5}{5!} - \cdots + (-1)^{n-1} \frac{x^{2n-1}}{(2n-1)!} + \cdots$$

其收敛半径 $R = +\infty$.

对于任何有限的数 x，余项的绝对值

$$|R_n(x)| = \left| \frac{\sin\left[\xi + \frac{(n+1)\pi}{2}\right]}{(n+1)!} x^{n+1} \right| \leqslant \frac{|x|^{n+1}}{(n+1)!} \to 0 (n \to \infty) \quad (\xi \text{ 在 } 0 \text{ 与 } x \text{ 之间})$$

因此得展开式

$$\sin x = x - \frac{x^3}{3!} + \frac{x^5}{5!} - \cdots + (-1)^{n-1} \frac{x^{2n-1}}{(2n-1)!} + \cdots \quad (-\infty < x < +\infty) \quad (13-20)$$

2. 间接方法

利用直接方法将函数展开成幂级数，其困难不仅在于计算其各阶导数，而且要考察余项 $R_n(x)$ 是否趋于零（$n \to \infty$ 时），是指即使对初等函数判断 $R_n(x)$ 是否趋于零也不容易. 那么，我们需要找到另外一种展开方法. 下面我们介绍另一种展开方法——间接展开法，即借助一些已知函数的幂级数展开式，利用幂级数的运算（如四则运算、逐项求导、逐项积分）以及变量代换等，将所给函数展开成幂级数. 由于函数展开的唯一性，这样得到的结果与直接方法所得的结果并无差异.

【例 13 - 24】 将函数 $\cos x$ 展开成 x 的幂级数.

解：此题可以用直接方法，但如用间接方法则显得简便. 对展开式（13 - 20）逐项求导就得

$$\cos x = 1 - \frac{x^2}{2!} + \frac{x^4}{4!} - \cdots + (-1)^n \frac{x^{2n}}{(2n)!} + \cdots \quad (-\infty < x < +\infty) \quad (13-21)$$

【例 13 - 25】 将函数 $\frac{1}{1+x^2}$ 展开成 x 的幂级数.

解：因为 $\quad \frac{1}{1-x} = 1 + x + x^2 + x^3 + \cdots + x^n + \cdots \quad (-1 < x < 1)$

把 x 换成 $-x^2$，得

$$\frac{1}{1+x^2} = 1 - x^2 + x^4 + \cdots + (-1)^n x^{2n} + \cdots \quad (-1 < x < 1) \quad (13-22)$$

值得指出的是，若函数 $f(x)$ 在开区间 $(-R, R)$ 内的展开式为 $f(x) = \sum\limits_{n=0}^{\infty} a_n x^n$，$x \in (-R, R)$. 若上式的幂级数在该区间的端点 $x = R$（或 $x = -R$）仍收敛，而函数 $f(x)$ 在 $x = R$（或 $x = -R$）处有定义且连续，那么根据幂级数和函数的连续性，该展开式对 $x = R$（或 $x = -R$）也成立.

【例 13 - 26】 将函数 $f(x) = \ln(1+x)$ 展开成 x 的幂级数.

解：因为 $f'(x) = \frac{1}{1+x}$，而 $\frac{1}{1+x}$ 是收敛的等比级数 $\sum\limits_{n=0}^{\infty} (-1)^n x^n (-1 < x < 1)$ 的和函数，即

$$\frac{1}{1+x} = 1 - x + x^2 - x^3 + \cdots + (-1)^n x^n + \cdots \quad (-1 < x < 1)$$

将上式从 0 到 x 逐项积分得

$$\ln(1+x)=x-\frac{x^2}{2}+\frac{x^3}{3}-\cdots+(-1)^{n-1}\frac{x^n}{n}+\cdots\ (-1<x\leqslant 1) \qquad (13-23)$$

上述展开式对 $x=1$ 也成立，这是因为上式右端的幂级数当 $x=1$ 时收敛，而 $\ln(1+x)$ 在 $x=1$ 处有定义且连续.

此外，我们还可求得在区间 $(-1,1)$ 内有展开式

$$(1+x)^m=1+mx+\frac{m(m-1)}{2!}x^2+\cdots+\frac{m(m-1)\cdots(m-n+1)}{n!}x^n+\cdots\quad(-1<x<1)$$
$$(13-24)$$

在区间的端点，展开式是否成立要看 m 的数值而定.

式 (13-24) 叫作二项展开式，特别地，当 m 为正整数时，级数为 x 的 m 次多项式，这就是代数学中的二项式定理.

上面一些函数的幂级数展开式以后可以直接引用.

【例 13-27】 将函数 $\sin x$ 在 $x_0=\frac{\pi}{4}$ 处展开成幂级数.

解：因为 $\sin x=\sin\left[\frac{\pi}{4}+\left(x-\frac{\pi}{4}\right)\right]=\sin\frac{\pi}{4}\cos\left(x-\frac{\pi}{4}\right)+\cos\frac{\pi}{4}\sin\left(x-\frac{\pi}{4}\right)$

$$=\frac{\sqrt{2}}{2}\left[\cos\left(x-\frac{\pi}{4}\right)+\sin\left(x-\frac{\pi}{4}\right)\right]$$

而 $\cos\left(x-\frac{\pi}{4}\right)=1-\frac{\left(x-\frac{\pi}{4}\right)^2}{2!}+\frac{\left(x-\frac{\pi}{4}\right)^4}{4!}-\cdots\quad(-\infty<x<+\infty)$

$$\sin\left(x-\frac{\pi}{4}\right)=\left(x-\frac{\pi}{4}\right)-\frac{\left(x-\frac{\pi}{4}\right)^3}{3!}+\frac{\left(x-\frac{\pi}{4}\right)^5}{5!}-\cdots\quad(-\infty<x<+\infty)$$

所以 $\sin x=\frac{\sqrt{2}}{2}\left[1+\left(x-\frac{\pi}{4}\right)-\frac{\left(x-\frac{\pi}{4}\right)^2}{2!}-\frac{\left(x-\frac{\pi}{4}\right)^3}{3!}+\cdots\right]\quad(-\infty<x<+\infty)$

【例 13-28】 将函数 $f(x)=\frac{1}{x^2+4x+3}$ 展开成 $(x-1)$ 的幂级数.

解：因为 $f(x)=\frac{1}{x^2+4x+3}=\frac{1}{(x+1)(x+3)}=\frac{1}{2(1+x)}-\frac{1}{2(3+x)}$

$$=\frac{1}{4\left(1+\frac{x-1}{2}\right)}-\frac{1}{8\left(1+\frac{x-1}{4}\right)}$$

而 $\dfrac{1}{4\left(1+\frac{x-1}{2}\right)}=\frac{1}{4}\left[1-\frac{x-1}{2}+\frac{(x-1)^2}{2^2}-\cdots+(-1)^n\frac{(x-1)^n}{2^n}+\cdots\right]\quad(-1<x<3)$

$\dfrac{1}{8\left(1+\frac{x-1}{4}\right)}=\frac{1}{8}\left[1-\frac{x-1}{4}+\frac{(x-1)^2}{4^2}-\cdots+(-1)^n\frac{(x-1)^n}{4^n}+\cdots\right]\quad(-3<x<5)$

所以 $f(x)=\dfrac{1}{x^2+4x+3}=\sum_{n=0}^{\infty}(-1)^n\left(\frac{1}{2^{n+2}}-\frac{1}{2^{2n+3}}\right)(x-1)^n\quad(-1<x<3)$

*三、函数的幂级数展开式在近似计算中的应用

【**例 13-29**】 计算 e 的值，精确到小数点第 4 位.

解： e^x 的幂级数展开式为

$$e^x = 1 + x + \frac{x^2}{2!} + \frac{x^3}{3!} + \cdots + \frac{x^n}{n!} + \cdots \quad (-\infty < x < +\infty)$$

令 $x = 1$ 得

$$e = 1 + 1 + \frac{1}{2!} + \frac{1}{3!} + \cdots + \frac{1}{n!} + \cdots$$

取前 $n+1$ 项作为 e 的近似值，有

$$e \approx 1 + 1 + \frac{1}{2!} + \frac{1}{3!} + \cdots + \frac{1}{n!}$$

其误差为

$$
\begin{aligned}
R_{n+1} &= \frac{1}{(n+1)!} + \frac{1}{(n+2)!} + \cdots \\
&= \frac{1}{(n+1)!}\left[1 + \frac{1}{n+2} + \frac{1}{(n+2)(n+3)} + \cdots\right] \\
&< \frac{1}{(n+1)!}\left[1 + \frac{1}{n+1} + \frac{1}{(n+1)^2} + \cdots\right] \\
&= \frac{1}{(n+1)!}\frac{1}{1 - \frac{1}{n+1}} = \frac{1}{(n+1)!}\frac{n+1}{n} = \frac{1}{n \cdot n!}
\end{aligned}
$$

要求 e 精确到小数点第 4 位，需误差不超过 10^{-4}，而

$$\frac{1}{6 \times 6!} = \frac{1}{4320} > 10^{-4}$$

$$\frac{1}{7 \times 7!} = \frac{1}{35230} < 3 \times 10^{-5} < 10^{-4}$$

故取 $n=7$，即取级数前 8 项作近似值计算.

$$e \approx 1 + 1 + \frac{1}{2!} + \frac{1}{3!} + \frac{1}{4!} + \frac{1}{5!} + \frac{1}{6!} + \frac{1}{7!} \approx 2.71826$$

【**例 13-30**】 求 $\sqrt[5]{245}$ 的近似值，要求误差不超过 0.0001.

解： 利用二项展开式进行计算，因 $245 = 3^5 + 2$，所以

$$\sqrt[5]{245} = \sqrt[5]{3^5 + 2} = \sqrt[5]{3^5\left(1 + \frac{2}{3^5}\right)} = 3 \times \left(1 + \frac{2}{3^5}\right)^{\frac{1}{5}}$$

以 $x = \frac{2}{3^5}$、$m = \frac{1}{5}$ 代入二项式展开式（13-24）得

$$
\begin{aligned}
\sqrt[5]{245} &= 3 \times \left(1 + \frac{2}{3^5}\right)^{\frac{1}{5}} \\
&= 3 \times \left[1 + \frac{1}{5} \times \frac{2}{3^5} + \frac{1}{5}\left(\frac{1}{5} - 1\right) \times \frac{1}{2!}\left(\frac{2}{3^5}\right)^2 + \cdots\right] \\
&= 3 \times \left[1 + \frac{1}{5} \times \frac{2}{3^5} - \frac{1}{5} \times \frac{4}{5} \times \frac{1}{2!} \times \frac{4}{3^{10}} + \cdots\right]
\end{aligned}
$$

此级数自第二项开始为交错级数，它满足交错级数判别法的两个条件，如取前两项作近似值，则其余项（误差）估计为

$$|R_2| \leqslant 3 \times \frac{1}{5} \times \frac{4}{5} \times \frac{1}{2!} \times \frac{4}{3^{10}} = \frac{3 \times 8}{5^2 \times 3^{10}} < 0.0001$$

于是得到

$$\sqrt[5]{245} \approx 3 \times \left(1 + \frac{1}{5} \times \frac{2}{3^5}\right) \approx 3.0049$$

习 题 13－5

1. 将下列函数展开成 x 的幂级数，并求展开式成立的区间：

(1) $f(x) = a^x$；

(2) $f(x) = \sin\dfrac{x}{2}$；

(3) $f(x) = e^{-2x}$；

(4) $f(x) = \cos^2 x$；

(5) $f(x) = \dfrac{1}{3-x}$；

(6) $f(x) = \dfrac{x}{x^2 - 2x - 3}$.

2. 将函数 $f(x) = \dfrac{1}{x^2}$ 展开成 $x-1$ 的幂级数，并求其展开式成立的区间.

*3. 利用函数的幂级数展开式，求下列各数的近似值：

(1) ln3 （误差不超过 0.0001）；

(2) cos2° （误差不超过 0.0001）.

*第六节　傅 里 叶 级 数

一、三角级数、三角函数系的正交性

前面我们讨论了无穷级数、幂级数. 把函数表示为幂级数当然是最自然不过的事情，但是能用幂级数表示的函数并不多，因为要想用幂级数表示，起码这函数可无穷次连续可微，而且即使无穷次可微也不一定就行. 这样，要想用无穷级数表示一般的连续函数就得另辟蹊径. 我们熟悉的比多项式稍复杂的函数就是三角函数，三角函数图像清晰，有表可查，当然是最有力的候补者. 在这一节里，我们要讨论三角级数. 具体地说，将周期为 $T\left(=\dfrac{2\pi}{\omega}\right)$ 的周期函数用一系列以 T 为周期的三角函数 $A_n\sin(n\omega t + \varphi_n)$ 组成的级数来表示，记为

$$f(t) = A_0 + \sum_{n=0}^{\infty} A_n \sin(n\omega t + \varphi_n) \tag{13-25}$$

式中，A_0、A_n、$\varphi_n(n=1,2,3,\cdots)$ 都是常数.

注意到 $\qquad A_n\sin(n\omega t + \varphi_n) = A_n\sin\varphi_n\cos n\omega t + A_n\cos\varphi_n\sin n\omega t$

若记 $a_0 = 2A_0, a_n = A_n\sin\varphi_n, b_n = A_n\cos\varphi_n(n=1,2,3,\cdots)$，$\omega t = x$，则式（13－25）右端的级数可以改写为

$$\frac{a_0}{2} + \sum_{n=0}^{\infty}(a_n\cos nx + b_n\sin nx) \qquad\qquad (13-26)$$

我们将形如式（13-26）的级数叫作**三角级数**，其中 a_0、a_n、b_n（$n=1,2,3,\cdots$）都是常数.

如同讨论幂级数一样，我们必须讨论三角级数（13-26）的收敛问题，以及给定周期为 2π 的周期函数如何把它展开成三角级数（13-26）. 为此，我们首先介绍三角函数系的正交性.

如果在区间 $[a,b]$ 上定义的两函数 $\varphi(x)$ 与 $\psi(x)$ 的乘积，其积分为 0：

$$\int_a^b \varphi(x)\psi(x)\mathrm{d}x = 0$$

则此两函数称为在这区间上正交. 若定义在区间 $[a,b]$ 上的函数系 $\{\varphi_n(x)\}$ 中各函数两两正交

$$\int_a^b \varphi_n(x)\psi_m(x)\mathrm{d}x = 0 \quad (n,m=1,2,3,\cdots;n\neq m)$$

则称此函数系为**正交函数系**.

不难证明三角函数系

$$1,\cos x,\sin x,\cos 2x,\sin 2x,\cdots,\cos nx,\sin nx,\cdots$$

在任何一个长度为 2π 的区间上是正交的，即对任意实数 a，有

$$\int_a^{a+2\pi}\cos nx\,\mathrm{d}x = 0 \quad (n=1,2,3,\cdots)$$

$$\int_a^{a+2\pi}\sin nx\,\mathrm{d}x = 0 \quad (n=1,2,3,\cdots)$$

$$\int_a^{a+2\pi}\sin mx\cos nx\,\mathrm{d}x = 0 \quad (m,n=1,2,3,\cdots)$$

$$\int_a^{a+2\pi}\cos mx\cos nx\,\mathrm{d}x = 0 \quad (m,n=1,2,3,\cdots;m\neq n)$$

$$\int_a^{a+2\pi}\sin mx\sin nx\,\mathrm{d}x = 0 \quad (m,n=1,2,3,\cdots;m\neq n)$$

我们只验证第四式，其余各式留给读者证明. 事实上，由积化和差公式

$$\cos mx\cos nx = \frac{1}{2}[\cos(m+n)x + \cos(m-n)x]$$

可得　$\displaystyle\int_a^{a+2\pi}\cos mx\cos nx\,\mathrm{d}x = \frac{1}{2}\int_a^{a+2\pi}[\cos(m+n)x + \cos(m-n)x]\mathrm{d}x$

$$= \frac{1}{2}\left[\frac{\sin(m+n)x}{m+n} + \frac{\sin(m-n)x}{m-n}\right]_a^{a+2\pi} \quad (m,n=1,2,3,\cdots;m\neq n)$$

在上述三角函数系中，还有

$$\int_a^{a+2\pi}1^2\mathrm{d}x = 2\pi$$

$$\int_a^{a+2\pi}\sin^2 nx\,\mathrm{d}x = \pi,\ \int_a^{a+2\pi}\cos^2 nx\,\mathrm{d}x = \pi\,(n=1,2,3,\cdots).$$

为确定起见，以后我们把长度为 2π 的区间取为 $[-\pi,\pi]$.

二、周期函数展开成傅里叶级数

设 $f(x)$ 是周期为 2π 的周期函数，且能展开成三角级数

$$f(x) = \frac{a_0}{2} + \sum_{k=1}^{\infty} (a_k \cos kx + b_k \sin kx) \tag{13-27}$$

我们自然要问：系数 $a_0, a_1, b_1, a_2, b_2, \cdots$ 与函数 $f(x)$ 之间存在着怎样的关系？为此，我们进一步假设级数式 (13-27) 可以逐项积分.

首先，对式 (13-27) 两端在区间 $[-\pi, \pi]$ 积分，并在等式的右端逐项积分，利用三角函数系的正交性得

$$\int_{-\pi}^{\pi} f(x) \mathrm{d}x = \int_{-\pi}^{\pi} \frac{a_0}{2} \mathrm{d}x + \sum_{k=1}^{\infty} \left[a_k \int_{-\pi}^{\pi} \cos(kx) \mathrm{d}x + b_k \int_{-\pi}^{\pi} \sin(kx) \mathrm{d}x \right] = a_0 \pi$$

所以

$$a_0 = \frac{1}{\pi} \int_{-\pi}^{\pi} f(x) \mathrm{d}x$$

其次，将式 (13-27) 两端同乘以 $\cos nx$，再像上面一样求积分，并利用三角函数系的正交性得

$$\int_{-\pi}^{\pi} f(x) \cos nx \, \mathrm{d}x = \int_{-\pi}^{\pi} \frac{a_0}{2} \cos nx \, \mathrm{d}x + \sum_{k=1}^{\infty} \left(a_k \int_{-\pi}^{\pi} \cos kx \cos nx \, \mathrm{d}x + b_k \int_{-\pi}^{\pi} \sin kx \cos nx \, \mathrm{d}x \right)$$

$$= \int_{-\pi}^{\pi} a_n \cos^2 nx \, \mathrm{d}x = a_n \pi$$

所以

$$a_n = \frac{1}{\pi} \int_{-\pi}^{\pi} f(x) \cos nx \, \mathrm{d}x \quad (n = 1, 2, 3, \cdots)$$

类似地，将式 (13-27) 两端同乘以 $\sin nx$，再逐项积分，可得

$$b_n = \frac{1}{\pi} \int_{-\pi}^{\pi} f(x) \sin nx \, \mathrm{d}x \quad (n = 1, 2, 3, \cdots)$$

于是得

$$\begin{cases} a_n = \dfrac{1}{\pi} \displaystyle\int_{-\pi}^{\pi} f(x) \cos nx \, \mathrm{d}x & (n = 0, 1, 2, 3, \cdots) \\ b_n = \dfrac{1}{\pi} \displaystyle\int_{-\pi}^{\pi} f(x) \sin nx \, \mathrm{d}x & (n = 1, 2, 3, \cdots) \end{cases} \tag{13-28}$$

由式 (13-28) 所求出的系数 $a_0, a_1, b_1, a_2, b_2, \cdots$ 叫作函数 $f(x)$ 的傅里叶 (Fourier) 系数. 式 (13-28) 表明，若一个以 2π 为周期的函数 $f(x)$ 能展开成三角级数，那么这个三角级数的系数必是 $f(x)$ 的傅里叶系数，从而是唯一的. 将这些系数代入式 (13-27) 右端，所得的三角级数

$$\frac{a_0}{2} + \sum_{n=1}^{\infty} (a_n \cos nx + b_n \sin nx)$$

叫作函数的傅里叶级数，记为

$$f(x) \sim \frac{a_0}{2} + \sum_{n=0}^{\infty} (a_n \cos nx + b_n \sin nx)$$

在这里，我们用记号 "$\sim$" 是因为还不知道这个傅里叶级数是否收敛；而且即使它收敛，其和函数也不知是不是 $f(x)$. 那么，函数 $f(x)$ 在怎样的条件下，它的傅里叶级数收敛于 $f(x)$？换言之，函数 $f(x)$ 满足什么条件就可以展开成傅里叶级数？为回答这一问题，我们不加证明给出下面的定理.

定理 13-13（狄利克雷定理） 设函数 $f(x)$ 是以 2π 为周期的周期函数. 如果它满足条件:

(1) 在一个周期内连续或只有有限个第一类间断点;

(2) 在一个周期内至多只有有限个极值点, 则 $f(x)$ 的傅里叶级数收敛, 并且

1) 当 x 是 $f(x)$ 的连续点时, 级数收敛于 $f(x)$;

2) 当 x 是 $f(x)$ 的间断点时, 级数收敛于 $\dfrac{f(x^-)+f(x^+)}{2}$.

由上述定理不难看出, 函数展开成傅里叶级数的条件比展开成幂级数的条件低得多, 它甚至不要求 $f(x)$ 可导.

【例 13-31】 设 $f(x)$ 是周期为 2π 的周期函数, 它在 $(-\pi,\pi]$ 上的表达式为

$$f(x)=\begin{cases} -1 & (-\pi\leqslant x\leqslant 0) \\ 1+x^2 & (0\leqslant x\leqslant\pi) \end{cases}$$

则 $f(x)$ 的傅里叶级数在点 $x=\pi$ 处收敛于何值?

解: 所给函数满足狄利克雷定理的条件, $x=\pi$ 是它的间断点, 故 $f(x)$ 的傅里叶级数收敛于

$$\frac{f(\pi^-)+f(\pi^+)}{2}=\frac{1}{2}(1+\pi^2-1)=\frac{1}{2}\pi^2$$

【例 13-32】 设 $f(x)$ 是周期为 $x=\pi$ 的周期函数, 它在 $[-\pi,\pi]$ 上的表达式为

$$f(x)=\begin{cases} x & (-\pi\leqslant x\leqslant 0) \\ 0 & (0\leqslant x\leqslant\pi) \end{cases}$$

将 $f(x)$ 展开成傅里叶级数（图 13-3）.

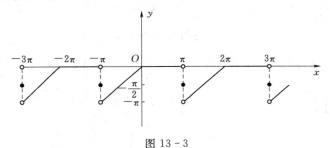

图 13-3

解: 所给函数满足狄利克雷定理的条件, $x=(2k+1)\pi(k=0,\pm 1,\pm 2,\cdots)$ 是它的间断点, $f(x)$ 的傅里叶级数在 $x=(2k+1)\pi$ 处收敛于

$$\frac{f(\pi^-)+f(\pi^+)}{2}=\frac{0-\pi}{2}=-\frac{\pi}{2}$$

在 $x\neq(2k+1)\pi$ 处, 由式（13-28）得

$$a_n=\frac{1}{\pi}\int_{-\pi}^{\pi}f(x)\cos nx\,\mathrm{d}x=\frac{1}{\pi}\int_{-\pi}^{\pi}x\cos nx\,\mathrm{d}x=\frac{1}{n^2\pi}(1-\cos n\pi)$$

$$=\begin{cases} \dfrac{1}{n^2\pi} & (n=1,3,5,\cdots) \\ 0 & (n=2,4,6,\cdots) \end{cases}$$

$$a_0 = \frac{1}{\pi}\int_{-\pi}^{\pi}f(x)\mathrm{d}x = \frac{1}{\pi}\int_{-\pi}^{0}x\mathrm{d}x = -\frac{\pi}{2}$$

$$b_n = \frac{1}{\pi}\int_{-\pi}^{\pi}f(x)\sin nx\,\mathrm{d}x = \frac{1}{\pi}\int_{-\pi}^{0}x\sin nx\,\mathrm{d}x = -\frac{\cos n\pi}{n} = \frac{(-1)^{n+1}}{n}$$

于是 $f(x)$ 的傅里叶级数展开式为

$$f(x) = -\frac{\pi}{4} + \left(\frac{2}{\pi}\cos x + \sin x\right) - \frac{1}{2}\sin 2x + \left(\frac{2}{3^2\pi}\cos 3x + \frac{1}{3}\sin 3x\right)$$

$$- \frac{1}{4}\sin 4x + \left(\frac{2}{5^2\pi}\cos 5x + \frac{1}{5}\sin 5x\right) - \cdots \quad (-\infty < x < +\infty, x \neq \pm\pi, \pm 3\pi, \cdots)$$

【例 13-33】 将函数 $f(x) = \arcsin(\sin x)$ 展开成傅里叶级数.

解：函数 $f(x)$ 是以 2π 为周期的函数，它在 $[-\pi, \pi]$ 上的表达式为（图 13-4）：

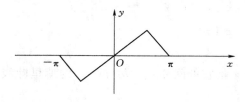

$$f(x) = \begin{cases} -\pi - x & \left(-\pi \leqslant x \leqslant -\dfrac{\pi}{2}\right) \\ x & \left(-\dfrac{\pi}{2} \leqslant x \leqslant -\dfrac{\pi}{2}\right) \\ \pi - x & \left(\dfrac{\pi}{2} < x < \pi\right) \end{cases}$$

图 13-4　　　　函数 $f(x)$ 在整个数轴上连续，其傅里叶级

数在整个数轴上收敛于 $f(x)$. 计算傅里叶系数如下：

因为 $f(x)$ 为奇函数，从而 $f(x)\cos nx$ 也为奇函数，故有

$$a_n = \frac{1}{\pi}\int_{-\pi}^{\pi}f(x)\cos nx\,\mathrm{d}x = 0 \quad (n = 1, 2, 3, \cdots)$$

$$b_n = \frac{2}{\pi}\int_{0}^{\pi}f(x)\sin nx\,\mathrm{d}x = \frac{2}{\pi}\left[\int_{0}^{\frac{\pi}{2}}x\sin nx\,\mathrm{d}x + \int_{\frac{\pi}{2}}^{\pi}(\pi - x)\sin nx\,\mathrm{d}x\right]$$

（在第二个积分中令 $u = \pi - x$）

$$= \frac{2}{\pi}\int_{0}^{\frac{\pi}{2}}[1 + (-1)^{n+1}]x\sin nx\,\mathrm{d}x$$

$$= \frac{2}{\pi}[1 + (-1)^{n+1}]\left(-\frac{x\cos nx}{n} + \frac{\sin nx}{n^2}\right)\Big|_{0}^{\frac{\pi}{2}}$$

$$= \begin{cases} 0 & n = 2m \\ \dfrac{4}{\pi}\dfrac{(-1)^{n+1}}{(2m-1)^2} & n = 2m-1 \end{cases} \quad (m = 1, 2, 3, \cdots)$$

于是　　　$$\arcsin(\sin x) = \frac{4}{\pi}\sum_{n=1}^{\infty}\frac{(-1)^{n+1}}{(2n-1)^2}\sin(2n-1)x \quad (-\infty < x < +\infty)$$

【例 13-34】 设 $f(x)$ 是周期为 2π 的周期函数，它在 $[-\pi, \pi]$ 上的表达式为

$$f(x) = \begin{cases} -x & (-\pi \leqslant x < 0) \\ x & (0 \leqslant x \leqslant \pi) \end{cases}$$

将 $f(x)$ 展开成傅里叶级数（图 13-5）.

解：函数 $f(x)$ 在整个数轴上连续，故其傅里叶级数在整个数轴上都收敛于 $f(x)$.

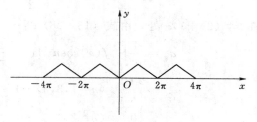

图 13-5

注意到 $f(x)$ 为偶函数，从而 $f(x)\cos nx$ 为偶函数，$f(x)\sin nx$ 为奇函数，计算傅里叶系数如下：

$$b_n = \frac{1}{\pi}\int_{-\pi}^{\pi} f(x)\sin nx\,dx = 0 \quad (n=1,2,3,\cdots)$$

$$a_n = \frac{1}{\pi}\int_{-\pi}^{\pi} f(x)\cos nx\,dx = \frac{2}{\pi}\int_{0}^{\pi} x\cos nx\,dx = \frac{2}{\pi}\left[\frac{x\sin nx}{n} + \frac{\cos nx}{n^2}\right]_0^{\pi}$$

$$= \frac{2}{n^2\pi}(\cos nx - 1) = \begin{cases} -\dfrac{4}{n^2\pi} & (n=1,3,5,\cdots) \\ 0 & (n=2,4,6,\cdots) \end{cases}$$

$$a_0 = \frac{1}{\pi}\int_{-\pi}^{\pi} f(x)\,dx = \frac{1}{\pi}\int_{-\pi}^{0}(-x)\,dx + \frac{1}{\pi}\int_{0}^{\pi} x\,dx = \pi$$

于是 $f(x)$ 的傅里叶级数展开式为

$$f(x) = \frac{\pi}{2} - \frac{4}{\pi}\sum_{n=1}^{\infty}\frac{1}{(2n-1)^2}\cos(2n-1)x \quad (-\infty < x < +\infty)$$

与牛顿和莱布尼茨同时代的瑞士数学家雅克·伯努利（*Jacques Bernoulli*）发现过几个无穷级数的和，但他未能求出 $1 + \frac{1}{2^2} + \frac{1}{3^2} + \cdots + \frac{1}{n^2} + \cdots$ 的和．他写到："假如有人能够求出这个我们直到现在还未求出的和并能把它通知我们，我们将会很感谢他．"下面我们利用［例 13 - 32］中的展开式来解决这个问题．附带求出另几个级数的和．

当 $x=0$ 时，$f(0)=0$，从而得

$$1 + \frac{1}{3^2} + \frac{1}{5^2} + \cdots + \frac{1}{(2n-1)^2} + \cdots = \frac{\pi^2}{8}$$

若记

$$\sigma = 1 + \frac{1}{2^2} + \frac{1}{3^2} + \cdots + \frac{1}{n^2} + \cdots$$

$$\sigma_1 = 1 + \frac{1}{3^2} + \frac{1}{5^2} + \cdots + \frac{1}{(2n-1)^2} + \cdots$$

$$\sigma_2 = \frac{1}{2^2} + \frac{1}{4^2} + \cdots + \frac{1}{(2n)^2} + \cdots$$

$$\sigma_3 = 1 - \frac{1}{2^2} + \frac{1}{3^2} - \cdots + (-1)^{n-1}\frac{1}{n^2} + \cdots$$

则由 $\sigma = \sigma_1 + \sigma_2$、$\sigma_2 = \frac{1}{4}\sigma$ 得

$$\sigma_2 = \frac{1}{3}\sigma_1 = \frac{1}{3}\cdot\frac{\pi^2}{8} = \frac{\pi^2}{24}$$

$$\sigma = \sigma_1 + \sigma_2 = \frac{\pi^2}{8} + \frac{\pi^2}{24} = \frac{\pi^2}{6}$$

$$\sigma_3 = \sigma_1 - \sigma_2 = \frac{\pi^2}{8} - \frac{\pi^2}{24} = \frac{\pi^2}{12}$$

由［例 13 - 33］和［例 13 - 34］的解题过程可知：若 $f(x)$ 是以 2π 为周期的奇函数，则其傅里叶系数

$$a_n = 0 \quad (n=0,1,2,3,\cdots)$$

$$b_n = \frac{2}{\pi} \int_0^\pi f(x) \sin nx \, dx \quad (n = 1, 2, 3, \cdots)$$

从而
$$f(x) = \sum_{n=1}^\infty b_n \sin nx$$

这种只含正弦函数项的傅里叶级数称为正弦级数.

类似地，若 $f(x)$ 是以 2π 为周期的偶函数，则其傅里叶系数

$$b_n = 0 \quad (n = 1, 2, 3, \cdots)$$

$$a_n = \frac{2}{\pi} \int_0^\pi f(x) \cos nx \, dx \quad (n = 0, 1, 2, 3, \cdots)$$

从而
$$f(x) = \frac{a_0}{2} + \sum_{n=1}^\infty a_n \cos nx$$

这种只含余弦函数项的傅里叶级数称为余弦级数. 上述结论的证明是显然的.

三、非周期函数的傅里叶展开

前面我们讨论了以 2π 为周期的函数的傅里叶级数. 在这里，我们将讨论非周期函数的傅里叶展开.

设函数 $f(x)$ 只在 $[-\pi, \pi]$ 上有定义，且满足狄利克雷定理的条件. 我们定义一个以 2π 为周期的函数 $F(x)$，在 $[-\pi, \pi]$（或 $(-\pi, \pi]$）内有 $F(x) \equiv f(x)$. $F(x)$ 可以展开成傅里叶级数. 当限制 $x \in (-\pi, \pi)$，由 $F(x) \equiv f(x)$，便得到 $f(x)$ 的傅里叶级数展开式. 而当 $x = \pm\pi$ 时，该级数收敛于 $\frac{1}{2}[f(\pi^-) + f(\pi^+)]$. 由 $f(x)$ 扩充为 $F(x)$ 的过程称为周期延拓.

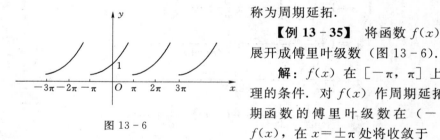

图 13-6

【例 13-35】 将函数 $f(x) = e^x \, (-\pi \leqslant x \leqslant \pi)$ 展开成傅里叶级数（图 13-6）.

解：$f(x)$ 在 $[-\pi, \pi]$ 上满足狄利克雷定理的条件. 对 $f(x)$ 作周期延拓，拓广所得的周期函数的傅里叶级数在 $(-\pi, \pi)$ 内收敛于 $f(x)$，在 $x = \pm\pi$ 处将收敛于

$$\frac{1}{2}[f(\pi^-) + f(\pi^+)] = \frac{1}{2}(e^{-\pi} + e^\pi)$$

计算傅里叶系数如下：

$$a_0 = \frac{1}{\pi} \int_{-\pi}^\pi f(x) \, dx = \frac{1}{\pi} \int_{-\pi}^\pi e^x \, dx = \frac{e^\pi - e^{-\pi}}{\pi}$$

$$a_n = \frac{1}{\pi} \int_{-\pi}^\pi e^x \cos nx \, dx = (-1)^n \frac{e^\pi - e^{-\pi}}{\pi(1 + n^2)} \quad (n = 1, 2, 3, \cdots)$$

$$b_n = \frac{1}{\pi} \int_{-\pi}^\pi e^x \sin nx \, dx = (-1)^{n-1} \frac{n(e^\pi - e^{-\pi})}{\pi(1 + n^2)} \quad (n = 1, 2, 3, \cdots)$$

故 $f(x)$ 的傅里叶级数展开式为：

$$f(x) = \frac{e^{\pi} - e^{-\pi}}{\pi} \left(\frac{1}{2} - \frac{\cos x}{1+1^2} + \frac{\sin x}{1+1^2} + \frac{\cos 2x}{1+2^2} - \frac{2\sin 2x}{1+2^2} - \frac{\cos 3x}{1+3^2} + \frac{3\sin 3x}{1+3^2} + \cdots \right)$$

$$(-\pi < x < \pi)$$

若 $f(x)$ 只在 $[0, \pi]$ 上有定义，且满足狄利克雷定理的条件. 要将 $f(x)$ 在 $[0, \pi]$ 上展开为傅里叶级数，需要先在 $[-\pi, 0)$ 上补充函数 $f(x)$ 的定义，得到在 $[-\pi, \pi]$ 上定义的新函数 $F(x)$，再将 $F(x)$ 按前述的方法展开为傅里叶级数. 当限制 $x \in (0, \pi)$ 时，$F(x) \equiv f(x)$，便得到 $f(x)$ 的傅里叶级数展开式. 在定义新函数 $F(x)$ 时，通常采用下面两种方法：

(1) 定义 $F(x) = \begin{cases} f(x) & (0 \leqslant x \leqslant \pi) \\ -f(-x) & (-\pi < x < 0) \end{cases}$，则 $F(x)$ 为奇函数（除去点 $x=0$），这种延拓过程称为奇延拓，这样得到的傅里叶级数为正弦级数.

(2) 定义 $F(x) = \begin{cases} f(x) & (0 \leqslant x \leqslant \pi) \\ f(-x) & (-\pi < x < 0) \end{cases}$，则 $F(x)$ 为偶函数，这种延拓过程称为偶延拓，这样得到的傅里叶级数为余弦级数.

【例 13-36】 将函数 $f(x) = \pi^2 - x^2 (0 \leqslant x \leqslant \pi)$ 分别展开成正弦级数和余弦级数.

解： 将 $f(x)$ 作奇延拓，从而得

$$a_n = 0 \quad (n = 0, 1, 2, 3, \cdots)$$

$$b_n = \frac{2}{\pi} \int_0^{\pi} f(x) \sin nx \, dx = \frac{2}{\pi} \int_0^{\pi} (\pi^2 - x^2) \sin nx \, dx$$

$$= \frac{2\pi}{n} + [1 - (-1)^n] \frac{4}{n^3 \pi} \quad (n = 1, 2, 3, \cdots)$$

从而 $\qquad f(x) = \pi^2 - x^2 = \sum_{n=1}^{\infty} \left\{ \frac{2\pi}{n} + [1 - (-1)^n] \frac{4}{n^3 \pi} \right\} \sin nx \quad (0 < x \leqslant \pi)$

若将 $f(x)$ 作偶延拓，则有

$$b_n = 0 \quad (n = 1, 2, 3, \cdots)$$

$$a_n = \frac{2}{\pi} \int_0^{\pi} (\pi^2 - x^2) \cos nx \, dx = (-1)^n \frac{-4}{n^2} \quad (n = 1, 2, 3, \cdots)$$

$$a_0 = \frac{2}{\pi} \int_0^{\pi} (\pi^2 - x^2) \, dx = \frac{4}{3} \pi^2$$

从而 $\qquad f(x) = \pi^2 - x^2 = \frac{2\pi^2}{3} - 4 \sum_{n=1}^{\infty} \frac{(-1)^n}{n^2} \cos nx \quad (0 \leqslant x \leqslant \pi)$

四、任意区间上的傅里叶级数

在前面我们的讨论都限制在区间 $[-\pi, \pi]$ 或 $[0, \pi]$ 上. 在这里，我们要研究定义在任意区间 $[a, b]$ 上的函数 $f(x)$ 如何展开成傅里叶级数. 首先，我们讨论定义在区间

$[-l,l]$ 上的函数 $f(x)$ 的傅里叶展开.

设函数 $f(x)$ 在区间 $[-l,l]$ 上有定义且满足狄利克雷定理的条件. 令 $x = \dfrac{lt}{\pi}$, 则当 x 在区间 $[-l,l]$ 上变化时, t 就在区间 $[-\pi,\pi]$ 上变化. 记 $f(x) = f\left(\dfrac{lt}{\pi}\right) = \varphi(t)$, 则 $\varphi(t)$ 在 $[-\pi,\pi]$ 上有意义且满足狄利克雷定理的条件, 于是 $\varphi(t)$ 在 $(-\pi,\pi)$ 上可以展开成傅里叶级数

$$\varphi(t) \sim \frac{a_0}{2} + \sum_{n=1}^{\infty}(a_n \cos nt + b_n \sin nt) \qquad (13-29)$$

其中
$$\begin{cases} a_n = \dfrac{1}{\pi}\displaystyle\int_{-\pi}^{\pi} \varphi(t)\cos nt \, \mathrm{d}t & (n = 0,1,2,3,\cdots) \\[3mm] b_n = \dfrac{1}{\pi}\displaystyle\int_{-\pi}^{\pi} \varphi(t)\sin nt \, \mathrm{d}t & (n = 1,2,3,\cdots) \end{cases}$$

在上式中用 $t = \dfrac{\pi x}{l}$ 换回 x, 就得到函数 $f(x)$ 在区间 $(-l,l)$ 上的傅里叶展开式:

$$f(x) \sim \frac{a_0}{2} + \sum_{n=1}^{\infty}\left(a_n \cos \frac{n\pi x}{l} + b_n \sin \frac{n\pi x}{l}\right) \qquad (13-30)$$

这里
$$\begin{cases} a_n = \dfrac{1}{l}\displaystyle\int_{-l}^{l} f(x)\cos \frac{n\pi x}{l}\,\mathrm{d}x & (n = 0,1,2,3,\cdots) \\[3mm] b_n = \dfrac{1}{l}\displaystyle\int_{-l}^{l} f(x)\sin \frac{n\pi x}{l}\,\mathrm{d}x & (n = 1,2,3,\cdots) \end{cases}$$

同样可以证明: 级数 (13-30) 在 $(-l,l)$ 内 $f(x)$ 的间断点 x_0 处收敛于 $\dfrac{f(x_0^-) + f(x_0^+)}{2}$, 而在区间的端点 $x = \pm l$ 处收敛于 $\dfrac{f(-l^+) + f(l^-)}{2}$.

若函数 $f(x)$ 在区间 $[0,1]$ 上有定义且满足狄利克雷定理的条件, 我们可以仿前面的方法通过奇延拓或偶延拓, 将它展开为以 $2l$ 为周期的正弦级数或余弦级数. 正弦级数的傅里叶系数为

$$\begin{cases} a_n = 0 & (n = 0,1,2,3,\cdots) \\[3mm] b_n = \dfrac{2}{l}\displaystyle\int_{0}^{l} f(x)\sin \frac{n\pi x}{l}\,\mathrm{d}x & (n = 1,2,3,\cdots) \end{cases}$$

余弦级数的傅里叶系数为

$$\begin{cases} a_n = \dfrac{2}{l}\displaystyle\int_{0}^{l} f(x)\cos \frac{n\pi x}{l}\,\mathrm{d}x & (n = 0,1,2,3,\cdots) \\[3mm] b_n = 0 & (n = 1,2,3,\cdots) \end{cases}$$

【例 13-37】 将函数 $f(x) = \begin{cases} 1, & 0 \leqslant x \leqslant 2 \\ 0, & -2 \leqslant x < 0 \end{cases}$ 展开成傅里叶级数.

解: $f(x)$ 在区间 $[-2,2]$ 上满足狄利克雷定理的条件, 计算 $f(x)$ 的傅里叶系数:

$$a_0 = \frac{1}{l}\int_{-l}^{l} f(x)\,\mathrm{d}x = \frac{1}{2}\int_{0}^{2}\mathrm{d}x = 1$$

$$a_n = \frac{1}{l}\int_{-l}^{l} f(x)\cos\frac{n\pi x}{l}\mathrm{d}x = \frac{1}{2}\int_0^2 \cos\frac{n\pi x}{2}\mathrm{d}x = 0 \quad (n=1,2,3,\cdots)$$

$$b_n = \frac{2}{l}\int_{-l}^{l} f(x)\sin\frac{n\pi x}{l}\mathrm{d}x = \frac{1}{2}\int_0^2 \sin\frac{n\pi x}{2}\mathrm{d}x = \frac{1}{n\pi}\left[1-(-1)^n\right]$$

$$= \begin{cases} \dfrac{2}{(2k-1)\pi} & (n=2k-1) \\ 0 & (n=2k) \end{cases} \quad (k=1,2,3,\cdots)$$

故
$$f(x) = \frac{1}{2} + \frac{2}{\pi}\left(\sin\frac{\pi x}{2} + \frac{1}{3}\sin\frac{3\pi x}{2} + \frac{1}{5}\sin\frac{5\pi x}{2} + \cdots\right) \quad (-2<x<2)$$

在 $x=0,\pm 2$ 处，此级数收敛于 $\dfrac{1}{2}$.

【例 13 - 38】 将函数 $f(x)=x$ 在区间 $[0,3]$ 上展开成余弦级数和正弦级数.

解： 将 $f(x)$ 作偶延拓，则有

$$b_n = 0 \quad (n=1,2,3,\cdots)$$

$$a_n = \frac{2}{3}\int_0^3 x\cos\frac{n\pi x}{3}\mathrm{d}x = \frac{6}{(n\pi)^2}\left[(-1)^n - 1\right]$$

$$= \begin{cases} \dfrac{-12}{(2k-1)^2\pi^2} & (n=2k-1) \\ 0 & (n=2k) \end{cases} \quad (k=1,2,3,\cdots)$$

$$a_0 = \frac{2}{3}\int_0^3 x\mathrm{d}x = 3$$

于是 $\quad f(x)=x=\dfrac{3}{2}-12\left(\dfrac{2}{\pi^2}\cos\dfrac{\pi x}{3} + \dfrac{1}{3^2\pi^2}\cos\dfrac{3\pi x}{3} + \dfrac{1}{5^2\pi^2}\cos\dfrac{5\pi x}{3} + \cdots\right) \quad (0\leqslant x\leqslant 3)$

再将 $f(x)$ 作奇延拓，则有

$$a_n = 0 \quad (n=0,1,2,3,\cdots)$$

$$b_n = \frac{2}{3}\int_0^3 x\sin\frac{n\pi x}{3}\mathrm{d}x = (-1)^{n+1}\frac{9}{n\pi} \quad (n=1,2,3,\cdots)$$

于是 $\quad f(x)=x=9\left(\dfrac{1}{\pi}\sin\dfrac{\pi x}{3} + \dfrac{1}{2\pi}\sin\dfrac{2\pi x}{3} + \dfrac{1}{3\pi}\sin\dfrac{3\pi x}{3} + \cdots\right) \quad (0\leqslant x<3)$

在 $x=3$ 处，此级数收敛于 0.

对于定义在任意区间 $[a,b]$ 上的函数 $f(x)$，若它满足狄利克雷定理的条件，令

$$l=\max\{|a|,|b|\}$$

我们可以适当地补充定义，使 $F(x)$ 在 $[-l,l]$ 上有定义，且当 $x\in[a,b]$ 时，$F(x)=f(x)$. 于是仍可以用前面的方法将 $f(x)$ 展开成傅里叶级数.

习题 13 - 6

1. 将 $f(x)=\begin{cases} 2x & (-3\leqslant x\leqslant 0) \\ x & (0<x\leqslant 3) \end{cases}$ 展开成傅里叶级数.

2. 设 $f(x)$ 是以 2π 为周期的周期函数，其中 $f(x)$ 在 $[-\pi,\pi)$ 上的表达式为

$$f(x) = \begin{cases} -\dfrac{\pi}{2} & \left(-\pi \leqslant x < -\dfrac{\pi}{2}\right) \\ x & \left(-\dfrac{\pi}{2} \leqslant x \leqslant \dfrac{\pi}{2}\right) \\ \dfrac{\pi}{2} & \left(-\dfrac{\pi}{2} \leqslant x \leqslant \pi\right) \end{cases}$$

将 $f(x)$ 展开为傅里叶级数.

3. 将下列函数 $f(x)$ 展开为傅里叶级数:

(1) $f(x) = \cos \dfrac{x}{2}$ $(-\pi < x < \pi)$; (2) $f(x) = -2x$ $(-\pi < x < \pi)$.

4. 设 $f(x) = \begin{cases} x & \left(0 \leqslant x \leqslant \dfrac{l}{2}\right) \\ l - x & \left(\dfrac{l}{2} \leqslant x \leqslant l\right) \end{cases}$,试分别将 $f(x)$ 展开为正弦级数和余弦级数.

总 习 题 十 三

1. 选择题

(1) 下列级数中，条件收敛的是 (　　).

A. $\displaystyle\sum_{n=1}^{\infty}(-1)^n \frac{n}{n+1}$　　　　B. $\displaystyle\sum_{n=1}^{\infty}(-1)^n \frac{1}{n^2}$

C. $\displaystyle\sum_{n=1}^{\infty}(-1)^n \frac{1}{\sqrt{n}}$　　　　D. $\displaystyle\sum_{n=1}^{\infty}(-1)^n \frac{1}{n^3}$

(2) 级数 $\displaystyle\sum_{n=1}^{\infty}(-1)^{n+1} \frac{1}{n^p}(p>0)$ 的敛散情况是 (　　).

A. $p>1$ 时绝对收敛，$p\leqslant 1$ 时条件收敛

B. $p<1$ 时绝对收敛，$p\geqslant 1$ 时条件收敛

C. $p\leqslant 1$ 时发散，$p>1$ 时收敛

D. 对任何 $p>0$ 时绝对收敛

(3) 在 $|x|<1$ 时，级数 $\displaystyle\sum_{n=1}^{\infty} \frac{x^n}{n} = ($　　$)$.

A. $\ln(1-x)$　　　B. $\ln \dfrac{1}{1-x}$　　　C. $\ln(x-1)$　　　D. $-\ln(x-1)$

2. 填空题

(1) 级数 $\displaystyle\sum_{n=1}^{\infty} \frac{1}{1+a^n}(a>0)$ 当_____时收敛，当_____发散.

(2) 级数 $\displaystyle\sum_{n=1}^{\infty}(-1)^{n-1} \frac{x^n}{n}$ 的收敛域是_____.

(3) 函数 $f(x) = \dfrac{1}{3-x}$ 展开为 $x-1$ 的幂级数_____.

(4) 将函数 $f(x) = x^2$ 在上展开成傅里叶级数，傅里叶系数 $b_n =$_____.

3. 判别下列级数的敛散性:

(1) $\sum\limits_{n=1}^{\infty} \dfrac{n!}{100^n}$;　　　　　　　　(2) $\sum\limits_{n=1}^{\infty} \sqrt{\dfrac{n+1}{2n}}$;

(3) $\sum\limits_{n=1}^{\infty} \left(\dfrac{n}{3n+1}\right)^n$;　　　　　　(4) $\sum\limits_{n=1}^{\infty} \dfrac{n+(-1)^n}{2^n}$;

(5) $\sum\limits_{n=1}^{\infty} (-1)^{n-1} \dfrac{1}{n \cdot 2^n}$;　　　　(6) $\sum\limits_{n=1}^{\infty} \dfrac{n\left(\cos\dfrac{n\pi}{3}\right)^2}{2^n}$.

4. 若 $\lim\limits_{n\to\infty} n^2 u_n$ 存在,证明级数 $\sum\limits_{n=1}^{\infty} u_n$ 收敛.

5. 证明若 $\sum\limits_{n=1}^{\infty} u_n^2$ 收敛,则 $\sum\limits_{n=1}^{\infty} \dfrac{u_n}{n}$ 绝对收敛.

6. 计算下列级数的收敛半径及收敛域:

(1) $\sum\limits_{n=1}^{\infty} \dfrac{x^{n-1}}{3^{n-1} n}$;　　　　　　　(2) $\sum\limits_{n=1}^{\infty} \dfrac{5^n+(-3)^n}{n} x^n$;

(3) $\sum\limits_{n=1}^{\infty} (-1)^{n-1} \dfrac{(2x-3)^n}{2n-1}$;　　(4) $\sum\limits_{n=1}^{\infty} \dfrac{x^n}{(2n)!}$.

7. 判断级数 $\sum\limits_{n=1}^{\infty} (-1)^{\frac{n(n-1)}{2}} \left(\dfrac{n}{2n-1}\right)^n$ 的敛散性.

8. 求级数 $\sum\limits_{n=2}^{\infty} \dfrac{n-1}{n!}$ 的和.

9. 求下列级数的和函数:

(1) $\sum\limits_{n=1}^{\infty} n(n+1) x^n$;　　　　　　(2) $\sum\limits_{n=1}^{\infty} \dfrac{x^{n-1}}{n \cdot 2^n}$;

(3) $\sum\limits_{n=1}^{\infty} \dfrac{2n+1}{n!} x^{2n}$;　　　　　(4) $\sum\limits_{n=1}^{\infty} n^2 x^n$.

10. 将下列函数展开成傅里叶级数:

(1) $f(x) = \begin{cases} \mathrm{e}^x & (-\pi \leqslant x < 0) \\ 1 & (0 \leqslant x \leqslant \pi) \end{cases}$;

(2) $f(x) = \sin\left(\arcsin\dfrac{x}{\pi}\right)$ $(-\pi < x < \pi)$.

11. 将 $f(x) = x^2$ 在 $[-\pi, \pi]$ 上展开为傅里叶级数,并由此推导等式 $\sum\limits_{n=1}^{\infty} (-1)^{n+1} \dfrac{1}{n^2} = \dfrac{\pi^2}{12}$.

12. 将函数 $f(x) = x+1$ $(0 \leqslant x \leqslant \pi)$ 分别展开成正弦级数和余弦级数.

13. 将函数 $f(x) = 2+|x|$ $(-1 \leqslant x \leqslant 1)$ 展开成以 2 为周期的傅里叶级数,并由此求级数 $\sum\limits_{n=1}^{\infty} \dfrac{1}{n^2}$ 的和.

*14. (2009) 设 a_n 为曲线 $y=x^n$ 与 $y=x^{n+1}$ $(n=1,2,\cdots)$ 所围成区域的面积,记 $S_1 = \sum\limits_{n=1}^{\infty} a_n$, $S_2 = \sum\limits_{n=1}^{\infty} a_{2n-1}$,求 S_1 与 S_2 的值.

附录 数 学 模 型

模型七 价 格 调 整 模 型

假设某种商品的价格变化主要服从市场供求关系. 一般情况下, 商品供给量 S 是价格 P 的单调递增函数, 商品需求量 Q 是价格 P 的单调递减函数, 为简单起见, 分别设该商品的供给函数与需求函数分别为

$$S(P) = a + bP, \quad Q(P) = \alpha - \beta P \tag{附 7-1}$$

式中, a、b、α、β 均为常数, 且 $b > 0, \beta > 0$.

当供给量与需求量相等时, 由式 (附 7-1) 可得供求平衡时的价格

$$P_e = \frac{\alpha - a}{\beta + b}$$

并称 P_e 为均衡价格.

一般地说, 当某种商品供不应求, 即 $S < Q$ 时, 该商品价格要涨, 当供大于求, 即 $S > Q$ 时, 该商品价格要落. 因此, 假设 t 时刻的价格 $P(t)$ 的变化率与超额需求量 $Q - S$ 成正比, 于是有方程

$$\frac{\mathrm{d}P}{\mathrm{d}t} = k[Q(P) - S(P)]$$

其中 $k > 0$, 用来反映价格的调整速度.

将式 (附 7-1) 代入方程, 可得

$$\frac{\mathrm{d}P}{\mathrm{d}t} = \lambda(P_e - P) \tag{附 7-2}$$

其中常数 $\lambda = (b + \beta)k > 0$, 方程式 (附 7-2) 的通解为

$$P(t) = P_e + C\mathrm{e}^{-\lambda t}$$

假设初始价格 $P(0) = P_0$, 代入上式, 得 $C = P_0 - P_e$, 于是上述价格调整模型的解为

$$P(t) = P_e + (P_0 - P_e)\mathrm{e}^{-\lambda t}$$

由于 $\lambda > 0$ 可知, $t \to +\infty$ 时, $P(t) \to P_e$. 说明随着时间不断推延, 实际价格 $P(t)$ 将逐渐趋近均衡价格 P_e.

模型八 人 才 分 配 问 题 模 型

每年大学毕业生中都要有一定比例的人员留在学校充实教师队伍, 其余人员将分配到国民经济其他部门从事经济和管理工作. 设 t 年教师人数为 $x_1(t)$, 科学技术和管理人员数目为 $x_2(t)$, 又设 1 个教员每年平均培养 α 个毕业生, 每年从教育、科技和经济管理岗位退休、死亡或调出人员的比率为 $\delta(0 < \delta < 1)$, β 表示每年大学毕业生中从事教师职业所占比率 $(0 < \beta < 1)$, 于是有方程

$$\frac{\mathrm{d}x_1}{\mathrm{d}t} = \alpha\beta x_1 - \delta x_1 \qquad\qquad (\text{附} 8-1)$$

$$\frac{\mathrm{d}x_2}{\mathrm{d}t} = \alpha(1-\beta)x_1 - \delta x_2 \qquad\qquad (\text{附} 8-2)$$

方程式（附 8-1）有通解

$$x_1 = C_1 \mathrm{e}^{(\alpha\beta - \delta)t} \qquad\qquad (\text{附} 8-3)$$

若设 $x_1(0) = x_0^1$，则 $C_1 = x_0^1$，于是得特解

$$x_1 = x_0^1 \mathrm{e}^{(\alpha\beta - \delta)t} \qquad\qquad (\text{附} 8-4)$$

将式（附 8-4）代入式（附 8-2）方程变为

$$\frac{\mathrm{d}x_2}{\mathrm{d}t} + \delta x_2 = \alpha(1-\beta)x_0^1 \mathrm{e}^{(\alpha\beta - \delta)t} \qquad\qquad (\text{附} 8-5)$$

求解方程式（附 8-5）得通解

$$x_2 = C_2 \mathrm{e}^{-\delta t} + \frac{(1-\beta)x_0^1}{\beta} \mathrm{e}^{(\alpha\beta - \delta)t} \qquad\qquad (\text{附} 8-6)$$

若设 $x_2(0) = x_0^2$，则 $C_2 = x_0^2 - \left(\dfrac{1-\beta}{\beta}\right)x_0^1$，于是得特解

$$x_2 = \left[x_0^2 - \left(\frac{1-\beta}{\beta}\right)x_0^1\right]\mathrm{e}^{-\delta t} + \left(\frac{1-\beta}{\beta}\right)x_0^1 \mathrm{e}^{(\alpha\beta - \delta)t} \qquad\qquad (\text{附} 8-7)$$

式（附 8-4）和式（附 8-7）分别表示在初始人数分别为 $x_1(0)$、$x_2(0)$ 的情况，对应于 β 的取值，在 t 年教师队伍的人数和科技经济管理人员人数.

从结果看出，如果取 $\beta = 1$，即毕业生全部留在教育界，则当 $t \to \infty$ 时，由于 $\alpha > \delta$，必有 $x_1(t) \to +\infty$ 而 $x_2(t) \to 0$，说明教师队伍将迅速壮大. 而科技和经济管理队伍将不断萎缩，势必要影响经济发展，反过来也会影响教育的发展. 如果将 β 接近于零，则 $x_1(t) \to 0$，同时也导致 $x_2(t) \to 0$，说明如果不保证适当比例的毕业生充实教师，选择好比率 β 将关系到两支队伍的建设，以及整个国民经济建设的大局.

模型九 森 林 救 火 模 型

森林失火了，消防站接到报警后派多少消防队员前去救火呢？队员派多了，森林的损失小，但是救火的开支增加了；队员派少了，森林的损失大，救火的开支相应减小. 所以需要综合考虑森林损失和救火队员开支之间的关系，以总费用最小来确定派出队员的多少.

从问题中可以看出，总费用包括两方面，烧毁森林的损失，派出救火队员的开支. 烧毁森林的损失费通常正比于烧毁森林的面积，而烧毁森林的面积与失火的时间、灭火的时间有关，灭火时间又取决于消防队员数量，队员越多灭火越快. 通常救火开支不仅与队员人数有关，而且与队员救火时间的长短也有关. 记失火时刻为 $t=0$，开始救火时刻为 $t=t_1$，火被熄灭的时刻为 $t=t_2$. 设 t 时刻烧毁森林的面积为 $B(t)$，则造成损失的森林烧毁的面积为 $B(t_2)$. 下面我们设法确定各项费用.

先确定 $B(t)$ 的形式，研究 $B'(t)$ 比 $B(t)$ 更直接和方便. $B'(t)$ 是单位时间烧毁森林的面积，取决于火势的强弱程度，称为火势蔓延程度. 在消防队员到达之前，即 $0 \leqslant t \leqslant t_1$，火势越来越大，即 $B'(t)$ 随 t 的增加而增加；开始救火后，即 $t_1 \leqslant t \leqslant t_2$，如果消防

队员救火能力充分强，火势会逐渐减小，即 $B'(t)$ 逐渐减小，且当 $t=t_2$ 时，$B'(t)=0$.

救火开支可分两部分：一部分是灭火设备的消耗、灭火人员的开支等费用，这笔费用与队员人数及灭火所用的时间有关；另一部分是运送队员和设备等的一次性支出，只与队员人数有关.

模型假设：

需要对烧毁森林的损失费、救火费及火势蔓延程度的形式做出假设.

（1）损失费与森林烧毁面积 $B(t_2)$ 成正比，比例系数为 c_1，c_1 即烧毁单位面积森林的损失费，取决于森林的疏密程度和珍贵程度.

（2）对于 $0 \leqslant t \leqslant t_1$，火势蔓延程度 $B'(t)$ 与时间 t 成正比，比例系数 β 称为火势蔓延速度.（注：对这个假设我们作一些说明，火势以着火点为中心，以均匀速度向四周呈圆形蔓延，所以蔓延的半径与时间成正比，因为烧毁森林的面积与过火区域的半径平方成正比，从而火势蔓延速度与时间成正比）.

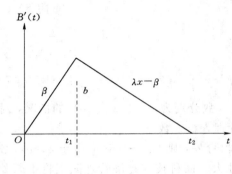

附图 9-1

（3）派出消防队员 x 名，开始救火以后，火势蔓延速度降为 $\beta - \lambda x$，其中 λ 称为每个队员的平均救火速度，显然必须 $x > \dfrac{\beta}{\lambda}$，否则无法灭火.

（4）每个消防队员单位时间的费用为 c_2，于是每个队员的救火费用为 $c_2(t_2 - t_1)$，每个队员的一次性开支为 c_3.

模型建立：

根据假设条件（2）、（3），火势蔓延程度在 $0 \leqslant t \leqslant t_1$ 时线性增加，在 $t_1 \leqslant t \leqslant t_2$ 时线性减小，具体绘出其图形如附图 9-1 所示.

记 $t=t_1$ 时，$B'(t)=b$. 烧毁森林面积

$$B(t_2) = \int_0^{t_2} B'(t)\,\mathrm{d}t$$

正好是图中三角形的面积，显然有

$$B(t_2) = \frac{1}{2} b t_2$$

而且

$$t_2 - t_1 = \frac{b}{\lambda x - \beta}$$

因此

$$B(t_2) = \frac{1}{2} b t_1 + \frac{b^2}{2(\lambda x - \beta)}$$

根据条件（1）、（4）得到，森林烧毁的损失费为 $c_1 B(t_2)$，救火费为 $c_2 x(t_2 - t_1) + c_3 x$ 据此计算得到救火总费用为

$$C(x) = \frac{1}{2} c_1 b t_1 + \frac{c_1 b^2}{2(\lambda x - \beta)} + \frac{c_2 b x}{\lambda x - \beta} + c_3 x \tag{附 9-1}$$

问题归结为求 x 使 $C(x)$ 达到最小. 令

$$\frac{\mathrm{d}C}{\mathrm{d}x} = 0$$

得到最优的派出队员人数为

$$x=\sqrt{\frac{c_1\lambda b+2c_2\beta b}{2c_3\lambda^2}}+\frac{\beta}{\lambda} \qquad\text{（附 9-2）}$$

模型解释：

式（附 9-2）包含两项，后一项是能够将火灾扑灭的最低应派出的队员人数，前一项与相关的参数有关，它的含义是从优化的角度来看：当救火队员的灭火速度 λ 和救火费用系数 c_3 增大时，派出的队员数应该减少；当火势蔓延速度 β、开始救火时的火势 b 以及损失费用系数 c_1 增加时，派出的队员人数也应该增加. 这些结果与实际都是相符的.

实际应用这个模型时，c_1、c_2、c_3 都是已知常数，β、λ 由森林类型、消防人员素质等因素确定.

模型十　消费者的选择模型

如果一个消费者用一定数量的资金去购买两种商品，他应该怎样分配资金才会最满意呢？

记购买甲乙两种商品的数量分别为 q_1,q_2，当消费者占有它们时的满意程度，或者说给消费者带来的效用是 q_1,q_2 的函数，记作 $U(q_1,q_2)$，经济学中称之为效用函数. $U(q_1,q_2)=c$ 的图形就是无差别曲线簇，如附图 10-1 所示. 在每一条曲线上，对于不同的点，效用函数值不变，即满意程度不变. 而随着曲线向右上方移动，$U(q_1,q_2)$ 的值增加. 曲线下凸的具体形状则反映了消费者对甲乙两种商品的偏爱情况. 这里假设消费者的效用函数 $U(q_1,q_2)$，即无差别曲线簇已经完全确定了.

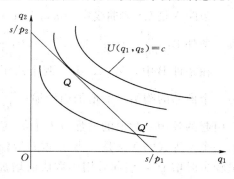

附图 10-1　消费者效用函数簇

设甲乙两种商品的单价分别为 p_1、p_2 元，消费者有资金 s 元. 当消费者用这些钱买这两种商品时所作的选择，即分别用多少钱买甲和乙，应该使效用函数 $U(q_1,q_2)$ 达到最大，即达到最大的满意度. 经济学上称这种最优状态为消费者均衡.

当消费者购买两种商品量为 q_1、q_2 时，他用的钱分别为 p_1q_1 和 p_2q_2，于是问题归结为在条件

$$p_1q_1+p_2q_2=s \qquad\text{（附 10-1）}$$

下求比例 $\dfrac{p_1q_1}{p_2q_2}$，使效用函数达到最大.

这是二元函数求条件极值问题，不难得到最优解应满足

$$\frac{\dfrac{\partial U}{\partial q_1}}{\dfrac{\partial U}{\partial q_2}}=\frac{p_1}{p_2} \qquad\text{（附 10-2）}$$

当效用函数 $U(q_1,q_2)$ 给定后，由式（附 10-2）即可确定最优比例 $\dfrac{p_1q_1}{p_2q_2}$.

上述问题也可用图形法求解. 约束条件式（附10-1）在图10-1中是一条直线，此直线必与无差别曲线簇中的某一条相切（见附图10-1中的 Q 点），则 q_1、q_2 的最优值必在切点 Q 处取得.

图解法的结果与式（附10-2）是一致的. 因为在切点 Q 处直线与曲线的斜率相同，直线的斜率为 $-\dfrac{p_1}{p_2}$，曲线的斜率为 $-\dfrac{\dfrac{\partial U}{\partial q_1}}{\dfrac{\partial U}{\partial q_2}}$，在 Q 点，利用相切条件就得到式（附10-2）.

经济学中 $\dfrac{\partial U}{\partial q_1}$、$\dfrac{\partial U}{\partial q_2}$ 称为边际效用，即商品购买量增加1单位时效用函数的增量. 式（附10-2）表明，消费者均衡状态在两种商品的边际效用之比正好等于价格之比时达到. 从以上的讨论可以看出，建立消费者均衡模型的关键是确定效用函数 $U(q_1,q_2)$. 构造效用函数时应注意到它必须满足如下的条件：

条件 A：$U(q_1,q_2)=c$ 所确定的一元函数 $q_2=q(q_1)$ 是单调递减的，且曲线是呈下凸的.

条件 A 是无差别曲线簇 $U(q_1,q_2)=c$ 的一般特性，这个条件可以用下面更一般的条件代替.

条件 B：$\dfrac{\partial U}{\partial q_1}>0,\dfrac{\partial U}{\partial q_2}>0,\dfrac{\partial^2 U}{\partial q_1^2}<0,\dfrac{\partial^2 U}{\partial q_2^2}<0,\dfrac{\partial^2 U}{\partial q_1 \partial q_2}>0.$

在条件 B 中，第一、第二两个式子表示，固定某一个商品购买量，效用函数值随着另一个商品的购买量的增加而增加；$\dfrac{\partial^2 U}{\partial q_i^2}<0$（$i=1,2$）表示，当 q_i 占有量较小时，增加 q_i 引起的效用函数值的增加应大于 q_i 占有量较大时增加 q_i 引起的效用函数值的增加；最后一个不等式的含义是，当 q_1 占有量较大时增加 q_2 引起效用函数值的增加应大于 q_1 占有量较少时增加 q_2 引起效用函数值的增加. 仔细分析可以知道，这些条件与实际都是相符的. 也可以验证条件 B 成立时，条件 A 一定成立.

下面来分析几个常用效用函数的均衡状态.

（1）效用函数为

$$U(q_1,q_2)=\frac{q_1 q_2}{a q_1 + b q_2} \quad (a,b>0)$$

根据式（附10-2）可以求得最优比例为

$$\frac{s_1}{s_2}=\sqrt{\frac{b p_1}{a p_2}} \quad (s_i=p_i q_i, i=1,2)$$

结果表明均衡状态下购买两种商品所用的资金的比例，与商品价格比的平方根成正比. 同时与效用函数中的参数 a,b 也有关，参数 a,b 分别表示消费者对两种商品的偏爱程度，于是可以通过调整这两个参数来改变消费者对两种商品的爱好倾向，或者说可以改变效用函数族的具体形状.

（2）效用函数为

$$U(q_1,q_2)=q_1^\lambda q_2^\mu \quad (0<\lambda,\mu<1)$$

根据式（附10-2）可以求得最优比例为

$$\frac{s_1}{s_2}=\frac{\lambda}{\mu} \quad (s_i=p_i q_i, i=1,2)$$

结果表明均衡状态下购买两种商品所用的资金的比例与价格无关，只与消费者对这两种商品的偏爱程度有关.

（3）效用函数为

$$U(q_1,q_2)=(a\sqrt{q_1}+b\sqrt{q_2})^2 \quad (a,b>0)$$

根据式（附 10-2）可以求得最优比例为

$$\frac{s_1}{s_2}=\frac{a^2 p_2}{b^2 p_1} \quad (s_i=p_iq_i, i=1,2)$$

结果表明均衡状态下购买两种商品所用的资金的比例，与商品价格比成反比，与消费者对这两种商品偏爱程度之比的平方成正比.

在这个模型的基础上可以讨论当某种商品的价格改变，或者消费者购买商品的总资金改变时均衡状态的改变情况.

模型十一　存 储 模 型

工厂要定期地订购各种原料，商店要成批地购进各种商品，小库在雨季蓄水，用于旱季的灌溉和航运……不论是原料、商品还是水的储存，都有一个储存多少的问题. 原料、商品存得太多，储存费用高，存得少了则无法满足需求. 水库蓄水过量可能危及安全，蓄水太少又不够用. 我们的目的是制订最优存储策略，即多长时间订一次货，每次订多少货. 才能使总费用最小.

模型 11-1　不允许缺货的存储模型
模型假设：

（1）每次订货费为 C_1，每天每吨货物储存费 C_2 为已知；

（2）每天的货物需求量 r 吨为已知；

（3）订货周期为 T 天，每次订货 Q 吨，当储存量降到零时订货立即到达.

模型建立：

订货周期 T，订货量 Q 与每天需求量 r 之间满足

$$Q=rT$$

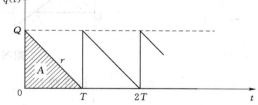

附图 11-1

订货后储存量 $q(t)$ 由 Q 均匀地下降，如附图 11-1 所示，即 $q(t)=Q-rt$.

一个订货周期总费用 $\begin{cases} \text{订货费 } C_1 \\ \text{储存费 } C_2\displaystyle\int_0^T q(t)\mathrm{d}t=\frac{1}{2}C_2QT=\frac{1}{2}C_2rT^2 \end{cases}$

即

$$C(T)=C_1+\frac{1}{2}C_2rT^2$$

一个订货周期平均每天的费用 $\overline{C}(T)$ 应为

$$\overline{C}(T)=\frac{C(T)}{T}=\frac{C_1}{T}+\frac{1}{2}C_2rT$$

问题归结为求 T 使 $\overline{C}(T)$ 最小.

模型求解：

令 $\dfrac{\mathrm{d}\overline{C}}{\mathrm{d}T}=0$，不难求得

$$T=\sqrt{\frac{2C_1}{rC_2}}$$

从而 $\qquad Q=\sqrt{\dfrac{2C_1 r}{C_2}}$（经济订货批量公式，简称 EOQ 公式）

模型分析：

若记每吨货物的价格为 k，则一周期的总费用 C 中应添加 kQ，由于 $Q=rT$，故 $\overline{C}$ 中添加一常数项 kr，求解结果没有影响，说明货物本身的价格可不考虑.

从结果看，C_1 越高，需求量 r 越大，Q 应越大；C_2 越高，Q 越小，这些关系当然符合常识的，不过公式在定量上的平方根关系却是凭常识无法得到的.

模型 11 - 2　允许缺货的存储模型

模型假设：

(1)、(2) 同上.

(3) 订货周期为 T 天，订货量 Q 吨，允许缺货，每天每吨货物缺货费 C_3 为已知.

模型建立：

缺货时储存量 q 视作负值，$q(t)$ 的图形如附图 11-2 所示，货物在 $t=T_1$ 时售完. 于是 $Q=rT_1$.

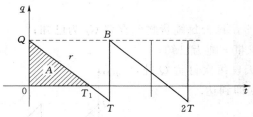

附图 11-2

一个订货周期内总费用 $\begin{cases} \text{订货费 } C_1 \\[2mm] \text{储存费 } C_2\displaystyle\int_0^{T_1} q(t)\mathrm{d}t=\dfrac{C_2}{2}QT_1=\dfrac{1}{2}C_2\dfrac{Q^2}{r} \\[3mm] \text{缺货费 } C_3\displaystyle\int_{T_1}^{T} \mid q(t)\mid \mathrm{d}t=\dfrac{C_3}{2}r(T-T_1)^2=\dfrac{C_3}{2r}(rT-Q)^2 \end{cases}$

即 $\qquad C(T,Q)=C_1+\dfrac{1}{2}C_2 Q^2\dfrac{1}{r}+\dfrac{1}{2r}C_3(rT-Q)^2$

一个订货周期平均每天的费用 $\overline{C}(T,Q)$ 应为

$$\overline{C}(T,Q)=\frac{C(T,Q)}{T}$$

$$=\frac{C_1}{T}+\frac{C_2 Q^2}{2rT}+\frac{C_3(rT-Q)^2}{2rT}$$

模型求解：

$$
\begin{cases}
\dfrac{\partial \overline{C}}{\partial T}=0 \\[2mm]
\dfrac{\partial \overline{C}}{\partial Q}=0
\end{cases}
$$

可以求出 T、Q 的最优值，分别记作 T' 和 Q'，有

$$
T'=\sqrt{\frac{2C_1}{rC_2}\cdot\frac{C_2+C_3}{C_3}},\quad Q'=\sqrt{\frac{2C_1r}{C_2}\cdot\frac{C_3}{C_2+C_3}}
$$

模型分析：

若记 $\mu=\sqrt{\dfrac{C_2+C_3}{C_3}}$，则与模型 11-1 相比有

$$
T'=\mu T,\ Q'=\frac{Q}{\mu}
$$

显见 $T'>T$，$Q'<Q$，即允许缺货时应增大订货周期，减少订货批量；当缺货费 C_3 相对于储存费 C_2 而言越大时，μ 越小，T' 和 Q' 越接近 T 和 Q.

注意：（1）在模型 11-1 和模型 11-2 中的总费用中增加购买货物本身的费用，重新确定最优订货周期和订货批量. 证明在不允许缺货模型中结果与原来的一样，而在模型 2 中最优订货周期和订货批量都比原来的结果减少.

（2）建立不允许缺货的生产销售存储模型. 设生产速率为常数 k，销售速率为常数 r，$k>r$. 在每个生产周期 T 内，开始的一段时间（$0\leqslant t\leqslant T_0$）一边生产一边销售，后来的一段时间（$T_0\leqslant t\leqslant T$）只销售不生产. 储存量 $q(t)$ 的变化如附图 11-3 所示，设每次生产开工费用为 C_1，单位时间每件产品储存费为 C_2，以总费用最小为准则确定最优周期 T.

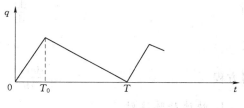

附图 11-3

模型十二　药物在体内的分布与排除模型

药物进入机体后，在随血液输送到各器官和组织的过程中，不断地被吸收、分布、代谢，最终排出体外. 药物在血液中的浓度（$\mu g/mL$）称血药浓度. 血药浓度的大小直接影响到药物的疗效，浓度太低不能达到预期的治疗效果，浓度太高又可能导致中毒、副作用太强或造成浪费. 因此研究药物在体内吸收、分布和排除的动态过程，对于新药研制时剂量的确定、给药方案设计等药理学和临床医学的发展具有重要的指导意义和实用价值.

为了研究目的，将一个机体划分成若干个房室，每个房室是机体的一部分，比如中心室和周边室. 在一个房室内药物呈均匀分布，而在不同的房室之间按一定规律进行转移. 如果要求的精度不是太高的情况下，可以只考虑一室模型.

模型假设：

（1）药物进入机体后，全部进入中心室（血液较丰富的心、肺、肾等器官和组织），

中心室的容积在给药过程中保持不变.

（2）药物从中心室排出体外，与排除的数量相比，药物的吸收可以忽略.

（3）药物排除的速率与中心室的血药浓度成正比.

模型构成与求解：

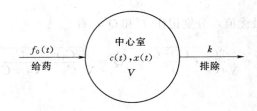

附图 12-1

记 $f_0(t)$—给药速率；$c(t)$—中心室血药浓度；

$x(t)$—中心室药量；V—中心室容积；

k—排除速率系数

一、求解各种给药方式下血药浓度变化情况

上述各量间有关系

$$\frac{\mathrm{d}x}{\mathrm{d}t} = f_0(t) - kx$$

即

$$\frac{\mathrm{d}x}{\mathrm{d}t} + kx = f_0(t)$$

又

$$x(t) = Vc(t)$$

得方程

$$\frac{\mathrm{d}c(t)}{\mathrm{d}t} + kc(t) = \frac{f_0(t)}{V} \tag{附 12-1}$$

1. **快速静脉注射**

设给药量 D，则初始条件 $c(0) = \dfrac{D}{V}$，$f_0(t) = 0$，式（附 12-1）的解为

$$c(t) = \frac{D}{V}\mathrm{e}^{-kt} \tag{附 12-2}$$

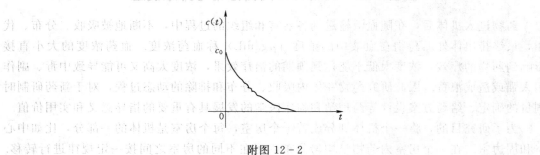

附图 12-2

2. **恒速静脉注射**

设持续时间为 τ，注射速率为 k_0，则有

$$f_0(t) = k_0, \quad \text{初始条件 } c(0)=0 \quad (0 \leqslant t \leqslant \tau)$$

$$f_0(t) = 0, \quad c(\tau) = \frac{k_0}{Vk}(1-e^{-k\tau}) \quad (t > \tau)$$

式（附 12-1）的解为
$$c(t) = \begin{cases} \dfrac{k_0}{Vk}(1-e^{-kt}) & (0 \leqslant t \leqslant \tau) \\[2mm] \dfrac{k_0}{Vk}(1-e^{-k\tau})e^{-k(t-\tau)} & (t > \tau) \end{cases} \qquad \text{（附 12-3）}$$

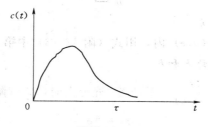

附图 12-3

3. 口服或肌肉注射

在药物输入中心室之前先有一个将药物吸收入血液的过程，可以看作为有一个吸收室，药物由吸收室进入中心室，药物由吸收室进入中心室的转移速率系数记成 k_1，给药量 D，吸收室药量 $x_0(t)$，则

$$\begin{cases} \dfrac{dx_0(t)}{dt} = -k_1 x_0 \\[2mm] x_0(0) = D \end{cases} \Rightarrow \quad x_0(t) = De^{-k_1 t}$$

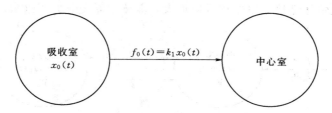

附图 12-4

于是 $f_0(t) = k_1 De^{-k_1 t}$，初始条件 $c(0)=0$，式（附 12-1）的解为

$$c(t) = \frac{k_1 D}{V(k_1-k)}(e^{-kt} - e^{-k_1 t}) \quad (k_1 > k) \qquad \text{（附 12-4）}$$

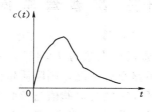

附图 12-5

二、各种给药方式下参数估计

1. 快速静脉注射下估计 k

在 $t=0$ 时刻快速注射剂量为 D 的药物后,在一系列时刻 $t_i(i=1,2,\cdots,n)$ 从中心室取血样获得血药浓度 $c(t_i)$. 由式(附 12-2)反解出几个 $k(t_i)$,取算术平均值就得到 k 的估计值:

$$k = \frac{1}{n}\sum_{i=1}^{n}k(t_i)$$

2. 恒速静脉滴注下估计 k

方法与 1 类似,t_i 取在 $(0,\tau)$ 内,用式(附 12-3)中第一式反解 $k_i(t_i)$.

3. 口服或肌肉注射下估计 k 和 k_1

因为 $k_1>k$,记 $A=\dfrac{k_1 D}{V(k_1-k)}$,于是当 t 充分大时,式(附 12-4)近似为

$$c(t)=Ae^{-kt}$$

或

$$\ln c(t)=\ln A-kt$$

对于适当大的 t_i 和测得的相应 $c(t_i)$,用最小二乘法估计出 k 和 $\ln A$,从而再由

$$A=\frac{k_1 D}{V(k_1-k)}$$

就可以估计出

$$k_1=\frac{AVk}{AV-D}$$

模型分析:

当要求精度较高时,可采用二室甚至多室模型,例如二室模型附图 12-6 所示,这时的机理分析和参数估计都比一室模型难度更大,需要建立微分方程组来进行分析.

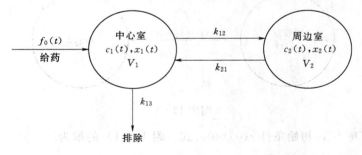

附图 12-6

模 型 十 三 饮 酒 驾 车 模 型

一、问题背景

据报道,2003 年全国道路交通死亡人数为 10.4372 万人,其中因饮酒驾车造成的占有相当的比例. 针对这种严重的道路交通情况,国际质量监督检查检疫局 2004 年 5 月 31 日发布了《车辆驾驶人员血液、呼气酒精含量阀值与检验》(GB/T 19522)标准规定:车辆驾驶人员血液中的酒精含量大于或等于 20 毫克/百毫升、小于 80 毫克/百毫升为饮酒驾

车；血液中的酒精含量大于或等于 80 毫克/百毫升为醉酒驾车. 大李在中午 12 点喝了一瓶啤酒，下午 6 点检查时符合新的驾车标准，紧接着他在吃晚饭时又喝了一瓶啤酒，为保险起见他待到凌晨 2 点才驾车回家，又一次遭遇检查时却被定为饮酒驾车，这让他既懊恼又困惑，为什么喝同样多的酒，两次检查结果却会不一样？

请你参考下面给出的数据（或自己收集资料）建立饮酒后血液中酒精含量的数学模型，并讨论以下问题：

（1）对大李的情况做出解释.

（2）在喝了 3 瓶啤酒或者半斤低度白酒后多长时间内驾车就会违反上述标准，在以下情况下回答：

1）酒是自很短时间内喝的；

2）酒是在较长一段时间（比如 2 小时）内喝的.

（3）怎样估计血液中的酒精含量在什么时间内最高？

（4）根据你的模型论证；如果天天喝酒，是否还能开车？

（5）根据你的论证并结合新的国家标准写一篇短文，给想喝一点酒的司机如何驾车的忠告.

参考数据：

（1）人的体液占人的体重 65％～70％，其中血液只占体重的 7％左右. 而药物（包括酒精）在血液中的含量与在体液中的含量大致相同.

（2）体重在 70kg 的某人在短时间内喝下 2 瓶啤酒后，隔一定时间测量他的血液中酒精含量（毫克/百毫升），得到附表 13－1 的数据.

附表 13－1　　　　　　　　　　血 液 中 酒 精 含 量

时间/h	0.25	0.5	0.75	1	1.25	2	2.5	3	3.5	4	4.5	5
酒精含量 /(mg/100mL)	30	68	75	82	82	77	68	68	58	51	50	41
时间/h	6	7	8	9	10	11	12	13	14	15	16	
酒精含量 /(mg/100mL)	38	35	28	25	18	15	12	10	7	7	4	

二、问题分析

显然，该问题是微分方程模型.

饮酒后，酒精先从肠胃吸收进入血液与体液中，然后从血液与体液向外排泄. 由此建立二室模型：

附图 13－1

大李在喝酒以后，酒精先从吸收室（肠胃）进入中心室（血液也体液），然后从中室向体外排除. 设在时刻 t 时，吸收室的酒精含量为 $x_1(t)$，中心室的酒精含量为 $x_2(t)$，酒精从吸收室进入中心室的速率系数为 k_1，$y_1(t)$、$y_2(t)$ 分别表示在时刻 t 时两室的酒精含量（毫克/百毫升），k_2 为中心室的酒精向外排泄的速率系数. 在适度饮酒没有酒精中毒的条件下，k_1、k_2 都是常量，与饮酒量无关.

假定中心室的容积 V（百毫升）是常量，在时刻 $t=0$ 时中心室的酒精含量为 0，而吸收室的酒精含量为 $2g_0$，酒精从吸收室进入中心室的速率与吸收室的酒精含量成正比；大李第二次喝一瓶啤酒是在第一次检查后的两小时后.

三、建模与解模

1. 模型建立

由已知条件得到吸收室酒精含量应满足的微分方程为

$$\frac{\mathrm{d}x_1}{\mathrm{d}t} = -k_1 x_1(t)$$

相应的初始条件是 $x_1(0) = 2g_0$，而中心室酒精含量应满足的微分方程为

$$\frac{\mathrm{d}x_2}{\mathrm{d}t} = k_1 x_1(t) - k_2 x_2(t)$$

相应的初始条件为 $x_2(t) = 0$.

由此建立问题的数学模型：

$$\begin{cases} \dot{x}_1 = -k_1 x_1(t) \\ \dot{x}_2 = k_1 x_1(t) - k_2 x_2(t) \\ x_1(0) = 2g_0, x_2(0) = 0 \end{cases}$$

2. 模型求解

该微分方程组的解为

$$\begin{cases} x_1(t) = 2g_0 \mathrm{e}^{-k_1 t} \\ x_2(t) = \dfrac{2g_0 k_1}{k_1 - k_2}(\mathrm{e}^{-k_2 t} - \mathrm{e}^{-k_1 t}) \end{cases}$$

中心室的酒精含量（百毫升）

$$y_2(t) = \frac{2g_0 k_1}{V(k_1 - k_2)}(\mathrm{e}^{-k_2 t} - \mathrm{e}^{-k_1 t}) \overset{\triangle}{=} k(\mathrm{e}^{-k_2 t} - \mathrm{e}^{-k_1 t})$$

其中 $K = \dfrac{2g_0 k_1}{V(k_1 - k_2)}$ $(k_1 \neq k_2)$，上式即为短时间内喝完两瓶啤酒后中心室酒精含量率所对应的数学模型.

为得到模型中的未知参数，采用非线性拟合方法.

残差分析表明模型比较理想.

将计算结果代入表达式，得到在时刻 t 时中心室酒精含量（百毫升）的函数表达式

$$y_2(t) = 114.4325(\mathrm{e}^{-0.1855t} - \mathrm{e}^{-2.0079t})$$

模型应用：

若大李仅喝一瓶酒，此时 $k' = \dfrac{1}{2}k$，因此相应的模型为

$$y_2(t) = 57.2163(e^{-0.1855t} - e^{-2.0079t})$$

再将 $t=6$ 代入得

$$y_2(6) = 114.4325(e^{-0.1855 \times 6} - e^{-2.0079 \times 6}) \approx 18.7993 < 20$$

即大李此时符合驾车标准.

假设大李在晚上 8 点迅速喝完一瓶啤酒，以 $z_1(t)$ 和 $z_2(t)$ 分别代表在时刻 t 时吸收室及中心室的含酒量（$t=0$ 代表晚上 8 点），则 $z_1(0) = g_0 + x_1(8)$，由此得到微分方程：

$$\begin{cases} \dfrac{dz_1(t)}{dt} = -k_1 z_1(t) \\ \dfrac{dz_2(t)}{dt} = k_1 z_1(t) - k_2 z_2(t) \\ z_1(0) = g_0 + x_1(8) \\ z_2(0) = x_2(8) \end{cases}$$

而由前面计算结果知：$x_1(8) = g_0 e^{-8k_1}$，$x_2(8) = \dfrac{g_0 k_1}{k_1 - k_2}(e^{-8k_2} - e^{-8k_1})$. 将其代入到前面微分方程的初值问题中，则有

$$\begin{cases} \dfrac{dz_1(t)}{dt} = -k_1 z_1(t) \\ \dfrac{dz_2(t)}{dt} = k_1 z_1(t) - k_2 z_2(t) \\ z_1(0) = g_0 + g_0 e^{-8k_1} \\ z_2(0) = \dfrac{g_0 k_1}{k_1 - k_2}(e^{-8k_2} - e^{-8k_1}) \end{cases}$$

此时问题的解为

$$\begin{cases} z_1 = g_0(1 + e^{-8k_1})e^{-k_1 t} \\ z_2 = \dfrac{g_0}{k_1 - k_2}\left[(1 + e^{-8k_2})e^{-k_2 t} - (1 + e^{-8k_1})e^{-k_1 t}\right] \end{cases}$$

记

$$z = \frac{g_0}{V(k_1 - k_2)}\left[(1 + e^{-8k_2})e^{-k_2 t} - (1 + e^{-8k_1})e^{-k_1 t}\right] \overset{\triangle}{=} k'\left[(1 + e^{-8k_2})e^{-k_2 t} - (1 + e^{-8k_1})e^{-k_1 t}\right]$$

最后代入 $k_1 = 2.0079$，$k_2 = 0.1855$，$k' = 57.2163$，得到在时刻 t 时大李中心室的酒精含量函数

$$z = 57.2163\left[(1 + e^{-1.4840})e^{-0.1855t} - (1 + e^{-16.0632})e^{-2.0079t}\right]$$

取 $t=6$，即有

$$z = 57.2163\{[1 + \exp(-1.4840)]\exp(-0.1855 \times 6) \\ - [1 + \exp(-16.0632)]\exp(-2.0079 \times 6)\}$$

返回值 23.0618，即此时中心室的酒精含量率大于规定标准，属于饮酒驾车.

用同样的方法可以讨论其他问题，在此不一一叙述.

习　题　答　案

第　九　章

习题 9 − 1

1. $M\left(0,0,\dfrac{14}{9}\right)$.

2. $\left(\dfrac{\sqrt{2}}{2}a,0,0\right)$, $\left(-\dfrac{\sqrt{2}}{2}a,0,0\right)$, $\left(0,\dfrac{\sqrt{2}}{2}a,0\right)$, $\left(0,-\dfrac{\sqrt{2}}{2}a,0\right)$, $\left(\dfrac{\sqrt{2}}{2}a,0,a\right)$, $\left(-\dfrac{\sqrt{2}}{2}a,0,a\right)$, $\left(0,\dfrac{\sqrt{2}}{2}a,a\right)$, $\left(0,-\dfrac{\sqrt{2}}{2}a,a\right)$.

3. x 轴：$\sqrt{34}$，y 轴：$\sqrt{41}$，z 轴：5.

4. $\left(\dfrac{6}{11},\dfrac{7}{11},-\dfrac{6}{11}\right)$ 或 $\left(-\dfrac{6}{11},-\dfrac{7}{11},\dfrac{6}{11}\right)$.

5. 模：2；方向余弦：$-\dfrac{1}{2}$，$-\dfrac{\sqrt{2}}{2}$，$\dfrac{1}{2}$；方向角：$\dfrac{2}{3}\pi$，$\dfrac{3}{4}\pi$，$\dfrac{\pi}{3}$.

6. $A(-2,3,0)$.

7. 13，$7\vec{j}$.

习题 9 − 2

1. (1) $-18,10\vec{i}+2\vec{j}+14\vec{k}$；(2) $\cos\theta=\dfrac{3}{2\sqrt{21}}$.

2. $-\dfrac{3}{2}$.　3. $\pm\dfrac{1}{\sqrt{17}}(3\vec{i}-2\vec{j}-2\vec{k})$.

4. 2.　5. $\dfrac{\sqrt{19}}{2}$.　6. $\dfrac{\sqrt{2}}{2}$.　7. 4.　8. 略.

习题 9 − 3

1. $4x+4y+10z-63=0$.

2. $x^2+y^2+z^2-2x-6y+4z=0$.

3. $y^2+z^2=5x$.

4. 绕 x 轴：$4x^2-9(y^2+z^2)=36$；绕 y 轴：$4(x^2+z^2)-9y^2=36$.

5. (1) 直线，平面；(2) 直线，平面；(3) 圆，圆柱面；(4) 双曲线，双曲柱面.

6. (1) 椭圆 $\dfrac{x^2}{4}+\dfrac{y^2}{9}=1$ 绕 x 轴旋转一周；(2) 双曲线 $x^2-\dfrac{y^2}{4}=1$ 绕 y 轴旋转一周；

　(3) 双曲线 $x^2-y^2=1$ 绕 x 轴旋转一周；(4) 直线 $z=y+a$ 绕 z 轴旋转一周.

7. $x^2+y^2=2z^2-2z+1$.

习题 9 − 4

1. 略.

2. 母线平行于 x 轴的柱面方程：$3y^2-z^2=16$；母线平行于 y 轴的柱面方程：$3x^2+2z^2=16$.

3. $x^2+y^2+(1-z)^2=9,z=0$.

4. (1) $\begin{cases} x=\dfrac{3}{\sqrt{2}}\cos t \\ y=\dfrac{3}{\sqrt{2}}\cos t \quad (0\leqslant t\leqslant 2\pi); \\ z=3\sin t \end{cases}$ (2) $\begin{cases} x=1+\sqrt{3}\cos t \\ y=\sqrt{3}\sin t \end{cases} \quad (0\leqslant t\leqslant 2\pi)$.

5. $x^2+y^2\leqslant ax$；$x^2+z^2\leqslant a^2$，$x\geqslant 0$，$z\geqslant 0$.

6. $x^2+y^2\leqslant 4$，$x^2\leqslant z\leqslant 4$，$y^2\leqslant z\leqslant 4$.

习题 9－5

1. $x-2y+3z=0$. 2. $14x+9y-z-15=0$. 3. $2x-y-z=0$.

4. $x+y-3z-4=0$. 5. $9y-z-2=0$. 6. $\dfrac{2}{3}$. 7. $x+3y+z-6=0$.

8. $2x+2y-3z=0$. 9. $x-3y+z+2=0$.

习题 9－6

1. $\dfrac{x-4}{2}=\dfrac{y+1}{1}=\dfrac{z-3}{5}$. 2. $\dfrac{x-3}{-4}=\dfrac{y+2}{2}=\dfrac{z-1}{1}$. 3. $\dfrac{x-1}{-2}=\dfrac{y-1}{1}=\dfrac{z-1}{3}$;

$\begin{cases} x=1-2t \\ y=1+t \\ z=1+3t \end{cases}$. 4. 1. 5. $\dfrac{3\sqrt{2}}{2}$. 6. $\begin{cases} 17x+31y-37z-117=0 \\ 4x-y+z-1=0 \end{cases}$. 7. $\theta=\dfrac{\pi}{3}$.

总习题九

1. $\lambda=3$. 2. $(0,2,0)$. 3. 略. 4. $\theta=\dfrac{\pi}{3}$. 5. $x+2y+1=0$.

6. $\dfrac{x+1}{16}=\dfrac{y}{19}=\dfrac{z-4}{28}$.

第 十 章

习题 10－1

1.

(1) $D=\{(x,y)\mid -1\leqslant x\leqslant 1$ 且 $y\geqslant 1$ 或 $y\leqslant -1\}$，表示两条带形闭域；

(2) 定义域为 $D=\{(x,y)\mid x\geqslant 1$ 且 $y<x\}$，表示 xOy 平面上直线 $y=x$ 以下且横坐标 $x\geqslant 1$ 的部分；

(3) 定义域为 $D=\{(x,y)\mid 2\leqslant x^2+y^2\leqslant 4$ 且 $y^2\leqslant x\}$.

以上图略.

2. 略.

3. $f(x,y)=x^2+2y^2$.

4. (1) $\dfrac{\pi}{2}$；(2) 3.

习题 10 - 2

1. (1) $\dfrac{\partial z}{\partial x}=3x^2+3y$，$\dfrac{\partial z}{\partial y}=3x+3y^2$；(2) $\dfrac{\partial z}{\partial x}=-\dfrac{\sin y^2}{x^2}$，$\dfrac{\partial z}{\partial y}=\dfrac{1}{x}\cos y^2 \cdot 2y$；

(3) $\dfrac{\partial z}{\partial x}=\dfrac{1}{x-3y}$，$\dfrac{\partial z}{\partial y}=\dfrac{-3}{x-3y}$；

(4) $\dfrac{\partial z}{\partial x}=yx^{y-1}+\dfrac{y}{xy}=yx^{y-1}+\dfrac{1}{x}$，$\dfrac{\partial z}{\partial y}=x^y\ln x+\dfrac{1}{y}$；

(5) $\dfrac{\partial u}{\partial x}=-\sin(x^2-y^2+e^{-z}) \cdot 2x$，$\dfrac{\partial z}{\partial y}=-\sin(x^2-y^2+e^{-z}) \cdot (-2y)=2y\sin(x^2-y^2+e^{-z})$.

$\dfrac{\partial u}{\partial z}=-\sin(x^2-y^2+e^{-z}) \cdot (-e^{-z})$.

2. (1) $\dfrac{\partial z}{\partial x}=12x^2+6xy-3y^2-1$，$\dfrac{\partial^2 z}{\partial x^2}=24x+6y$；$\dfrac{\partial z}{\partial y}=3x^2-6xy+1$，$\dfrac{\partial^2 z}{\partial y^2}=-6x$.

(2) $\dfrac{\partial z}{\partial x}=-2\cos(x+2y)\sin(x+2y)=-\sin2(x+2y)$

$\dfrac{\partial z}{\partial y}=-4\cos(x+2y)\sin(x+2y)=-2\sin2(x+2y)$

$\dfrac{\partial^2 z}{\partial x^2}=-2\cos2(x+2y)$，$\dfrac{\partial^2 z}{\partial y^2}=-8\cos2(x+2y)$，$\dfrac{\partial^2 z}{\partial x\partial y}=-4\cos2(x+2y)$.

(3) $\dfrac{\partial z}{\partial x}=\ln(xy)+1$，$\dfrac{\partial z}{\partial y}=\dfrac{x}{y}$，$\dfrac{\partial^2 z}{\partial x^2}=\dfrac{1}{x}$，$\dfrac{\partial^2 z}{\partial y^2}=-\dfrac{x}{y^2}$，$\dfrac{\partial^2 z}{\partial x\partial y}=\dfrac{1}{y}$.

3. 略.

习题 10 - 3

1.

(1) $dz=\dfrac{1}{2}d\ln(x^2+y^2)=\dfrac{1}{2}\dfrac{d(x^2+y^2)}{x^2+y^2}=\dfrac{xdx+ydy}{x^2+y^2}$；

(2) $dz=\dfrac{(1-xy)^2}{(1-xy)^2+(x-y)^2}\dfrac{(1-xy)(dx-dy)+(x-y)(ydx+xdy)}{(1-xy)^2}=\dfrac{(1-y^2)dx+(x^2-1)dy}{(1-xy)^2+(x-y)^2}$；

(3) $dz=de^{\sin x\ln y}=e^{\sin x\ln y}d(\sin x\ln y)=y^{\sin x}\left(\cos x\ln ydx+\dfrac{\sin x}{y}dy\right)$；

(4) $du=de^{x(x^2+y^2+z^2)}=e^{x(x^2+y^2+z^2)}\left[(3x^2+y^2+z^2)dx+2xydy+2xzdz\right]$.

2. -0.125，-0.119.

习题 10 - 4

1. (1) $\dfrac{dz}{dt}=6te^{3t^2+2\cos t}-2\sin te^{3t^2+2\cos t}$；(2) $\dfrac{dz}{dt}=\cos t \cdot e^t-e^t\sin t+\cos t$.

2.

(1) $\dfrac{\partial z}{\partial x}=(x^2\sin2y-x^2\cos^2 y)\sin y+(x^2\sin^2 y-x^2\sin2y)\cos y$

$\dfrac{\partial z}{\partial y}=(x^2\sin2y-x^2\cos^2 y)x\cos y-(x^2\sin^2 y-x^2\sin2y)x\sin y$；

(2) $\dfrac{\partial z}{\partial s}=\dfrac{2x}{y}-\dfrac{2x^2}{y^2}=\dfrac{2(s^2+st-6t^2)}{(2s+t)^2}$

$\dfrac{\partial z}{\partial t}=-\dfrac{4x}{y}-\dfrac{x^2}{y^2}=\dfrac{-9s^2+16st+4t^2}{(2s+t)^2}$；

(3) $\dfrac{\partial w}{\partial x}=f_1+f_2\cdot 2xy+f_3\cdot y^2z$, $\dfrac{\partial w}{\partial y}=f_2\cdot x^2+f_3\cdot 2xyz$, $\dfrac{\partial w}{\partial z}=f_3\cdot xy^2$;

(4) $\dfrac{\partial u}{\partial x}=y+zf'\cdot\dfrac{-y}{x^2}=y-\dfrac{yzf'}{x^2}$, $\dfrac{\partial u}{\partial y}=x+zf'\cdot\dfrac{1}{x}=x+\dfrac{zf'}{x}$, $\dfrac{\partial u}{\partial z}=f$.

习题 10－5

1.

(1) $2x\mathrm{d}x+y\mathrm{d}x+x\mathrm{d}y-\mathrm{e}^y\mathrm{d}y=0\Rightarrow(\mathrm{e}^y-x)\mathrm{d}y=(2x+y)\mathrm{d}x\Rightarrow\dfrac{\mathrm{d}y}{\mathrm{d}x}=\dfrac{2x+y}{\mathrm{e}^y-x}$;

(2) $\dfrac{\mathrm{d}y}{\mathrm{d}x}=\dfrac{y^2-\mathrm{e}^x}{\cos y-2xy}$;

(3) $x(y\ln x-x)\mathrm{d}y=y(x\ln y-y)\mathrm{d}x\Rightarrow\dfrac{\mathrm{d}y}{\mathrm{d}x}=\dfrac{y(x\ln y-y)}{x(y\ln x-x)}$;

(4) $x\mathrm{d}x+y\mathrm{d}y=x\mathrm{d}y-y\mathrm{d}x\Rightarrow\dfrac{\mathrm{d}y}{\mathrm{d}x}=\dfrac{x+y}{x-y}$.

2.

(1) $\dfrac{\partial z}{\partial x}=\dfrac{2z}{3z^2-2x}$, $\dfrac{\partial z}{\partial y}=\dfrac{-1}{3z^2-2x}$;

(2) $\dfrac{\partial z}{\partial x}=-1$, $\dfrac{\partial z}{\partial y}=-2$;

(3) $\dfrac{\partial z}{\partial x}=\dfrac{1}{1+\ln z-\ln y}$, $\dfrac{\partial z}{\partial y}=\dfrac{z}{y(1+\ln z-\ln y)}$;

(4) $\dfrac{\partial z}{\partial x}=\dfrac{yz-\sqrt{xyz}}{\sqrt{xyz}-xy}$, $\dfrac{\partial z}{\partial y}=\dfrac{xz-2\sqrt{xyz}}{\sqrt{xyz}-xy}$.

3.

(1) $\dfrac{\partial z}{\partial x}=\dfrac{yz}{\mathrm{e}^z-xy}$, $\dfrac{\partial^2 z}{\partial x^2}=\dfrac{y^2z\mathrm{e}^z(2-z)-2xy^3z}{(\mathrm{e}^z-xy)^3}$;

(2) $\dfrac{\partial z}{\partial x}=\dfrac{yz}{z^2-xy}$, $\dfrac{\partial z}{\partial y}=\dfrac{xz}{z^2-xy}$

$\dfrac{\partial^2 z}{\partial x\partial y}=\dfrac{[z(z^2-xy)+yxz](z^2-xy)-yz[(2zxz-x(z^2-xy)]}{(z^2-xy)^3}$

$=\dfrac{z^5-2xyz^3-x^2y^2z}{(z^2-xy)^3}$;

(3) $\dfrac{\partial z}{\partial x}=-\tan(x+z)-1$, $\dfrac{\partial z}{\partial y}=-\tan(x+z)$

$\dfrac{\partial^2 z}{\partial x\partial y}=-\sec^2(x+z)\dfrac{\partial z}{\partial y}=\sec^2(x+z)\tan(x+z)=\dfrac{\sin(x+z)}{\cos^3(x+z)}$;

(4) $\dfrac{\partial z}{\partial x}=\dfrac{z\mathrm{e}^{-x^2}}{1+z}$, $\dfrac{\partial z}{\partial y}=\dfrac{-z\mathrm{e}^{-y^2}}{1+z}$

$\dfrac{\partial^2 z}{\partial x\partial y}=\mathrm{e}^{-x^2}\dfrac{(1+z)\dfrac{\partial z}{\partial y}-z\dfrac{\partial z}{\partial y}}{(1+z)^2}=\mathrm{e}^{-x^2}\dfrac{\dfrac{-z\mathrm{e}^{-y^2}}{1+z}}{(1+z)^2}=\dfrac{-z\mathrm{e}^{-x^2-y^2}}{(1+z)^3}$.

4. -2.

习题 10－6

1. 切线：$\dfrac{x-2}{-4}=\dfrac{y-\frac{1}{2}}{1}=\dfrac{z-1}{8}$，

  法平面：$-4(x-2)+y-\dfrac{1}{2}+8(z-1)=0\Rightarrow-4x+y+8z=\dfrac{1}{2}$.

2.

(1) 切平面：$x-2+2(y-1)=0\Rightarrow x+2y=4$，法线：$\dfrac{x-2}{1}=\dfrac{y-1}{2}=\dfrac{z}{0}$；

(2) 切平面：$\dfrac{2x_0}{a^2}(x-x_0)+\dfrac{2y_0}{b^2}(y-y_0)-\dfrac{z}{c}=-\dfrac{z_0}{c}$，

  法线：$\dfrac{x-x_0}{\frac{2x_0}{a^2}}=\dfrac{y-y_0}{\frac{2y_0}{b^2}}=\dfrac{z-z_0}{-\frac{1}{c}}\Rightarrow\dfrac{a^2(x-x_0)}{2x_0}=\dfrac{b^2(y-y_0)}{2y_0}=\dfrac{c(z-z_0)}{-1}$.

3. $\left(-\dfrac{1}{27},\dfrac{1}{9},-\dfrac{1}{3}\right)$，$(-1,1,-1)$.

4. $x-2y+z-4\sqrt{3}=0$ 或 $x-2y+z+4\sqrt{3}=0$.

5. 切线的方程为 $\dfrac{x-x_0}{1}=\dfrac{y_0(y-y_0)}{m}=\dfrac{2z_0(z-z_0)}{-1}$.

  法平面为 $x-x_0+\dfrac{m}{y_0}(y-y_0)-\dfrac{1}{2z_0}(z-z_0)=0$，即 $x+\dfrac{m}{y_0}y-\dfrac{1}{2z_0}z=x_0+m-\dfrac{1}{2}$.

习题 10－7

1.

(1) $f(x,y)$ 在 $\left(\dfrac{1}{2},-1\right)$ 处取得极小值 $f\left(\dfrac{1}{2},-1\right)=e\left(\dfrac{1}{2}+1-2\right)=-\dfrac{1}{2}e$；

(2) $f(0,0)=2$，$f(0,2)=8-12+2=-2$.

2.

(1) $f\left(\dfrac{4\sqrt{17}}{17},\dfrac{\sqrt{17}}{34}\right)=\dfrac{8\sqrt{17}}{17}+\dfrac{\sqrt{17}}{34}=\dfrac{\sqrt{17}}{2}$ 最大值，

  $f\left(-\dfrac{4\sqrt{17}}{17},-\dfrac{\sqrt{17}}{34}\right)=-\dfrac{8\sqrt{17}}{17}-\dfrac{\sqrt{17}}{34}=-\dfrac{\sqrt{17}}{2}$ 最小值；

(2) 最大值 $f(x,y,z)=\dfrac{2\sqrt{3}}{3}$，最小值 $f(x,y,z)=-\dfrac{2\sqrt{3}}{3}$.

3. 直角三角形的两直角边 $x=y=\dfrac{\sqrt{2}}{2}l$ 时，该直角三角形的周长最大，且为

  $s=x+y+l=(1+\sqrt{2})l$.

习题 10－8

1.

(1) $\dfrac{\partial z}{\partial l}\Big|_{(1,2)}=\dfrac{\partial z}{\partial x}\Big|_{(1,2)}\cos\alpha+\dfrac{\partial z}{\partial y}\Big|_{(1,2)}\cos\beta=2\times\dfrac{1}{2}+4\times\dfrac{\sqrt{3}}{2}=1+2\sqrt{3}$；

(2) $\left.\dfrac{\partial u}{\partial l}\right|_{(1,2,-2)}=-\dfrac{\pi}{4}\cos\alpha-\dfrac{1}{4}\cos\beta-\dfrac{1}{4}\cos\gamma=-\dfrac{\sqrt{3}}{12}\pi.$

2. $\left.\dfrac{\partial u}{\partial l}\right|_{(1,2)}=\left.\dfrac{\partial z}{\partial x}\right|_{(1,2)}\cos\alpha+\left.\dfrac{\partial z}{\partial y}\right|_{(1,2)}\cos\beta=\dfrac{1}{3}\dfrac{\sqrt{2}}{2}+\dfrac{1}{3}\dfrac{\sqrt{2}}{2}=\dfrac{\sqrt{2}}{3}.$

3. $5.$

4. $\left.\dfrac{\partial f(x,y)}{\partial\overrightarrow{AD}}\right|_{A}=\left.\dfrac{\partial f}{\partial x}\right|_{A}\cos\alpha+\left.\dfrac{\partial f}{\partial y}\right|_{A}\cos\beta=3\times\dfrac{5}{13}+26\times\dfrac{12}{13}=25+\dfrac{2}{13}.$

5. $(3,-2,-6)$；$(6,3,0)$.

6. $\sqrt{21}.$

总习题十

1. 由 $y=1$ 时，$z=x$，得 $f(\sqrt[3]{x}-1)=x-1.$

解析：令 $\sqrt[3]{x}-1=t.$ 得 $x=(t+1)^3$，因此 $f(t)=(t+1)^3-1.$ 即 $f(x)=(x+1)^3-1$，$z=\sqrt{y}+x-1.$

2. $f_x(0,0)=\lim\limits_{\Delta x\to0}\dfrac{f(0+\Delta x,0)-f(0,0)}{\Delta x}=\lim\limits_{\Delta x\to0}\dfrac{\Delta x}{\Delta x}=1,$

   $f_y(0,0)=\lim\limits_{\Delta y\to0}\dfrac{f(0,0+\Delta y)-f(0,0)}{\Delta y}=\lim\limits_{\Delta y\to0}\dfrac{0}{\Delta y}=0.$

3. $\dfrac{x\mathrm{d}y-y\mathrm{d}x}{x^2+y^2}.$

4. $x\dfrac{\partial^2 u}{\partial x^2}+y\dfrac{\partial^2 u}{\partial x\partial y}=0.$

5. D.　6. D.　7. D

8. (1) $\lim\limits_{(x,y)\to(0,0)}(x^2+y^2)\sin\dfrac{1}{xy}=0$；　(2)不存在 .

9. $\left.\dfrac{\mathrm{d}u}{\mathrm{d}t}\right|_{t=0}=\dfrac{5}{3}\mathrm{e}^4$ 或 $\dfrac{\mathrm{e}^{-2}}{3}.$

10. $\dfrac{\partial^2 z}{\partial x^2}=-\dfrac{\dfrac{\partial z}{\partial x}(x+y)-(y+z)}{(x+y)^2}=-\dfrac{-\dfrac{y+z}{x+y}(x+y)-y-z}{(x+y)^2}=\dfrac{2y+2z}{(x+y)^2},$

   $\dfrac{\partial^2 z}{\partial x\partial y}=-\dfrac{\left(1+\dfrac{\partial z}{\partial y}\right)(x+y)-(y+z)}{(x+y)^2}=-\dfrac{\left(1-\dfrac{x+z}{x+y}\right)(x+y)-y-z}{(x+y)^2}=\dfrac{2z}{(x+y)^2}.$

11. 证略.

12. $(0,1)$ 处有极小值 $f(0,1)=0.$

13. $\mathrm{d}u=f_x\mathrm{d}x+f_y\mathrm{d}y+f_z\mathrm{d}z=\left(f_x+f_z\dfrac{\mathrm{e}^x+x\mathrm{e}^x}{\mathrm{e}^z+z\mathrm{e}^z}\right)\mathrm{d}x+\left(f_y-f_z\dfrac{\mathrm{e}^y+y\mathrm{e}^y}{\mathrm{e}^z+z\mathrm{e}^z}\right)\mathrm{d}y.$

14. $\dfrac{\mathrm{d}u}{\mathrm{d}x}=f_x+f_y\dfrac{\mathrm{d}y}{\mathrm{d}x}+f_z\dfrac{\mathrm{d}z}{\mathrm{d}x}=f_x-f_y\dfrac{y}{x}+f_z\left[1-\dfrac{\mathrm{e}^x(x-z)}{\sin(x-z)}\right].$

15.

(1) $\mathrm{d}z=\dfrac{2x-g'(x+y+z)}{g'(x+y+z)+1}\mathrm{d}x+\dfrac{2y-g'(x+y+z)}{g'(x+y+z)+1}\mathrm{d}y;$

(2) $\dfrac{\partial u}{\partial x} = \dfrac{-2g''(x+y+z)\left(1+\dfrac{\partial z}{\partial x}\right)}{\left[g'(x+y+z)+1\right]^2} = \dfrac{-2g''(x+y+z)\left[1+\dfrac{2x-g'(x+y+z)}{g'(x+y+z)+1}\right]}{\left[g'(x+y+z)+1\right]^2}$.

16. 最大值为 72，最小值为 6.

第 十 一 章

习题 11 - 1

1. 略.

2. (1) $\iint\limits_{D}(x+y)^2\,\mathrm{d}\sigma \geqslant \iint\limits_{D}(x+y)^3\,\mathrm{d}\sigma$；(2) $\iint\limits_{D}(x+y)^2\,\mathrm{d}\sigma \leqslant \iint\limits_{D}(x+y)^3\,\mathrm{d}\sigma$；

$\quad$ (3) $\iint\limits_{D}\ln(x+y)\,\mathrm{d}\sigma \geqslant \iint\limits_{D}[\ln(x+y)]^2\,\mathrm{d}\sigma$；(4) $\iint\limits_{D}\ln(x+y)\,\mathrm{d}\sigma \leqslant \iint\limits_{D}[\ln(x+y)]^2\,\mathrm{d}\sigma$.

3. (1) $0 \leqslant I \leqslant 2$；(2) $0 \leqslant I \leqslant \pi^2$；(3) $2 \leqslant I \leqslant 8$；(4) $\dfrac{100}{51} \leqslant I \leqslant 2$.

习题 11 - 2

1. (1) 1；(2) $\dfrac{20}{3}$；(3) $\dfrac{6}{55}$；(4) $\dfrac{64}{15}$；(5) $\dfrac{13}{6}$；(6) $\dfrac{1}{2}(1-\sin1)$；

$\quad$ (7) $\dfrac{9}{4}$；(8) $\dfrac{32}{21}$；(9) $\dfrac{\pi}{4}-\dfrac{1}{3}$；(10) $\dfrac{19}{4}+\ln2$；(11) a.

2. (1) $\displaystyle\int_0^1\mathrm{d}x\int_x^1 f(x,y)\,\mathrm{d}y$；$\quad$ (2) $\displaystyle\int_0^4\mathrm{d}x\int_{\frac{x}{2}}^{\sqrt{x}} f(x,y)\,\mathrm{d}y$；

$\quad$ (3) $\displaystyle\int_a^b\mathrm{d}y\int_y^b f(x,y)\,\mathrm{d}x$；$\quad$ (4) $\displaystyle\int_1^2\mathrm{d}x\int_0^{1-x} f(x,y)\,\mathrm{d}y$.

3. (1) $\pi(\mathrm{e}^4-1)$；(2) $\dfrac{3}{64}\pi^2$；(3) $\dfrac{3}{32}\pi a^4$；(4) $\dfrac{1}{4}\pi R^4\left(\dfrac{1}{a^2}+\dfrac{1}{b^2}\right)$；(5) $\dfrac{\pi}{2}\ln2$；

$\quad$ (6) $\dfrac{7}{12}$；(7) $\dfrac{16}{15}$.

习题 11 - 3

1. B. $\quad$ 2. $\displaystyle\int_{-1}^1\mathrm{d}x\int_{-\sqrt{1-x^2}}^{\sqrt{1-x^2}}\mathrm{d}y\int_{x^2+y^2}^1 f(x,y,z)\,\mathrm{d}z$. $\quad$ 3. $\dfrac{1}{720}$. $\quad$ 4. (1) $\dfrac{7\pi}{12}$；(2) $\dfrac{32\pi}{3}$.

5. $\dfrac{20\pi}{3}$. $\quad$ 6. (1) $\dfrac{4\pi}{5}$；(2) $\dfrac{1}{48}$.

习题 11 - 4

1. $2a^2(\pi-2)$. $\quad$ 2. $\sqrt{2}\pi$. $\quad$ 3. (1) $\left(0,0,\dfrac{3}{4}\right)$；(2) $\left(\dfrac{2}{5}a,\dfrac{2}{5}a,\dfrac{7}{30}a^2\right)$.

4. (1) $I_y = \dfrac{1}{4}\pi a^3 b$；(2) $I_x = \dfrac{72}{5}$，$I_y = \dfrac{96}{7}$.

5. $F_x = F_y = 0$，$F_z = -2\pi G\rho\left[\sqrt{(h-a)^2+R^2}-\sqrt{a^2+R^2}+h\right]$.

6. (1) $\dfrac{8}{3}a^4$；(2) $\bar{x}=\bar{y}=0$，$\bar{z}=\dfrac{7}{15}a^2$；(3) $\dfrac{112}{45}\rho a^6$.

总习题十一

1. (1) A；(2) A；(3) B；(4) C；(5) B.

2. (1) $\pi^2 - \dfrac{40}{9}$; (2) $\dfrac{1}{3}R^3\left(\pi - \dfrac{4}{3}\right)$; (3) $-\dfrac{3}{2}\pi$; (4) $\dfrac{3}{2} + \sin 1 - 2\sin 2 + \cos 1 - \cos 2$;

(5) $\dfrac{8}{3}$; (6) $\dfrac{64}{15}$; (7) 2π; (8) $\dfrac{1}{4}\pi(2\ln 2 - 1)$; (9) $\dfrac{32}{9}$; (10) $\dfrac{1}{6}(1 - 2e^{-1})$;

(11) $\dfrac{1}{2}$; (12) $\dfrac{20}{3}$.

3. (1) $\displaystyle\int_{-2}^{0} dx \int_{2x+4}^{4-x^2} f(x,y)\,dy$; (2) $\displaystyle\int_{0}^{2} dx \int_{\frac{1}{2}x}^{3-x} f(x,y)\,dy$.

4. 略.

5. $\dfrac{1}{2}\sqrt{a^2b^2 + b^2c^2 + c^2a^2}$.

6. 336π.

7. $\dfrac{k}{2}\pi a^4$.

8. $\cdot\dfrac{45}{2}\pi\rho$.

9. $f(x,y) = x + \dfrac{1}{2}y$.

10. 略.

第 十 二 章

习题 12－1

1. $2\pi a^{2n+1}$.　2. $\sqrt{2}$.　3. $\dfrac{\sqrt{2}}{2} + \dfrac{1}{12}(5\sqrt{5} - 1)$.　4. 9.　5. $2\pi^2 a^3(1 + 2\pi^2)$.　6. π.

7. $12a$.　8. $\dfrac{13}{6}$.

习题 12－2

1. $-\dfrac{56}{15}$.　2. 0.　3. -2π.　4. 11.　5. -18π.　6. $\dfrac{3\pi}{2}$.　7. $-\dfrac{1}{2}\pi^2$.

8. 0.

习题 12－3

1. B.　2. (1) $\dfrac{3}{8}\pi a^2$; (2) 12π; (3) πa^2.　3. 236.　4. (1) $\dfrac{1}{30}$; (2) 12;

(3) $\dfrac{\pi^2}{4}$; (4) $\dfrac{\sin 2}{4} - \dfrac{7}{6}$; (5) $\varphi(x) = x^2, \dfrac{1}{2}$; (6) 略; (7) $\dfrac{\pi}{2} - 4$; (8) 3.

5. $u(x,y) = x^3 y + 4x^2 y^2 + 12(ye^y - e^y)$. 6. $x^2 - 4x + xy + \dfrac{1}{2}y^2 - y$.

习题 12－4

1. $4\sqrt{61}$.　2. $\dfrac{149\pi}{30}$.　3. $\dfrac{2}{3}\pi R h^3$.　4. $\sqrt{3}(3\ln 2 - 2)$.　5. $\dfrac{32}{9}\sqrt{2}$.　6. $\dfrac{4}{3}\sqrt{3}$.

7. $\dfrac{3\pi}{2}$.　8. $\dfrac{\sqrt{3}}{12}$.

习题 12 – 5

1. $\dfrac{2}{105}\pi R^{7}$.　2. $\dfrac{3\pi}{2}$.　3. $\dfrac{1}{2}\pi a^{4}$.　4. $\dfrac{11-10e}{6}$.　5. $\dfrac{1}{2}\pi^{2}R$.

习题 12 – 6

1. (1) $3a^{4}$；(2) $\dfrac{12\pi}{5}$；(3) $\dfrac{2}{5}\pi a^{3}$；(4) 81π；(5) $2\pi\left(1-\dfrac{\sqrt{2}}{2}\right)R^{3}$；(6) 4π；

　(7) -4π；(8) $\dfrac{1}{2}$.

2. (1) $-\sqrt{3}\pi a^{2}$；(2) -20π.

总习题十二

1. (1) C；(2) D；(3) B；(4) B.

2. (1) $-2\pi ab$；(2) $4\pi R^{3}$；(3) $2\pi a^{3}$；(4) $(2-\sqrt{2})\pi R^{3}$；(5) -1.

3. (1) $1+\sqrt{2}$；(2) $\dfrac{4}{3}$；(3) $2\pi-2\arctan\sqrt{2}$；(4) $\dfrac{1}{2}$；(5) $\dfrac{3\sqrt{61}}{2}$；(6) $\dfrac{93}{5}(2-\sqrt{2})\pi$.

第 十 三 章

习题 13 – 1

1. (1) $\dfrac{1}{2n-1}$；(2) $\dfrac{x^{\frac{n}{2}}}{2^{n}n!}$；(3) $(-1)^{n-1}\dfrac{a^{2n+1}}{2n+1}$.

2. (1) $1-\sqrt{2}$；(2) $\dfrac{1}{4}$.

3. (1) 发散；(2) 收敛；(3) 收敛；(4) 发散.

习题 13 – 2

1. (1) 收敛；(2) 发散；(3) 收敛；(4) 收敛；(5) 发散；(6) 发散.

2. (1) 收敛；(2) 发散；(3) 发散；(4) 发散；(5) 发散.

3. (1) 发散；(2) 收敛；(3) 收敛；(4) $b<a$ 时，收敛；$b>a$ 时，发散；$b=a$ 时，
无法判断.

习题 13 – 3

1. (1) 条件收敛；(2) 条件收敛；(3) 绝对收敛；(4) 绝对收敛；(5) 发散；
　(6) 条件收敛.

习题 13 – 4

1. (1) $(-1,1)$；(2) $(-\infty,+\infty)$；(3) $(-\sqrt{2},\sqrt{2})$；(4) $[-1,3)$.

2. (1) $\dfrac{1}{2}\ln\dfrac{1+x}{1-x}(-1\leqslant x<1)$；(2) $\arctan x(-1\leqslant x\leqslant1)$；

　(3) $\dfrac{2x-x^{2}}{(1-x)^{2}}(|x|<1)$；(4) $\dfrac{x^{2}}{(1-x^{2})^{2}}(|x|<1)$.

3. $\displaystyle\sum_{n=1}^{\infty}\frac{3}{n(n+1)}$; $s=3$.

习题 13 - 5

1. (1) $\displaystyle\sum_{n=0}^{\infty}\frac{\ln^2 a}{n!}x^n$ $x\in(-\infty,\infty)$;

   (2) $\displaystyle\sum_{n=0}^{\infty}(-1)^n\frac{1}{(2n+1)!2^{2n+1}}x^{2n+1}$ $x\in(-\infty,\infty)$;

   (3) $\displaystyle\sum_{n=0}^{\infty}(-1)^n\frac{x^{2n}}{(n)!}$ $x\in(-\infty,\infty)$;

   (4) $1+\dfrac{1}{2}\displaystyle\sum_{n=1}^{\infty}(-1)^n\frac{(2x)^{2n}}{(2n)!}$ $x\in(-\infty,\infty)$;

   (5) $\displaystyle\sum_{n=0}^{\infty}\frac{1}{3^{n+1}}x^n$ $x\in(-3,3)$;

   (6) $\dfrac{1}{4}\displaystyle\sum_{n=1}^{\infty}\left[(-1)^n-\frac{1}{3^n}\right]x^n$ $x\in(-1,1)$.

2. $\displaystyle\sum_{n=0}^{\infty}n(-1)^{n-1}(x-1)^{n-1}$ $x\in(0,2)$.

3. 略.

习题 13 - 6

1. $f(x)=-\dfrac{3}{4}+\dfrac{6}{\pi^2}\displaystyle\sum_{n=0}^{\infty}\frac{1}{(2k+1)^2}\cos\frac{(2k+1)}{3}x+\frac{9}{\pi}\sum_{n=1}^{\infty}(-1)^{n+1}\frac{1}{n}\sin\frac{n\pi}{3}x$ 除 $x=3(2n$ $+1)$ 均成立 $(n=0,\pm1,\pm2,\cdots)$.

2. $f(x)=\dfrac{2}{\pi}\displaystyle\sum_{n=0}^{\infty}\frac{1}{n}\left[\frac{1}{n}\sin\frac{n\pi}{2}-(-1)^n\frac{\pi}{2}\right]\sin nx$ 除 $x=\pi(2n+1)$ 均成立 $(n=0,\pm1,\pm2,\cdots)$.

3. (1) $f(x)=\dfrac{2}{\pi}+\dfrac{4}{\pi}\displaystyle\sum_{n=1}^{\infty}(-1)^{n+1}\frac{\cos nx}{4n^2-1}$ $(-\pi\leqslant x\leqslant\pi)$;

   (2) $f(x)=4\displaystyle\sum_{n=1}^{\infty}\frac{(-1)^n}{n}\sin nx$.

4. 正弦级数 $f(x)=\dfrac{4l}{\pi^2}\displaystyle\sum_{n=1}^{\infty}\frac{1}{n^2}\sin\frac{n\pi}{2}\sin\frac{n\pi x}{l}$, $(0\leqslant x\leqslant l)$;

   余弦级数 $f(x)=\dfrac{l}{4}+\dfrac{2l}{\pi^2}\displaystyle\sum_{n=1}^{\infty}\frac{1}{n^2}\left(2\cos\frac{n\pi}{2}-1-(-1)^n\right)\cos\frac{n\pi x}{l}$, $(0\leqslant x\leqslant l)$.

总习题十三

1. (1) C; (2) A; (3) B.

2. (1) $0<a\leqslant1$, $a>1$; (2) $(-1,1]$; (3) $\dfrac{1}{2}\displaystyle\sum_{n=0}^{\infty}\frac{(x-1)^n}{2^n}$; (4) 0.

3. (1) 发散; (2) 发散; (3) 收敛; (4) 收敛; (5) 收敛; (6) 收敛.

4. 略.

5. 略.

6. (1) $R=3$ $[-3,3)$; (2) $R=\frac{1}{3}$ $\left(-\frac{1}{3},\frac{1}{3}\right)$;

   (3) $R=\frac{1}{2}$ $(1,2]$; (4) $R=+\infty$ $(-\infty,\infty)$.

7. 绝对收敛.

8. 提示 $e^x = \sum_{n=0}^{\infty} \frac{x^n}{n!}$ $s=1$.

9. (1) $s(x)=\frac{2x}{(1-x)^3}$ $(-1<x<1)$;

   (2) $s(x)=\frac{1}{x}\ln\frac{2}{2-x}$ $(x\neq 0, -2\leqslant x<2)$ $s(x)=\frac{1}{2}$ $x=0$;

   (3) $s(x)=e^{x^2}+2x^2 e^{x^2}-1$;

   (4) $s(x)=\frac{2x}{(1-x)^3}-\frac{x}{(1-x)^2}$ $(|x|<1)$.

10. (1) $f(x)=\frac{1+\pi-e^{-\pi}}{2\pi}+\frac{1}{\pi}\left[\sum_{n=1}^{\infty}\frac{1-(-1)^n e^{-\pi}}{n^2+1}\right]\cos n\pi +$

    $\frac{1}{\pi}\left[\sum_{n=1}^{\infty}\frac{-n+(-1)^n e^{-\pi}}{n^2+1}+\frac{1-(-1)^n}{n}\right]\sin n\pi$ $(-\pi < x < \pi)$;

    (2) $f(x)=\sum_{n=1}^{\infty}(-1)^{n+1}\frac{2}{n\pi}\sin nx$ $(-\pi < x < \pi)$.

11. $x^2=\frac{\pi^2}{3}+4\sum_{n=0}^{\infty}\frac{(-1)^n}{n^2}\cos nx$ $(-\pi\leqslant x\leqslant\pi)$ 取 $x=0$ 可得证.

12. 正弦级数

$x+1=\frac{2}{\pi}\left[(\pi+2)\sin x-\frac{\pi}{2}\sin 2x+\frac{1}{3}(\pi+2)\sin 3x-\frac{\pi}{4}\sin 4x+\cdots\right]$ $(0<x<\pi)$

在 $x=0$ 及 $x=\pi$，级数和为 0，不代表原来级数 $f(x)$ 的值.

余弦级数

$$x+1=\frac{\pi}{2}+1-\frac{4}{\pi}\left(\cos x+\frac{1}{3^2}\cos 3x+\frac{1}{5^2}\cos 5x+\cdots\right) \quad (0\leqslant x\leqslant\pi).$$

13. $f(x)=\frac{5}{2}-\frac{4}{\pi^2}\sum_{n=0}^{\infty}\frac{\cos(2k+1)\pi x}{(2k+1)^2}$, $\sum_{n=1}^{\infty}\frac{1}{n^2}=\frac{\pi^2}{6}$.

14. $S_2=1-\ln 2$ $S_1=0.5$.

参 考 文 献

[1]　同济大学数学系. 高等数学 [M]. 6 版. 北京：高等教育出版社，2007.

[2]　赵树嫄. 微积分 [M]. 3 版. 北京：中国人民大学出版社，2007.

[3]　牛燕影，王增富. 微积分：下册 [M]. 上海：上海交通大学出版社，2012.

[4]　金宗谱，王建国，王金林. 高等数学 [M]. 长春：吉林大学出版社，2011.

[5]　姜启源，谢金星，叶俊. 数学模型 [M]. 4 版. 北京：高等教育出版社，2011.

[6]　同济大学基础数学教研室. 高等数学解题方法与同步训练 [M]. 3 版. 上海：同济大学出版社，2004.

[7]　曼昆. 经济学原理 [M]. 4 版. 北京：清华大学出版社，2015.